U0283344

普通高等教育"十一五"国家级规划教材 计算机系列教材

北京高等教育精品教材
BEIJING GAODENG JIAOYU JINGPIN JIAOCAI

国家社科基金重大项目(编号：12&ZD220)资助
国家自然科学基金面上项目(编号：4112030)资助
IBM大学合作项目书籍出版资助
微软研究院全球精品课程资助计划

陆嘉恒 文继荣 编著

分布式系统及云计算概论

（第2版）

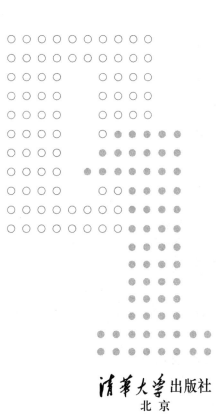

清华大学出版社
北京

内 容 简 介

云计算是一个新兴的术语,很多技术还处在起步阶段。云计算涉及的范围非常广,包括分布式计算、并行计算、效用计算等。本书从分布式系统的角度出发,系统地对云计算进行全面介绍,既有分布式系统和云计算系统的理论分析和内核技术阐述,又有对各大 IT 公司的云计算软件产品的使用方法的介绍和比较分析。本书作者队伍强大,有海内外一流高校的教授和研究学者,也有 IT 公司的云计算技术的开发和管理人员。本书可以作为高年级本科生、研究生的教材,也可供云计算的应用开发人员、行业专业人士以及相关学科的研究者作参考。

图书在版编目(CIP)数据

分布式系统及云计算概论/陆嘉恒,文继荣编著. --2 版.--北京:清华大学出版社,2013(2024.3重印)

计算机系列教材

ISBN 978-7-302-34519-0

Ⅰ.①分… Ⅱ.①陆… ②文… Ⅲ.①分布式操作系统—教材 ②计算机网络—教材 Ⅳ.①TP316.4 ②TP393

中国版本图书馆 CIP 数据核字(2013)第 277181 号

责任编辑:汪汉友
封面设计:傅瑞学
责任校对:时翠兰
责任印制:沈 露

出版发行:清华大学出版社
　　　　　网　　址:https://www.tup.com.cn,https://www.wqxuetang.com
　　　　　地　　址:北京清华大学学研大厦 A 座　　　　邮　　编:100084
　　　　　社 总 机:010-83470000　　　　邮　　购:010-62786544
　　　　　投稿与读者服务:010-62776969,c-service@tup.tsinghua.edu.cn
　　　　　质量反馈:010-62772015,zhiliang@tup.tsinghua.edu.cn
　　　　　课件下载:https://www.tup.com.cn,010-83470236

印 装 者:三河市铭诚印务有限公司
经　　销:全国新华书店
开　　本:185mm×260mm　　　印　张:21.25　　　字　数:486 千字
版　　次:2011 年 5 月第 1 版　2013 年 12 月第 2 版　　印　次:2024 年 3 月第 10 次印刷
定　　价:59.80 元

产品编号:053956-05

近年来，随着分布式计算技术的发展，一种新兴的计算模式——云计算受到了研究者的极大关注。云计算已经成为当前计算机数据管理，计算机网络，计算机系统结构研究的前沿问题之一。它提供了一种新型的共享基础架构的方法，各服务提供商将巨大的系统池连接在一起提供各种 IT 服务。云计算是大规模分布式计算技术不断演进的结果；并行计算、网格计算、效用计算、服务计算等都为云计算的发展提供了技术基础。随着云计算的发展，这项兴起中的技术，正在深刻地影响乃至改变科学研究的方式以及人们学习、工作和生活方式。

虽然研究者针对云计算技术进行了大量的研究，但是到目前为止学术界和行业内还未形成对云计算的相关技术和产品的统一标准和规范。特别是在国内，关于云计算的研究较少，还处在探讨的初步阶段。迄今为止，国内尚缺乏全面系统介绍分布式系统与云计算技术的教材，而广大的大专院校学生和软件开发人员又迫切需要了解这一新兴的技术，本书的出版填补了这一空白。作者对基本概念给出了深入细致的介绍，对应用中的技术进行了详细具体的描述。对概念方面的内容，辅以详细的图表和相关的对比进行说明，对技术方面的内容和实际应用给出了细致的指导和相关代码，有效地提高了读者对技术问题的认识。相信本书可以为广大科研工作者和同学们提供重要的入门材料和学习参考。

中国人民大学教授　王珊

《分布式系统及云计算概论（第 2 版）》推荐语

在计算机网络技术高速发展的今天，云计算已成为当今信息技术领域最受瞩目的新兴概念之一。微软公司把未来的计算定义在云＋端、软件＋服务。可以预见今后几年内会有越来越多的技术人员会参与到云计算系统的开发和研究中来。然而，现在介绍云计算及其相关技术的书籍还相当少，很多读者都无法找到相应的参考书籍。我们可以看到这本书是在云计算系统实际开发工作的基础上完成的。本书广泛地介绍了云计算的相关系统与技术，所介绍的内容可以为广大读者提供参考，开阔思路。

微软云计算平台上有三大非常重要的核心技术，一个是 Windows Azure；另一个是 SQL Azure；还有一个是 Windows Azure Platform AppFabric。本书对 Azure 云计算平台相关技术进行了详细的介绍，并通过一定的实例说明了如何使用开发 Azure 平台下的应用程序。希望读者能通过本书的学习，深入了解 Azure 云计算平台，并在此基础上做出更出色的云计算系统或进行更好的云计算研究。

微软亚洲研究院院长　　洪小文

计算技术已经深刻地改变了我们的工作、学习和生活，电子技术和通信技术的飞速发展和进一步融合以及体系结构的进步更是将其提到前所未有的高度。分布式云计算是一项正在兴起中的计算技术，其发展脚步正在逐渐加快，云计算产品也在不断上市，其潜力巨大，正在扭转整个行业的面貌，也在悄然改变人们使用计算机的习惯。它的出现，有可能完全改变用户现有的以桌面为核心的使用习惯，而转移到以 Web 为核心，使用 Web 上的存储与服务。相信人类会因此迎来一个新的信息化时代！

云计算技术将对信息产业产生深远的影响，然而目前国内外还缺乏系统、深入地介绍相关技术的书籍。我非常欣喜地看到此书的出版，这本书系统、清晰、全面地介绍了云计算的概念、架构、关键技术以及各企业最新研究动向及研究成果。希望能帮助大家更好地了解云计算概念及其发展现状。更为重要的是我相信不管是云计算研究者、初学人员还是 IT 人或者云计算的最终用户，都能从本书中找到自己想要的东西。

云计算是一个美好的愿景，相信通过众多学者研究人员的努力，它必将引领我们的生活进入一个新的信息时代！

IBM 中国研究院院长　　李实恭

可以预见,在未来几年内会有越来越多的人员参与到云计算系统的研发中。然而,我们发现在介绍云计算及其相关技术的书籍方面还是一片空白。即使在澳大利亚,很多读者都无法找到相应的参考书籍。所幸,能够在中国看到这样一本系统介绍云计算领域的书籍。本书首先对分布式计算、云计算、云服务等做了简略介绍,特别是比较了效用计算、网格计算、集群计算与云计算。然后分类介绍 Google、IBM、Amazon、Greenplum、Hadoop、HBase、Microsoft Azure 等的概念与关键技术。这些都是当下最流行的与云计算直接相关联的技术,本书对其中每一类问题均提供具有代表性的实例。并对每种技术应用给出注重实效的规则和参考资料与习题。这本书不仅内容丰富,而且极佳的表达风格使之具有很好的可读性。

这本书还系统、清晰、全面地介绍了按需分配的虚拟化和云计算的概念、架构、关键技术以及最新研究动向,相信这本书能帮助大家更好地了解虚拟化和云计算技术。

澳大利亚墨尔本大学云计算与分布式系统试验室主任

Rajkumar Buyya 教授

随着计算机网络的进一步发展和对海量数据计算能力的要求，各种大型计算能力的计算机硬件不断出现。此外，全球信息系统万维网也非常流行。这些软硬件技术或设备的出现，为提出一种新型的计算模型提供了可能。本书考察分布式系统与云计算的概念和技术。云计算是分布式系统中一个有巨大商业前景的学科前沿。它是虚拟化、效用计算、基础设施即服务、平台即服务和软件即服务等概念混合演进的结果。

云计算作为一个新兴的术语，目前还没有确切的定义，很多技术还处在起步阶段。它涉及的范围非常广。本书主要从分布式系统的角度对云计算进行解释，并通过对现有各大 IT 公司云计算技术的分析，使读者对云计算建立一种直观概念。本书是对云计算技术的全面介绍，同时关注系统实现和设计问题。对于本科生、研究生、应用开发人员、行业专业人士以及相关学科的研究者而言，本书应该是比较全面的云计算书籍。

云计算是分布式计算、并行计算和网格计算的发展，或者说是这些计算机科学概念的商业实现。云计算目前还处在起步阶段，但由于 IT 界各大公司的争相角逐，云计算在不久会迎来它的黄金发展机遇，给 IT 带来全面的革新。本书提供分布式系统和云计算的全面知识，介绍云计算相关的技术和开源项目，并讨论和设计相关云计算平台的应用程序开发设计。写本书的一个重要动机就是，在当前云计算到底为何物，如何具体实现云计算这些基本问题尚不明了的情况下，帮助读者入门与提高，这是一项富有挑战性的任务。我们希望通过本书的出版，与不同领域、不同层次读者探讨、交流，为进一步促进这一领域的发展做出贡献。

1. 本书的组织

本书除第 1 章绪论外其他内容分为 3 篇。

第一篇　分布式系统，包含第 2 章和第 3 章。这部分对分布式计算进行介绍，为读者进行后续章节的学习打下良好的知识基础。

第 2 章是分布式计算的入门，引入分布式计算的定义及其相关概念，简单地介绍背景知识，方便读者理解本书中所提到的材料，并对人们非常关心的分布式计算的安全性与容错性问题进行重点论述。

第 3 章讨论客户—服务器端架构的问题。首先讲解客户—服务器端的相关协议，然后分别介绍面对有连接和无连接情况时客户—服务器端的构架，最后讨论有状态和无状态的服务器问题。

第二篇　云计算技术,包含第 4 章~第 9 章。这部分是对云计算的综述,从各个方面与角度,向读者全面地介绍云计算。我们选取了具有代表性的云平台和技术,这些代表性的技术更是现阶段研究学习的重点与未来继续开发新平台与新技术的重要参考。

第 4 章是云计算的入门章节,在这一章中经过综合比较分析,给出本书认为的云计算的定义,简述云计算的发展历史,详细分析云计算的优点与缺点,如果以前你对是否使用云计算或如何使用云计算还有疑虑,相信这一章将帮助你理清思路,本章对云计算所涉及的服务进行了讨论,最后是与云相关技术的比较,本章分别从网格计算、效用计算、集群计算、并行和分布计算等方面与云计算进行了具体比较。

第 5 章就 Google 公司云平台的 Google 文件系统(GFS)技术、Bigtable 技术、MapReduce 三大技术分别进行详细的介绍与论述,并针对每个具体技术给出应用的例子,方便学习及理解。

第 6 章讲述的是 Yahoo!公司的云平台技术。Yahoo!公司在云计算方面投入巨大,涉及云计算的许多方面并支持许多与此相关的开源项目,而本章介绍的正是其中的重要部分包括一种灵活通用的表存储平台 PNUTS 云平台,分析大型数据集的框架 Pig,提供团体服务的集中化服务平台 ZooKeeper。

第 7 章就 Greenplum 云平台技术进行介绍。Greenplum 是一个商业的分析型云数据库,同样也用来支持下一代数据仓库和大规模的分析过程。它支持 SQL 和 MapReduce 并行处理,可以提供低成本的管理太字节(TB)到皮字节(PB)数量级数据的能力。相信在未来云计算发展过程中,云数据库将占有重要的一席之地。

第 8 章讲的是 Amazon 公司的 Dynamo 云平台技术。Amazon 公司提供的 EC2 和 S3 想必已为大家所熟知,但其中的关键技术所利用的平台 Amazon Dynamo,可能读者并不了解。本章分别从 Amazon Dynamo 的研发背景和 Dynamo 系统体系结构对其进行讲解。

第 9 章介绍 IBM 公司与云计算相关的项目,包括云风暴、智能商业服务、智慧地球、Z 系统以及虚拟化的动态基础架构。IBM 公司在云计算领域的工作的影响力十分巨大,并且在云计算的普及方面以其针对企业的云服务推动了领域的发展。

第三篇　分布式云计算的程序开发,包含第 10 章~第 16 章。这一部分是分布式云计算的程序开发部分,在了解了众多的与云计算相关的知识与技术之后,本书讲解各种主流的进行分布式云计算的程序开发系统与平台,并给出对应的开发实例,方便读者进行实践。

第 10 章对 Apache 开源项目 Hadoop 系统进行介绍。Hadoop 主要由 Hadoop 核心组件、MapReduce 以及 HDFS 组成。本章对 Hadoop 生态系统所包含的项目及其自身体系结构进行介绍,并对 Hadoop 集群相关安全策略进行说明。

第 11 章详细介绍 MapReduce,它是 Google 提出的 MapReduce 编程模型的开源实现,被广泛应用于海量数据的处理。本章对 MapReduce 的计算模型以及工作机制进行深入分析,并结合 MapReduce API 和实例介绍如何采用 MapReduce 框架编写并行程序。

第 12 章详细介绍 Hadoop 的另一核心子项目 HDFS。作为 Hadoop 所采用的分布式文件系统,本章着重对 HDFS 的体系结构以及数据在 HDFS 中的执行流程进行详细介绍。

第 13 章主要讨论 HBase 分布式数据库系统。HBase 的设计思想主要来源于 Google Bigtable 技术，为面向列存储的分布式数据库。本章将分别对 HBase 的体系结构、数据模型、物理视图和概念视图进行介绍，并说明如何采用 HBase Java API 对 HBase 数据库进行操作。

第 14 章详细介绍 Hive 数据仓库。Hive 的存储建立在 Hadoop 文件系统之上，它向上为用户封装了 Hive QL 编程语言，使用方法类似于 SQL 操作，这极大方便了用户的使用。

第 15 章讲解基于 Google App Engine 系统的开发。首先对 Google App Engine 做简介，然后讲解如何使用 Google App Engine，同时给出基于 Google App Engine 的应用程序开发实例。

第 16 章讲解基于 Windows Azure 系统的开发。首先对微软公司推出的 Windows Azure 系统做简介，然后讲解 Windows Azure 服务的使用方法，并给出应用开发实例。

2. 致教师

本书旨在提供分布式系统最近发展云计算领域的一个全面而深入的概述。本书作为国内第一本云计算领域的教材，可以作为高年级本科生、研究生的云计算导论或高级课程的教材。此外，本书也可以作为讲授云计算的高级课程的参考书籍。

如果您打算使用本书作为讲授云计算导论的教材，您会发现第一篇是介绍分布式系统的基本概念；第二篇主要对云计算的基本概念和相关技术进行介绍。第三篇主要介绍相关云计算平台编程技术，第 13 章和第 14 章要求掌握基本原理，第 11 章、第 12 章、第 15 章和第 16 章则可以安排学生进行相应的编程作业。此外，每章后面还有相关的参考文献，供教师安排学生进行更深入的学习指导。

本书的很多知识，可以作为独立的自学材料。每章后面我们都设计了相关习题，这些习题可以作为课后巩固知识的作业。同时，本书的网站（datasearch. ruc. edu. cn/cloud-book/或清华大学出版社的网站）还提供了相应的教学辅助资料，如课程纲要和课程 PPT。

3. 致学生

作为国内第一本全面介绍云计算及相关技术的书籍，希望通过本书的学习能够激发起你对云计算研究的兴趣，了解计算机科学的最新发展方向。我们力求以清晰全面易懂的方式提供该方面的知识讲解。我们还是力求卓越，通过实际的编程实例使学生们在学习的过程中，真正走进云计算环境中。如果你在以后的研究或学习中能够深入了解云计算的相关知识和编程技术，那么它将会给你的未来职业提供一个非常美好的前景。

为学习本书，应该具有如下知识和技能。

- 具有一些分布式系统的基础知识。当然，本书尽力在介绍云计算之前对相关分布式的概念等知识进行介绍，帮助读者回忆或学习这方面的知识。
- 较强的计算机编程能力或阅读代码能力。特别是能够熟练使用 Java 或 C 语言。同时，还要有一定的 UNIX 和 Linux 知识背景。

4. 致专业人员

本书旨在涵盖目前云计算领域的广泛课题。这样，本书是国内关于该主题的第一本内容全面的参考书。由于每章内容的相对独立性，可以只关心最感兴趣的课题。希望从事分布式系统和云计算的应用程序员和相关领域的管理者都可以从本书受益。

书中关于云计算的介绍很多都是目前研究领域的最新成果，可以帮助专业人员及时掌握云计算的最新进展，并把握住云计算的发展机遇。通过对目前云计算领域中比较流行的平台和技术的介绍，以及一定的编程实例说明，相信可以很快地帮助专业人员了解、掌握并做进一步深入的研究工作。

5. 本书资源网站

本书的网站地址是 http://datasearch.ruc.edu.cn/cloudbook/，该网站为本书读者和对云计算感兴趣的人提供了一些补充资料，主要包括：

- 每章的幻灯片，提供 Microsoft PowerPoint 格式的教案；
- 相关章节的源代码；
- 课程大纲和教学计划；
- 补充读物目录；
- 本书勘误更正表。

欢迎到本网站指正本书的错误信息，一旦勘误被最终确认，会及时更新到勘误表中，并在此表示感谢！同时，也欢迎读者到本网站发表对本书的评论或建议信息，以帮助我们以后的工作。

6. 致谢

在本书的形成过程中，感谢众多研究生和本科生的工作，特别是马中瑞、廖承炫、冯博亮、王仲远、胡一、黄超、黄飞、刘胜文、吕瑛、孙荣丽、林春彬、田宗起、程明、王海涌、陈东伟、周凯、陈新星、张林、徐文韬等在资料收集和文献整理等方面的工作。

本书涉及面甚广，内容丰富，涉及的相关技术众多。但需要指出的是，在全书的撰写和相关技术的研究中，尽管作者投入了大量的精力、付出艰辛的努力，然而受知识水平所限，书中不当之处在所难免，望读者批评指正并不吝赐教。如果有任何问题或建议，可发送电子邮件至 jiahenglu@gmail.com 或 jiahenglu@ruc.edu.cn。

作　者

2013 年 8 月于北京

第二篇　云计算技术

第三篇　分布式云计算的程序开发

第1章 绪 论

当今世界,计算机网络无处不在,按传输介质可分为有线网、无线网,按地理范围可分为局域网、广域网(Wide Area Network,WAN)⋯⋯一组协同工作的计算机通过网络连接,用通信的手段进行协调同步,用合理的算法调度分配资源,从而达到高效可靠的计算,这样形成的系统叫做分布式系统。分布式系统其实是一个泛指,可以有不同种类、不同功能的分布式系统(DS)。例如,以分布计算为主的系统一般采用紧密耦合计算机,或者是共享内存的多处理器,或者是用高速网络相连的一组同构计算机。而另一方面,以网络服务为主的系统则面临多种多样的计算设备。这些设备可以是计算机、移动电话、传感器乃至家用电器。它们可以形成一个局域网,也可以开放到一个广域网。此外,现代分布式系统一般是在网络操作系统(Network Operating System,NOS)外层增加一层软件,又称为中间件(Middleware)。用中间件实现的分布式系统易于标准化,使得不同厂商生产的软件和硬件在用户面前呈现出友好的、一致的界面。

云计算(Cloud Computing)是一种新兴的计算模式,它与分布式计算(Distributed Computing)、分布式系统有着千丝万缕的联系,目前看,云计算在许多方面其实只是互联网的一个比喻词,即计算和数据资源日益迁移到网络上的比喻词。不过,区别也是存在的:云计算代表网络计算价值的一个新的临界点。它提供更高的效率、巨大的可扩展性和更快、更容易的软件开发,其中心内容为新的编程模型、新的IT基础设施以及实现新的商业模式。

要搞清楚分布式系统与云计算,不仅要探讨相关的理论基础,也要通过技术分析和编程应用来帮助理解。在首先介绍了分布式系统的目标和基本模型的基础上,本书将引入对云计算的介绍、对典型云平台(Cloud Platforms)及其相关技术如 Bigtable、MapReduce、PNUTS、Aneka、Greenplum 的讲解,并通过分布式云计算的程序开发部分的讲述,帮助读者在了解了云计算的相关知识与技术之后,在具有代表性的云计算程序开发平台上,如 Google App Engine、MS Azure、Hadoop 等进行实践。在了解技术发展现状的同时,掌握其所涉及的基本知识与原理,并运用到实践中去。

本章将对分布式系统与云计算进行简单的介绍。第1.1节介绍分布式计算与分布式系统,给出了相关的定义和实例,并且讨论分布式系统的目标与挑战;第1.2节主要简述分布式云计算的相关部分,给出云计算的定义与云服务的分类,简单地总结云计算的优点与缺点;第1.3节给出本书的概要。

1.1 分布式计算与分布式系统

1.1.1 分布式计算简介

1. 分布式计算的定义

分布式计算是一种把需要进行大量计算的工程数据分隔成小块,由多台计算机分别计算,在上传运算结果后,将结果统一合并得出数据结论的科学[178]。

分布式计算处理运行在一个松散或严格控制下的硬件和软件系统中,包含一个以上的处理单元或存储单元。

2. 分布式计算的目标

分布式计算的主要目标是以一种透明、开放和可扩展的方式连接用户和资源。这种计算很大程度上提高了容错性能,并且拥有比单独的计算更强的处理能力。

目前常见的分布式计算项目通常使用世界各地上千万志愿者计算机的闲置计算能力,通过互联网进行数据传输。比如通过分析地外无线电信号,从而搜索地外生命迹象的分布式计算项目SETI@home,该项目有超过千万位数的数据基数,单凭几台计算机根本无法完成这样的计算任务,所以采用分布式计算的方式,目前已有160多万台计算机共同参与了这个项目;还有分析计算蛋白质的内部结构和相关药物的Folding@home项目,该项目大约有十余万志愿者参加。这些项目很庞大,具有惊人的计算量,即使现在有了计算能力超强的超级计算机,但由一台或少数的几台计算机计算是不可能完成的。同时,一些科研机构的经费却又十分有限,所以采用更有优势的分布式计算。

3. 分布式计算的应用

(1) Climateprediction.net:模拟百年来全球气象变化并计算未来地球气象,以应付未来可能遭遇的灾变性天气的项目。

(2) DPAD:设计粒子加速器的项目。

(3) Einstein@Home:于2005年开始旨在找出脉冲星的重力波,验证爱因斯坦的相对论预测的项目。

(4) Find-a-Drug:并行运行一系列项目,用来寻找一些危害人类健康的重大疾病的药物。项目目标包括疟疾、艾滋病、癌症、呼吸道系统疾病等。

(5) FightAIDS@Home:研究艾滋病的生理原理和相关药物的项目。

(6) Folding@home:了解蛋白质折叠、聚合以及相关疾病的项目。

(7) GIMPS:寻找新的梅森素数的项目。

(8) SETI@home:通过运行屏幕保护程序或后台程序来分析世界上最大的射电望远镜所收到的,可能含有外星智能信号的射电波。

(9) Distributed.net:2002年10月7日,以破解加密术而著称的Distributed.net宣布,在经过全球33.1万名计算机高手共同参与,苦心研究了4年之后,于2002年9月中旬破解了以研究加密算法而著称的美国RSA数据安全实验室开发的64位密钥——RC5-64密钥。目前正在进行的是RC5-72密钥的破解。

1.1.2　分布式系统的实例

分布式系统在现实生活、工作中起着举足轻重的作用,下面选用几个大家熟悉并且广泛使用的例子。

1. 万维网

万维网是一个巨大的有多种类型计算机网络互联的集合。它提供了一种简单、一致并且统一的分布式文档模型。要查看某一文档，用户只需要激活一个链接，文档就会显示在屏幕上。而建立这样一个文档也很简单，只需要赋给它一个唯一的 URL(Uniform Resource Locator, 统一资源定位符)名，让该名称指向包含该文档内容的本地文件即可。万维网向用户呈现的是一个庞大的集中式文档系统，该系统的服务集是开放的，它能够通过新的服务的增加而扩展，这样看，万维网也可以被认为是一个分布式系统。

2. 企业内部网

企业内部网是因特网的一部分，它独立管理且具有一个可被配置来执行本地安全策略的边界。一般系统中包括用户的计算机，还有服务器机房，它们通过主干网的局域网(Local Area Network, LAN)相连接。每个企业内部的网络配置由管理企业内部网络的组织负责，当一个用户输入一条命令的时候，企业网内部的系统会寻找执行该命令的最佳位置，可能在用户自己的计算机上，也有可能在别的空闲的计算机上，还有可能在机房中尚未分配的处理器中执行。图 1-1 所示的是一个典型的企业内部网。

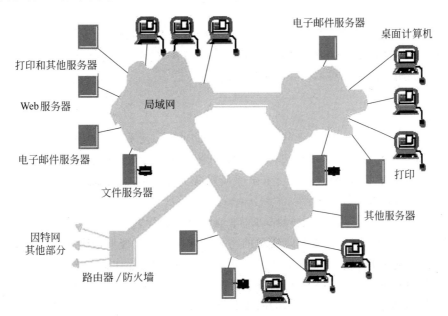

图 1-1　典型的企业内部网[71]

3. 移动计算

设备小型化和无线网络计算的进步已经逐步使得小型和便携式计算设备集成到分布式系统中。这些设备包括笔记本计算机、移动电话、PDA(个人数字助理)等。用手机、上网本上网,可以方便地在移动过程中通过如无线网络连接等方式接入网络,继续访问网络(如本地内部企业网)上的资源。

1.1.3 分布式系统的目标

虽然分布式系统得到越来越广泛的应用,但是它的设计仍是相对简单的。为了让用户更方便地使用系统,为用户提供更强大的服务和应用,主要在以下方面进行提高。分布式系统的 4 个关键目标。

(1) 用户可以方便地访问资源。

(2) 对用户隐藏资源在多台计算机上分布的情况。

(3) 分布式系统是开放的。

(4) 分布式系统是可扩展的。

1. 资源可访问性

分布式系统的主要目标之一是使用户能够方便地访问远程资源,并且以一种受控的方式与其他用户共享这些资源。资源可以包括大部分东西,像打印机、计算机、存储设备、数据、文件、Web 页等。显然,如果让几个用户共享一台打印机比为每一位用户购买并维护一台打印机要更经济。

实现了资源的可访问,用户连接到资源后,就可以方便地进行协作和信息交换功能,进行协作编辑、远程会议等,因特网强大的连接能力使电子商务成为可能,现在通过电子商务,人们不用去商店就可以买卖各种货物。

2. 透明性

透明性(Transparency)是指分布式系统是一个整体,而不是独立组件的组合,系统对用户和应用程序屏蔽其组件的分离性。如果一个分布式系统能够在用户与应用程序面前呈现为单个的计算机系统,这样的分布式系统被称为是透明的。

以下是简单的透明性的类型。

(1) 访问透明性。用相同的操作访问本地资源和远程资源。

(2) 位置透明性。不需要知道资源的物理或网络位置就能够访问它们。

(3) 并发透明性。几个进程能并发的使用共享资源,且操作互不干扰。

(4) 复制透明性。隐藏是否对资源进行复制。

(5) 故障的透明性。屏蔽资源的故障和恢复。

(6) 移动的透明性。资源和客户能够在系统内移动而不会影响用户或程序的操作。

(7) 性能的透明性。当负载变化时,系统能被重新配置以提高性能。

(8) 伸缩的透明性。系统和应用能够进行扩展而不改变系统结构或应用算法。

透明性对用户和应用程序员隐藏了与手头任务无直接关系的资源,并使得这些资源能被匿名使用。例如,通常为完成任务,对相似的硬件资源的分配是可互换的,用于执行一个进程的处理器通常对用户隐藏身份并一直处于匿名状态。

同时,实际情况下把所有分布情况都对用户透明也不是最好的选择。例如,如果你订阅了一份电子早报,且要求它在每天 8:00 准时发到邮箱,假如此刻你身处另一个时区,当收到电子早报时,它可能已经不"早"了。此外,有时也需要在高度的透明性和系统性能之间进行权衡。例如,许多因特网应用程序会不断尝试连接到某台服务器,多次失败后才最终放弃。这种在用户转向另一台服务器之前,尽力隐藏服务器短暂故障的做法就会使整个系统变慢。

3. 开放性

分布式系统的另一个重要目标是开放性。计算机系统的开放性决定系统能否被扩展和重新实现。分布式系统需要根据一系列的准则来提供服务,这些准则描述了所提供服务的语法和语义。在分布式系统中,服务通常是通过接口指定的,而接口一般是通过接口定义语言(Interface Definition Language,IDL)来描述的。用 IDL 编写的接口定义只是记录服务的语法,即这些接口定义明确指定可用的函数名称、参数类型、返回值,以及可能出现的异常等。在本书的后续章节将详细介绍 Java IDL 语言。

4. 可扩展性

分布式系统的一个重要目标是能在不同的规模(从小型企业内部网到因特网)下有效地运转。如果资源数量和用户数量激增,系统仍能保持其有效性,那么该系统就称为可扩展的。主要是在三方面解决扩展性问题:第一,系统要能在规模上扩展,可以方便地把更多的用户和资源加入到系统中去;第二,要实现地域上的扩展,即系统中的用户与资源相隔很远;第三,系统要在管理上是可扩展的,即使系统跨越多个独立的管理机构,仍然可以方便地对其进行管理。

1.2 云计算

1.2.1 简介

1. 定义

云计算也可以看成一种分布式计算。云计算不能说是一个全新的事物,它是分布计算、集群计算(Cluster Computing)、网格计算(Grid Computing)、公用计算等各种技术发展融合的产物,不同的贡献者会从各自的角度来阐释云计算,这导致了云计算的定义的纷繁杂乱,却也给了这个新生事物广阔的发展空间。

从云计算的发展来看,它的脚步正在逐渐加快,而云计算的产品也在不断地上市。云计算的潜力巨大,它正在扭转整个行业的面貌,也在悄然改变人们使用计算机的习惯。那究竟什么是云计算呢?许多云计算方面的专家和从业人员都尝试用多种方式定义云计算,百家争鸣的情况也导致云计算的概念存在诸多差异,表 1-1 仅仅列举了少数研究人员给出的定义[70]。

表 1-1　不同学者给云计算下的定义

作　者	定　义
M. Klems	用户根据需要在短时间内升级云计算的配置，由于云计算的规模效应，用户被分配的服务器是随机指定的，可靠性也有了保障
P. Gaw	用户使用网络连接可升级的服务器
R. Cohen	云计算囊括了人们所熟知的各种名词，包括任务调度，负载平衡，商业模型和体系结构等概念
J. Kaplan	云计算为用户节约了硬件/软件的投资，使用户摆脱了缺乏专业技术的烦恼，为用户提供各种各样的网络服务，帮助用户获得各种各样的功能组合
K. Sheynkman	云计算致力于使计算机的计算能力和存储空间商业化，公司要想利用云计算的强大功能，就必须使虚拟的硬件环境易于配置，易于调度，支持动态升级和支持用户简单管理
P. McFedries	用户的数据和软件都将驻留在云计算中，而且用户不仅通过 PC，还可以通过云计算友好的设备，包括智能手机、PDA 等

以上从不同角度探讨了云计算的定义，这里给出相对比较全面系统的定义。

云计算由一系列可以动态升级和被虚拟化的资源组成，这些资源被所有云计算的用户共享并且可以方便地通过网络访问，用户无须掌握云计算的技术，只需要按照个人或者团体的需要租赁云计算的资源。

2. 云计算与其他计算模式比较

为了能让读者更好地学习本书中关于云计算的相关知识，在这里有必要简述与云计算相关的各种计算模式并进行比较，后续章节中还将详细介绍。

表 1-2 中列出的一些特性有助于区分集群、网格和云计算系统。在集群中，资源位于单个的管理区中由单个实体进行管理；而在网格系统中，资源分布在不同的管理区，每个管理区都有其策略和目标。集群和网格的另一个重要的不同点在于应用程序的调度安排。集群系统中的调度器（Scheduler）着眼于提高系统整体性能，因为它们负责的是整个系统。而在网格系统中调度器被称为资源代理（Resource Broker），着眼于提升特定应用的表现来满足终端用户的服务质量需求。

表 1-2　集群、网格和云系统的关键特性

特性\系统	集　群	网　格	云
组成	商用计算机	高端计算机(服务器、集群)	商用计算机、高端服务器和网络附着存储
数量级\扩展性	百	千	百到千
结点操作系统	一种标准操作系统（如 Linux、Windows）	任何标准操作系统（主要是 UNIX）	多操作系统运行的虚拟机
所有权	单个	多个	单个
互联网速度	专用、高端，低延迟高带宽	大部分是因特网，高延迟，低带宽	专用、高端，低延迟高带宽

特性\系统	集　群	网　格	云
安全\隐私	基于传统登录\密码。基于用户特权的中等隐私	基于公钥私钥配对的验证，一个用户对应一个账号。对隐私的支持有限	每个用户\应用都提供一个虚拟机。高安全\隐私保护。支持对每个文件的访问控制表（ACL）
发现	会员服务	中心化的索引和去中心化的信息服务	会员服务
服务协商	有限	基于服务等级协议 SLA	基于 SLA
用户管理	中心化	去中心化，也基于虚拟组织（VO）	中心化，可授予第三方
资源管理	中心化	分布式	中心化\分布式
分配\调度	中心化	去中心化	兼有中心化和去中心化
标准\互操作性	基于虚拟接口体系结构（VIA）	一些开源网格论坛标准	Web 服务（SOAP 和 REST）
单一系统映像（System Image）	是	否	是,可选
容量	稳定且可保证	可变但较高	按需求提供
失败管理（自愈）	有限（经常失败的任务\应用会重新启动）	有限（经常失败的任务\应用会重新启动）	对失效备援和内容备份提供强大支持。虚拟机较容易从一个结点转移至另一个结点
服务定价	有限,非开放市场	主要是公共事务和私下分配	效用定价,大顾客有折扣
网络互连	一个组织内多集群	有限的采纳，但通过 Gridbus InterGrid 研究进行探索	高潜力,第三方解决方案提供者可将不同云服务较松地捆绑
应用程序驱动	科学、商业、企业计算、数据中心（Data Center）	协同科学和高吞吐量计算应用	动态供应传统和 Web 应用,内容传递
构建第三方或增值服务解决方案的潜力	因为严格的体系结构而有限	因为很强的科学计算导向而有限	高潜力-可以通过动态提供计算、存储、应创建新服务,作为它们的云服务提供给用户

　　云计算拥有集群和网格的特性,并有其特殊的属性和能力,例如对虚拟化的支持,与Web 服务接口进行的动态组合服务,以及通过建造云计算、存储和应用服务对创建第三方增值服务的支持。因此,云可以对用户提供服务而无须考虑其依赖的架构。

1.2.2　云计算的优点和缺点

　　云计算的出现必然会带来许多争论焦点,云计算的诞生到底会给人们生活带来多少好处? 是否会把人们引向新的危机?

1. 云计算的优点

（1）数据的可移动性。作为计算机用户，你将不再依赖特定计算机来访问个人数据。使用任意一台联网计算机，都可以轻松访问网络数据，进行网上办公等，从北京出差到纽约，就不必担心遗失重要文件，因为可以从网上下载文件到任意一台本地计算机上。

（2）轻松维护个人应用程序和个人文件。例如，花了几个星期写成的论文由于计算机硬盘的崩溃而全部丢失。现在，再也不用担心本地硬盘崩溃后数据的丢失，在云计算中，数据的安全性不依赖于本地硬件设备，数据都已经上传到"云"中，而且在"云"中，数据有多个备份，云中的设备崩溃时，云计算可以快速恢复数据。

（3）对计算机的要求降低。一台云计算的计算机不需要大量的本地存储空间，也未必需要速度最快的处理器或者大容量内存，运行应用程序的许多繁重工作将通过网络来处理。小巧灵便的计算机也意味着更少的能耗，对许多公司来说，节省能耗就有望获得显著效益。同时，因为每增大一平方英尺空间，就会平均增加数千美元的建筑成本，通过把多个虚拟计算机系统整合到较少的物理系统上，可以缓解公司空间压力。

（4）云计算还为多人协作带来了新的机会。文件的远程存储，再借助合适的软件，多个用户就可以同时访问这些文件，可以与多个作者共享自己的工作成果。

（5）资源整合使用率更高。在虚拟化之前，企业数据中心的服务器和存储利用率一般平均不到50%（事实上，通常利用率为10%～15%）。云计算通过虚拟化的运用，可以把工作负载封装转移到空闲或使用不足的系统，这就意味着可以整合现有系统，因而可以延迟或避免购买更多服务器容量。除服务器和存储整合之外，虚拟化还可提供整合系统架构、应用程序基础设施、数据和数据库、接口、网络、桌面系统甚至业务流程。

（6）节省电能，降低成本。运行企业级数据中心所需的电能不再无限制地使用，而成本呈螺旋式上升趋势。在服务器硬件上每花1美元，就会在电费上增加1美元（包括服务器运行和散热方面的成本）。通过云计算更好地工作负载均衡使得降低总能耗和节约大量资金成为可能。同时，一般企业在新基础设施上每花费1美元，就得花费8美元进行维护工作。云计算可以改变服务器与管理员之间的配比，减轻总体管理工作负荷并降低成本。

2. 云计算的缺点

虽然云计算有上述许多优点，但是同其他任何事物一样，云计算也有一些缺点和不完善的地方。下面列举了3个最主要的缺点。

（1）对网络的高依赖性。如果把应用程序和数据放在网络上，却无法稳定、可靠地接入及访问网络，将直接导致无法开展工作。正如网络游戏存在的同样问题，网络的数据包丢失严重或是掉线率过高，玩家根本没有办法进行正常的游戏操作。

（2）数据的安全问题。由于用户的数据，包括公司的机密数据和机密文件，都是由云计算的运营商来保管。最大的问题是运营商提供的加密算法有多高的可信度，而且云计算的运营商可能由多个利益集团组成，其中是否有潜在竞争对手。而黑客通过云计算的漏洞窃取数据恐怕也不是一件困难的事情。这些都对云计算上的数据安全提出了很高的要求。

（3）数据的存活能力。云计算服务提供商会被收购吗？或者更糟糕的是，会破产吗？如果是这样，对方需要多久才能把数据归还，其采用的格式可以导入另一家提供商的基础设施上吗？

3. 云计算中的数据管理所面临的挑战

云计算是一项正在兴起中的技术。它的出现，有可能完全改变用户现有的以桌面为核心的使用习惯，而转移到以 Web 为核心，使用 Web 上的存储与服务。人类有可能因此迎来一个新的信息化时代！云计算绝不仅仅是一个计算的问题，它需要融合许许多多的技术与成果。现在研究的数据管理问题将来必然是云计算的一部分，例如 Web 数据集成、个人数据空间管理、数据外包服务、移动路网上的研究以及隐私问题的研究，都会成为未来云计算的重要组成部分。但是现实中云计算中的数据管理也面临着诸多挑战。

首先，云数据管理中一个重要问题就是供应商要在功能和开发代价上作权衡。目前，早期的云计算提供的 API 比传统的数据库系统的限制多得多。通常只提供一个极小化的查询语言和有限的一致性保证。这给开发者带来更多的编程负担，同时，对于一个功能完备的 SQL（Structured Query Language，结构化查询语言）数据库允许服务供应商提供更多的预期服务和服务级别协议。这也是云数据管理很难达到的。

其次，易管理性在云计算中极其重要，这也带来新的挑战。和传统的系统相比，受工作负载变化幅度大和多种多样的共享设备的因素影响，云计算中管理任务更加复杂。大多数情况下，由于云系统中计算机数量太大，数据库管理员和系统管理员很难对所有计算机进行全面周全的人工干预。所以迫切地需要自动管理的机制。本来混合负载就很难调优，但是在云平台中这种调优是不可避免的。

20 世纪 90 年代末，研究学者们开始研究自我管理技术。云计算系统需要自适应的在线技术，反过来系统中新的架构和 API（包括区别于传统 SQL 语言和事务语义的灵活性）又促进了颠覆性的自适应方法的发展。接着，云计算的庞大规模同样带来了新的挑战。现有的 SQL 数据库不能简单地处理放置在云中的成千上万的数据。在存储方面，是用不同的事务实现技术，还是用不同的存储技术，或者二者都用来解决还不确定。在这个问题上，目前在数据库领域内有很多提议。就查询处理和优化而言，如果搜索一个涉及数千条处理的计划空间需要花费很长时间，这显然是不可行的，所以需要在计划空间或搜索上设限。最后如何在云环境中编程还尚不清楚。因此，需要更多的了解云计算的限制问题（包括性能限制和应用需求）来帮助设计。

此外，在云基础架构中，物理资源共享带来新的数据安全和隐私危机。它们不能再依靠计算机或网络的物理边界得到保障。因此云计算为加速这方面现有的工作提供了难得的机遇。要想成功，关键在于能否准确瞄准云的应用场景以及能否准确把握服务供应商和顾客的实际动向[116]。

最后，随着云计算越来越流行，预计有新的应用场景出现，也会带来新的挑战。例如，可能会出现一些需要预载大量数据集（像股票价格、天气历史数据以及网上检索等）的特殊服务。从私有和公共环境中获取有用信息引起人们越来越多的注意。这样就产生新的问题：需要从结构化、半结构化或非结构的异构数据中提取出有用信息。同时，这也表明跨"云"服务必然会出现。在科学数据的网格计算中，这个问题已经很普及。而联合云架构不会降低，只会增加问题的难度。综上所述，可以看出云计算和云平台服务本身在适当场景下巨大的优势，同时还有所面临的技术难题亟待解决。

1.3　本书概要

第 1 章　绪论。

第一篇　分布式系统

本篇对分布式计算进行了介绍，为读者进行后续章节的学习打下一个良好的知识基础。

第 2 章　是分布式计算的入门，引入了分布式计算的定义及其相关概念，简单地介绍了背景知识方便读者理解本书中所提到的材料，并对人们非常关心的分布式计算的安全性与容错性问题单独进行重点论述。

第 3 章　讨论客户—服务器端架构的问题。首先讲解客户—服务器端的相关协议，然后分别介绍了面对有连接和无连接情况时客户—服务器端的构架，最后讨论了有状态和无状态的服务器的问题。

第二篇　云计算技术

本篇是对云计算的综述，从各个方面与角度，向读者全面地介绍云计算。本书选取了具有代表性的云平台和技术，而这些代表性的技术更是现阶段研究学习的重点，也是未来继续开发新平台与新技术的重要参考。

第 4 章　是云计算的入门章节，在这一章中经过综合比较分析，给出了本书对云计算的定义，简述了云计算的发展历史，详细分析了云计算的优点与缺点，如果以前对是否使用云计算或如何使用云计算还有疑虑，相信这一章将有助于理清思路；本章对云计算所涉及的服务进行讨论，最后是云相关技术的比较，分别从网格计算、效用计算、集群计算、并行和分布计算等方面与云计算进行了具体比较。

第 5 章　就 Google 云平台的 Google 文件系统（GFS）技术、Bigtable 技术、MapReduce 三大技术分别进行了详细的介绍与论述，并针对每个具体技术给出应用的例子，方便学习及理解。

第 6 章　讲述的是 Yahoo! 公司云平台的技术，Yahoo! 公司在云计算方面投入巨大，涉及云计算的许多方面并支持许多与此相关的开源项目，而本章介绍的正是其中重要部分包括一种灵活通用的表存储平台 PNUTS 云平台，分析大型数据集的框架 Pig，提供团体服务的集中化服务平台 ZooKeeper。

第 7 章　就 Greenplum 云平台的技术进行了介绍，Greenplum 是一个商业的分析型云数据库，同样也用来支持下一代数据仓库和大规模的分析过程。它支持 SQL 和 MapReduce 并行处理，可以提供低成本的管理 TB 到 PB 级数据的能力。相信在未来云计算发展过程中，云数据库将占有重要的一席之地。

第 8 章 讲的是 Amazon Dynamo 云平台技术，Amazon 公司提供的 EC2 和 S3 想必已为大家所熟知，但其中的关键技术所利用的平台 Amazon Dynamo，可能读者并不了解。本章分别从 Amazon Dynamo 的研发背景和 Dynamo 系统体系结构对其进行讲解。

第 9 章 介绍 IBM 与云计算相关的项目，包括云风暴、智能商业服务、智慧地球、Z 系统以及虚拟化的动态基础架构。IBM 在云计算领域的工作产生的影响力十分巨大，并且在云计算的普及方面以其针对企业的云服务极大地推动了领域的发展。

第三篇 分布式云计算的程序开发

本篇是分布式云计算的程序开发部分，在了解众多的与云计算的相关的知识与技术之后，本书讲解了各种主流的进行分布式云计算的程序开发系统与平台，并给出了对应的开发实例，方便读者进行实践。

第 10 章 对 Apache 开源项目 Hadoop 系统进行介绍。Hadoop 主要由 Hadoop 核心组件、MapReduce 以及 HDFS 组成。本章对 Hadoop 生态系统所包含的项目及其自身体系结构进行介绍，并对 Hadoop 集群相关安全策略进行说明。

第 11 章 详细介绍 MapReduce，它是 Google 提出的 MapReduce 编程模型的开源实现，被广泛应用于海量数据的处理。本章对 MapReduce 的计算模型以及工作机制进行深入分析，并结合 MapReduce API 和实例介绍如何采用 MapReduce 框架编写并行程序。

第 12 章 详细介绍 Hadoop 的另一核心子项目 HDFS。作为 Hadoop 所采用的分布式文件系统，本章着重对 HDFS 的体系结构以及数据在 HDFS 中的执行流程进行详细介绍。

第 13 章 主要讨论 HBase 分布式数据库系统。HBase 的设计思想主要来源于 Google Bigtable 技术，为面向列存储的分布式数据库。本章将分别对 HBase 的体系结构、数据模型、物理视图和概念视图进行介绍，并说明如何采用 HBase Java API 对 HBase 数据库进行操作。

第 14 章 详细介绍 Hive 数据仓库。Hive 的存储建立在 Hadoop 文件系统之上，它向上为用户封装了 Hive QL 编程语言，使用方法类似于 SQL 操作，这极大方便了用户的使用。

第 15 章 讲解基于 Google Apps 系统的开发。首先对 Google App Engine 进行了介绍，然后讲解如何使用 Google App Engine，同时给出了基于 Google Apps 的应用程序开发实例。

第 16 章 讲解基于微软 Azure 系统的开发。首先对微软公司推出的 Windows Azure 系统进行了简介，然后讲解 Windows Azure 服务的使用方法，并给出了应用开发实例。

1.4 小结

本章对分布式系统与云计算进行了简单的介绍。首先，介绍了分布式计算和分布式系统，分布式计算是一种把需要进行大量计算的工程数据分隔成小块，由多台计算机分别计算,在上传运算结果后,将结果统一合并得出数据结论的计算模式。本章给出了分布式系统的定义与万维网、企业内部网、移动计算3个实例,使读者对分布式系统有一个具体而感性的认识,接下来分析了分布式系统的目标。然后,对分布式云计算进行了概述,并总结各方观点给出云计算的定义,云计算由一系列可以动态升级和被虚拟化的资源组成,这些资源被所有云计算的用户共享并且可以方便地通过网络访问,用户无须掌握云计算的技术,只需按照个人或者团体的需要租赁云计算的资源;最后,讨论了云计算的优点及缺点,并对其所面临的挑战进行了简单的分析。最后一部分,给出了本书的概要。

习题

1. 什么是分布式计算?
2. 试举出一些分布式计算应用的例子?
3. 分布式系统的4个关键目标是什么?
4. 什么是分布式系统的透明性,它有哪些类型?
5. 什么是分布式系统的可扩展性?
6. 本书中云计算的定义是什么?
7. 云计算的优点有哪些?
8. 云计算的缺点有哪些?
9. 集群计算和网格计算的区别?
10. 简述云计算所面临的挑战?

第一篇　分布式系统

本篇对分布式计算进行了详细的介绍，为读者进行后续章节的学习打下一个良好的知识基础。

第2章是分布式计算的入门，在这一章中引入了分布式计算的定义及其相关概念，简单地介绍了背景知识方便读者理解本书中所提到的材料，比较了分布式系统与集中式系统、计算机网络的区别和联系，对分布式系统的层次结构和分类进行了简单介绍。然后，本章对分布式系统中所涉及的软硬件相关技术进行介绍，分别按照硬件和软件对分布式系统进行了划分。最后对人们非常关心的分布式计算的安全性与容错性问题单独进行重点论述并对上述问题进行了回答。

第3章讲解客户—服务器模型的基本概念，并集中讨论了客户—服务器模型相对其他模型的一些优点，如有利于实现资源共享、有利于进程通信的同步、可实现管理科学化和专业化、可快速进行信息处理、具有更好的可扩充性等。然后对客户—服务器模型从不同方面进行分类和介绍，包括面向连接服务与无连接服务，按照应用程序划分为用户层、处理层和数据层，按照客户—服务器模型的体系结构进行划分等。接着介绍了客户—服务器模型的进程通信的相关知识。最后介绍客户—服务器模型在特定条件下所派生出的不同变种。

本篇主要从概念层次上对分布式系统进行了介绍，通过本章的了解，读者可以对分布式系统有一个宏观的认识，对下面学习第二篇云计算技术和第三篇分布式云计算程序的开发是一个很好的铺垫和过渡。

第 2 章　分布式系统入门

计算机系统发展迅猛。计算机出现以来,经历了几代的更新变化。最初的计算机非常昂贵、庞大,一般都由计算中心建立专用机房放置,并配备专门人员管理,计算机用户一般通过计算机管理员来操作和使用计算机。

自 20 世纪 80 年代以来,超大规模集成电路(Very Large Scale Intergrated circuites, VLSI)技术和计算技术相结合的产物——微处理器迅速发展,高档微处理器相继出现,其硬件价格急剧下降,而性能已接近中小型计算机的水平。这些发展使计算机应用进入新的高速发展阶段,与此同时,伴随微型机的发展,局域网络得到广泛应用,网络技术的发展为分布式计算机系统提供了物理环境,在美国以太网和欧洲的剑桥环网(Cambridge Ring)已成功地用于工厂和学校及政府机关。

多微处理机和分布式微处理机系统是计算机应用发展的必然趋势,微型机特别是高档的微处理机为开发分布式计算机系统提供了物质基础,局域网技术为互联主机做好了技术准备,使计算机应用系统由集中式走向分布式。计算机已经逐步成为大众化的工具和人们生活中的必需品。它将出现在商店的电器部柜台上,人们将坐在家中操作个人工作站或微型计算机,通过网络购物、订票,而所有这些都需要分布式系统的支持和帮助。

2.1　分布式系统的定义

分布式系统是一组自治的计算机集合,通过通信网络相互连接,实现资源共享和协同工作,而呈现给用户的是单个完整的计算机系统。

该定义主要是从分布式系统的特点和目标来描述的,分布式系统是由多个处理机或多个计算机组成,各个组成部分可能分布在不同的地理位置,不同的组织机构,且使用不同的安全策略等,同时程序可分散到多个计算机或处理机上运行。为了降低成本,实现资源共享,方便用户使用,需要一定的策略把这些独立的组成部分连接起来协同工作,这就是分布式系统的目的。在一个真正的分布式系统中,用户并不想知道服务的位置,也不想知道他们正在使用的对象所在的地点,即系统对于用户来说是透明的。分布式系统在于为资源共享提供一个高效的、方便的、安全的环境。换言之,在硬件方面各个计算机都是自治的;软件方面用户将整个系统看作是一台计算机。

2.1.1　分布式与集中式

因为分布式系统是表现为单机特征的多机系统,因此它与集中式的单机系统不同。下面通过对比集中式系统,进一步来认识分布式系统。

(1) 分布式各组件和进程的行为是物理并发的,没有统一的时钟,因此各种同步机制对分布式系统意义重大,且实现起来困难;而集中式系统的时间是明确的,同步机制实现起来也相对容易。

(2)分布式系统各组件必须实现可靠、安全的相互作用,当一部分出现故障时,系统大部分工作仍可以继续,无须停机,只要将出故障部分承担的工作转移出去即可;而集中式系统出现故障,则不能继续工作,需要停机检查修改。

(3)分布式系统的异构性。不同的平台和设备(可包括小的微处理器,工作站,小型机或大型通用计算机系统),以及其组件性能、可靠性、数据表示和策略等几乎所有属性都可能是不同的,而分布式系统必须作为一个整体严格遵循系统的功能规范运行,同时最大限度兼顾各平台的独立性,保持系统的易维护性和易管理性。如何使这些独立、分散、异构的组件可靠、高效地协同工作以实现正确的逻辑功能,是分布式系统研究和工程开发中要解决的最主要、也是最困难的问题。

(4)与集中式系统相比,分布式系统平均响应时间短,分布式系统对于任务分散、交互频繁并需要大量处理能力的用户来说特别适合,由于各台计算机支持单用户的处理能力,从而保证了执行交互式任务时的快速响应。

(5)分布式系统有可扩充性,分布式系统管理员可以根据请求的需要扩充系统、而不必替换现有的系统成分,最小的实用系统可能只包括两个工作站和一台文件服务器,最大的可能有成百上千台工作站和多个文件服务器、打印服务器和特殊用选购服务器,可以根据需要增加工作站和服务器;当然还包括更高的性价比、资源共享等特点。

2.1.2　分布式与计算机网络

在一个分布式系统中,一组独立的计算机展现给用户的是一个统一的整体,就好像是一个系统似的。系统拥有多种通用的物理和逻辑资源,可以动态的分配任务,分散的物理和逻辑资源通过计算机网络实现信息交换。系统中存在一个以全局的方式管理计算机资源的分布式操作系统。通常,对用户来说,分布式系统只有一个模型或范型。在操作系统之上有一层软件中间件(Middleware)负责实现这个模型,中间件的具体介绍见第2.1.3节的描述。

在计算机网络中,这种统一性模型以及其中的软件都不存在。用户看到的是实际的计算机,计算机网络并没有使这些计算机看起来是统一的。如果这些计算机有不同的硬件或者不同的操作系统,那么,这些差异对于用户来说都是完全可见的。如果一个用户希望在一台远程计算机上运行一个程序,那么,他必须登录到远程计算机上,然后在那台计算机上运行该程序。

分布式系统与计算机网络的区别。
* 分布式系统的各个计算机间相互通信,无主从关系;网络有主从关系。
* 分布式系统资源为所有用户共享;网络有限制地共享。
* 分布式系统中若干个计算机可相互协作共同完成一项任务;网络不行。

分布式系统和计算机网络系统的共同点是,多数分布式系统是建立在计算机网络之上的,所以分布式系统与计算机网络在物理结构上是基本相同的。

2.1.3　分布式系统层次结构

分布式系统的体系结构模型涉及系统的各个部分的位置及其关系。体系结构模型的例子包括客户服务器模型和对等进程模型。客户服务器结构将在第3章讨论,下面简要介绍对等体系结构。

1. 对等体系结构

在这种体系结构中,一项任务或活动涉及的所有进程扮演相同的角色,作为对等方进行协作交互,不区分客户和服务器或运行它们的计算机。虽然客户服务器模型为数据和其他资源的共享提供了一个直接的和相对简单的方法,但客户服务器模型的伸缩性比较差。将一个服务放在单个进程中意味着集中化地提供服务和管理,它的伸缩性不会超过提供服务的计算机的能力和该计算机所在网络连接的带宽。

今天计算机具有的硬件容量和操作系统功能已经超过了昨天的服务器,而且大多数计算机配备有随时可用的宽带网络连接。对等体系结构的目的是挖掘大量参与计算机中的组员(数据和硬件)来完成某个给定的任务或活动。对等应用和对等系统已经被成功地构造出来,使得无数计算机能访问它们共同存储和管理的数据及其他资源。

2. 中间件

中间件是一种独立的系统软件或服务程序,分布式应用软件借助这种软件在不同的技术之间共享资源,中间件位于客户机服务器的操作系统之上,管理计算资源和网络通信。图2-1给出了中间件在分布式系统层次结构中的位置。

图 2-1　分布式系统的层次结构

中间件应满足大量应用的需要,运行于多种硬件和操作系统平台并支持分布计算,提供支持跨网络、硬件和操作系统平台的标准接口。由于标准接口对于可移植性和交互操作性的重要性,中间件已成为许多标准化工作的主要部分。对于应用软件开发,中间件远比操作系统和网络服务更为重要,中间件提供的程序接口定义了一个相对稳定的高层应用环境,不管底层的计算机硬件和系统软件怎样更新换代,只要将中间件升级更新,并保持中间件对外的接口定义不变,应用软件几乎无须任何修改,从而保护了企业在应用软件开发和维护中的重大投资。

中间件所包括的范围十分广泛,针对不同的应用需求涌现出多种各具特色的中间件产品。但至今中间件还没有一个比较精确的定义,因此,在不同的角度或不同的层次上,对中间件的分类也会有所不同。由于中间件需要屏蔽分布环境中异构的操作系统和网络协议,它必须能够提供分布环境下的通信服务,这种通信服务被称为平台。

中间件的目的是屏蔽异构性,给应用程序员提供方便的编程模型,中间件表示成一组计算机上的进程或对象,这些进程或对象相互交互,实现分布式应用的通信和资源共享支持。中间件提供有用的构造模块，构造在分布式系统中一起工作的软件组件。特别地，它通过对抽象的支持如远程方法调用、进程组之间的通信，时间的通知，共享数据对象在多个协作的计算机上的分布、放置和检索。共享数据的复制、多媒体数据的实时传送，提供了应用程序通信活动的层次。

早期的中间件有远程过程调用包和通信系统。目前，广泛使用面向对象中间件和产品及标准，它们包括 CORBA，JavaRMI Web 服务，Microsoft 的分布式组件对象模型（DCOM），ISO/ITU-T 的开放分布式处理参考模型（RM-ODP）。

中间件还能提供应用程序使用的服务，这些服务是基础服务。与中间件提供的分布式编程模型紧密绑定，例如，CORBA 具有许多给应用提供方便的服务，如命名、安全、事务永久存储和事件通知。第5章讨论公共对象请求代理体系结构（CORBA）。

2.1.4　分布式系统分类

1. 分布式计算系统

分布式计算是一种把需要进行大量计算的工程数据分隔成小块，由多台计算机分别计算，在上传运算结果后，将结果统一合并得出数据结论的科学。它研究如何把一个需要非常巨大的计算能力才能解决的问题分成许多小的部分，然后把这些小的部分分配给许多计算机进行处理，最后把分散的计算结果综合起来得到最终的结果。

粗略地说，它可以分成3个子分组：集群计算、网格计算和云计算。在集群计算中，低层硬件是由类似的工作站或 PC 集组成，通过高速的局域网紧密连接起来的；而且每个结点运行的是相同的操作系统。在网格计算中，组成分布式系统的这种子分组构建成一个计算机系统联盟，其中的每个系统归属于不同的管理域，而且在硬件、软件和部署网络技术上也差别很大。在云计算中，硬件是由成百上千台普通的 PC 组成，通过高速的局域网紧密连接起来，具有高可靠性和容错性。分布式计算的应用：数学计算，环境模拟，生物和仿生，经济和财政模型，气象预报，互联网服务等。

2. 分布式信息系统

分布式系统另一个重要的分类是在组织中的应用，这些组织面临大量的网络应用，但这些应用之间的互操作性很差。很多现有的中间件解决方案是使用一种基础设施，它可以把这些应用集成到企业范围内的信息系统中。

分布式系统可以按集成程度进行分类。在很多情况下，一个网络应用由一个服务器组成，它负责运行应用程序（通常包括一个数据库）并使得它对远程程序（称为客户端）可用。这种客户端可以发送一个请求给服务器，用于运行某个操作，然后服务器端会送回一个响应。最低级的集成就是允许客户端把多个请求（可能是发往多个服务器的）封装成单个较大的请求，并使这个较大的请求作为一个分布式事务处理来运行。其关键点是要么所有请求都被运行，要么所有都不被运行。随着应用程序变得更加复杂，并逐步分割成各自独立的组件（最明显的是把数据库组件与事务处理组件分开），显然，通过让应用程序直接与其他程序进行通信,也可以实现集成。这就是现在大型企业所关注的企业应用集成。

3. 分布式普适系统

随着移动和嵌入式计算设备的引入,分布式普适系统(Pervasive System)中的设备往往具有体积小、电池供电、可移动以及只有一个无线连接等特征(但并不是所有设备都同时具有这些特征),而且缺乏人的管理控制。其中一个非常重要的方面就是,设备经常要加入到系统中,以便访问(或提供)信息。这就要求有容易读取、存储、管理和共享信息的方法。由于设备的不连续性和不断改变的连续性,可访问信息的存储空间也非常有可能总是变化的。因此在可移动性中,设备支持对本地环境的易适应性和与应用程序相关的易适应性。它们必须能有效地发现设备并相应地做出动作。

2.2 分布式系统中的软硬件

2.2.1 硬件

在分布式系统中,处理活动可能位于多个计算机上,计算机要在网络上通信以完成任务。工作站或个人计算机为用户提供本地的处理能力,使之可以比使用分时系统更有效地执行交互式任务。在分布式系统中,工作站用户可以共享网络上可用的信息和资源。文件服务器就是保证工作站用户贡献信息并存储个人文件的计算机。

1. 基于总线的多处理机

在这种结构的多处理机中,每个 CPU 都与总线直接相连,存储器也与总线相连,即多个 CPU 通过总线共享存储器。典型的总线有 32 位总线和 64 位总线,总线又分为地址总线、数据总线和控制总线,各位之间并行处理。如果一个 CPU 要从存储器中读一个字、首先要将该字的地址放到地址总线上,然后,将适当的控制信号放到控制总线上表示读,存储器将该字的值放到数据总线上,让发出请求的 CPU 读取该字;对于写操作,CPU 要同时将地址和数据分别放到地址总线和数据总线上,并在控制总线上施加写信号,存储器在写信号的控制下完成数据写入。

2. 基于交换的多处理机

要采用更多(如上百个)的 CPU 构成多处理机,必须采用不同的组织方法来连接 CPU 和存储器。一种方法是将存储器分成模块,然后用交叉开关互连,每个交叉点是一个电子开关,每个 CPU 与每个存储器通过开关都可以直接相连。当 CPU 要访问一个确定的存储器模块时,相应的交叉开关立即合上,使它们直接相连,然后直接访问。交叉开关的实质就是许多 CPU 可以同时访问存储器。当然,如果有两个以上的 CPU 要访问同一个存储器,仍需要等待。

总的来说,基于总线的多处理机受限于其通信能力,最多挂接几十个 CPU。若要增加 CPU 个数,必须利用开关网络,但是开关网络是非常昂贵的。因此,建立大量的紧耦合的共享存储器的多处理机虽然是可能的,但非常困难且又造价昂贵。

3. 基于总线的多计算机

相对于基于多处理机而言,多计算机的建立比较容易,每个 CPU 都与自己的局部存储器直接相连,唯一的问题是 CPU 之间如何通信。很明显,构成多计算机只需要不同的工作站通过局域网互联即可,不必利用 CPU 板通过高速总线互连。

4. 基于交换的多计算机

对比基于交换的多处理机,在基于交换的多计算机结构中,仍要保证每个 CPU 只与特定的局部存储器直接相连接,互连结构仍是 CPU 之间的互连。

2.2.2 软件

对于分布式系统,软件和硬件是两个不可分割的整体,从程序员或应用的角度来看,软件的概念更为重要。下面介绍相关系统。

1. 分布式操作系统

分布式操作系统(DOS)是分布式软件系统(Distributed Software Systems,DSS)的重要组成部分。分布式操作系统负责管理分布式处理系统资源、控制分布式程序运行等。通常用来管理多处理器或者同构多处理机,其主要目的是隐藏硬件细节,管理硬件资源,提供系统接口(System Interface),使得并发进程能够共享系统资源。

DOS 特征是,将多处理器或多计算机构造成一个虚拟环境;提供同构性、透明;最有效地管理网络;提供全局编址和命名服务(Naming Service);管理资源分配及共享;提供同步、互斥及死锁检测机制;提供进程间通信(Inter-process Communication,IPC)机制;提供适当的安全机制。

2. 网络操作系统

网络操作系统(NOS)是传统操作系统的扩充,为用户提供各种交换信息和资源共享的服务。这是一种典型的松耦合的软件与松耦合的硬件相结合形成的系统。典型的组成是一组工作站由局域网互联在一起,其中,每台工作站上安装网络软件。在这种系统中,用户可以利用有盘或无盘工作站工作,所有的命令和程序均在工作站上运行。同时,用户也可以根据需要进行远程登录,利用其他工作站工作。

NOS 与运行在工作站上的单用户操作系统或多用户操作系统由于提供的服务类型不同而有差别。一般情况下,NOS 是以使网络相关特性达到最佳为目的的,如共享数据文件、软件应用,以及共享硬盘、打印机、调制解调器、扫描仪和传真机等。一般计算机的操作系统,如 DOS 和 OS/2 等,其目的是让用户与系统及在此操作系统上运行的各种应用之间的交互作用最佳。目前局域网中存在的网络操作系统包括:Windows 类操作系统、NetWare 类操作系统和 UNIX 系统。

3. 中间件系统

中间件在第 2.1.3 节分布式系统层次结构中已经讨论过,下面将进行一些其他方面的补充说明。伴随着互联网技术的发展和全球经济一体化时代的来临,企业应用开始从局部自治的单业务种类、部门级应用向企业级应用转变,并促进了企业应用集成、企业间动态电子商务等网络信息系统技术的发展。网络信息系统的目标就是把分布在各处的多个局部自治的异构信息系统通过网络集成在一起,以实现信息资源的广泛共享、集约化管理和协调工作,其中需要解决的一个关键问题就是如何将各局部自治的系统联合成为能够发挥综合效能并能够不断成长的大系统,为此,出现了对构建网络信息系统基础支撑平台的强烈需求。中间件的概念在这样的背景下形成和发展。

中间件是一种计算机软件,该软件连接了软件部件或者应用程序。这种软件有一组服务构成,这些服务包括允许多进程运行在一个或者多个计算机上以达到在网络中互相交互的目的。中间件特点是,满足大量应用的需要;运行于多种硬件和 OS 平台;支持分布式计算,提供跨网络、硬件和 OS 平台的透明性应用或服务的交互功能;支持标准的协议;支持标准的接口。

2.3 分布式系统中的主要特征

2.3.1 容错性

一般而言,容错是允许系统出错的,但它可以在故障后恢复,而不丢失数据。分布式系统区别于单机系统的一个特征是,它可以容许部分失效。当分布式系统中的一个组件发生故障时就可能产生部分失效。这个故障也许会影响到其他组件的正确操作,但也有可能完全不影响其他组件。而非分布式系统中的故障常会影响到所有的组件,可能很容易就使整个应用程序崩溃。

分布式系统设计中的一个重要目标是以这样的方式来构造系统:它可以从部分失效中自动恢复,而且不会严重地影响整体性能。特别是,当故障发生时,分布式系统应该在进行恢复的同时继续以可接受的方式进行操作,也就是说,它应该能容许错误,在发生错误时某种程度上仍可以继续操作。

如果系统可以在发生故障时继续操作,那么就具有容错性(Fault Tolerance)。

部件故障通常可分为暂时的、间歇的和持久的。暂时故障(Transient Fault)只发生一次,然后就消失了,即使重复操作也不会发生。一只鸟从微波传输的电波中飞过可能会使一些网络上的数据丢失。如果传输超时重发,第二次就会正常工作。间歇故障(Intermittent Fault)是发生、消失不见、然后再次发生……如此反复进行。连接器接触不良通常会造成间歇故障。间歇故障会造成情况的恶化,因为它们很难诊断,通常,当解决故障的人到来时系统工作良好。持久故障(Permanent Fault)是那些直到故障组件被修复之前持续存在的故障。芯片燃烧、软件错误和磁盘头损坏都是持久故障的例子。

分布式系统中存在几种类型的系统故障。如果只是简单地停止了进程,那么就发生崩溃性故障。如果进程不对到来的请求进行响应，那么就发生了遗漏性故障。如果进程对请求响应得过快或过慢，就发生了定时性故障。如果以错误的方式响应到来的请求，那么就是响应性故障。如果系统出现任意类型故障，这时称为任意性故障或拜占庭故障。

常用的容错方法是冗余配置，它有信息冗余、时间冗余、物理冗余3种形式。

信息冗余就是增加额外的信息位使错误信息可以得到纠正。例如海明码是存储器设计中的重要冗余配置技术，它可以用于检测和恢复传输错误。

时间冗余就是执行一个操作，如果需要就再次执行。前面讲到的原子事务，就属于这种冗余。如果事务取消，它对系统无影响，可以再做。时间冗余对于解决暂时性故障和间歇性故障非常有效。

物理冗余就是增加额外的设备使系统可以承受某个部件的故障。例如给系统增加额外处理机，如果某台处理机出错，系统可以马上切换到正常的处理机上继续执行。组织额外处理机有两种方法，一种是活动备份法，一种是主副结构法。比如对一个服务器，如果使用活动备份法，则所有的处理机都像服务器那样同时并行工作，来达到屏蔽故障。主副结构法则是使用一台处理机做工作，当它出现故障时，再用备份机来替代它。

采用哪种办法，主要取决于应用对于以下几点的基本需求：

- 所需的备份（冗余）程度；
- 有故障时的平均和最坏性能；
- 无故障时的平均和最坏性能。

容错系统中的恢复可以通过有规律地对系统状态设置检查点来获得，检查点是完全分布式的。不幸的是，设置检查点是一个开销很大的操作。为了提高性能，很多分布式系统在检查点中结合使用了消息日志。通过记录进程之间的通信，有可能在发生崩溃之后重放系统的执行过程。

2.3.2 安全性

计算机安全问题，是指系统中的数据被有意或无意地泄露以及数据和其他系统资源被破坏的问题。为了解决安全问题，应根据分布式系统中可能存在的安全威胁和安全需求，来制定相应的安全策略，以便在计算机中实施相应的保护机制。

在分布式系统中，资源的私密性、完整性以及可用性都需要有相应的措施加以保证。安全性攻击会采取窃听、伪装、篡改和拒绝服务等形式。安全的分布式系统的设计者们必须在攻击者可能了解系统所使用的算法和部署计算资源的环境下解决暴露的服务接口和不安全的网络所引发的问题。

密码学为保证消息的私密性和完整性以及消息认证奠定了基础。为使密码学得以应用，需要有精心设计的安全性协议。加密算法的选择和密钥（Cipher Code）的管理是安全机制的效率、性能和可用性的关键。公钥加密算法使得分发密钥比较容易，但对大数据量数据的加密而言其性能不够理想。相比之下，密钥加密算法更适合大批的加密任务。

安全在分布式系统中扮演一个非常重要的角色。分布式系统应该提供一些机制来实施多种不同的安全策略。开发和正确应用这些机制一般使安全成为了一项困难的工程实践。三个重要问题可以区别开来。

安全的分布式系统面临的第一个问题是只使用对称加密系统(基于共享密钥),还是将其与公钥系统结合起来使用。当前的实践显示,分配短期共享密钥来进行的公钥加密的方法使用较多。短期共享密钥称为会话密钥。

安全的分布式系统面临的第二个问题是访问控制和身份认证。身份认证以这样一种方式处理资源保护问题,让仅具有适当访问权限的进程能够实际访问和使用那些资源。而访问控制总在进程通过身份认证后发生。

实现访问控制有两种方式。首先,每个资源能够保持一个访问控制表,正确列出每个用户或进程的访问权限;另一种方式是进程可以携带一个证书明确声明其对一个特定资源集合的访问权限。使用证书的主要好处是进程可以容易地将其票据传至另一个进程;也就是说,有排斥访问权限。然而,证书通常具有难以吊销的特点。

在移动代码的情况中处理访问控制时需要特别注意,除了要能够保护移动代码免受恶意主机危害之外,一般来说,更重要的是保护主机免受恶意移动代码侵害,人们已经提出了若干个建议,其中沙箱是当前应用最广泛的一个,然而,沙箱有一定的局限性,而其基于真正的保护域的更灵活的放大法也已设计出来。

安全的分布式系统面临的第三个问题关系到管理。本质上有两个重要的子专题:密钥管理和身份认证管理。密钥管理包括加密密钥的分配。可靠的,由第三方发布的证书在其中扮演重要的角色。关于身份认证管理的重要点在于属性证书和委派。

2.4　小结

本章首先介绍了分布式系统的定义,然后对比集中式系统和计算机网络,进一步描述了分布式系统的定义。

本章分类介绍了分布式系统。分布式系统是一组自治的计算机集合,通过通信网络相互联接,实现资源共享和协同工作,而呈现给用户的是单个完整的计算机系统。其特征为,一组由网络互联、自治的计算机和资源;资源为用户所共享;可以集中控制,也可以分布控制;计算机可以同构,也可以异构;分散的地理位置;分布式故障点;没有全局时钟;大多数情况下没有共享内存。

本章介绍了分布式系统中的软件和硬件。硬件方面介绍了 4 种系统:基于总线的多处理机;基于交换的多处理机;基于总线的多计算机;基于交换的多计算机。软件方面,主要讨论了硬件与应用之间的中间层,介绍了分布式操作系统,网络操作系统与中间件系统。通过软硬件的描述,进一步说明了分布式系统的层次结构。最后介绍了分布式系统的容错性和安全性。

习题

1. 简述分布式系统的发展基础。
2. 简述分布式系统的概念。

3. 试比较分布式系统与集中式系统、分布式系统与计算机网络。

4. 简述多处理机系统与多计算机系统的区别，并与分布式系统比较。

5. 简述中间件在分布式系统中的作用，并给出例子。

6. 简述分布式系统的层次结构。

7. 简要描述分布式系统中的软硬件。

8. 分布式操作系统、网络操作系统和中间件系统有什么区别？

9. 分布式系统都有哪些主要特点？

10. 请给出一个分布式系统的实际例子，并简要描述之。

第 3 章　客户—服务器端架构

在第 2 章介绍了分布式系统的定义和软硬件方面的特点。在本章的学习中要理解分布式系统的结构模型。所谓结构模型,是关于其各部分的布局及其之间的相互关系,并定义系统的各组件之间相互交互的方式以及它们映射到下面的计算机网络的方式。分布式系统的组织结构有多种,比较常见的模型是客户—服务器模型(Client/Server Model),简称 C/S 模型。

3.1　客户—服务器模式的基本概念和优点

3.1.1　客户—服务器模式的基本概念

客户—服务器也可以被理解为是一个物理上分布的逻辑整体,它是由客户机、服务器和连接支持部分组成。客户机是一个面向最终用户的接口设备或应用程序,它是一项服务的消费者,可向其他设备或应用程序提出请求,然后再向用户显示所得信息。服务器是一项服务的提供者,它包含并管理数据库和通信设备,为客户请求过程提供服务;连接支持部分是用来连接客户机与服务器的部分,如网络连接、网络协议、应用接口等。图 3-1 就是一个典型的客户—服务器模型。

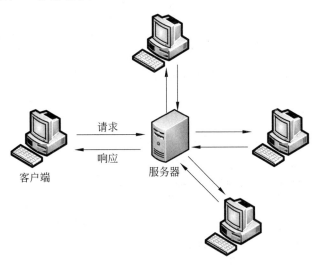

图 3-1　典型的客户—服务器模型

在客户—服务器模型中,服务器是核心,而客户机是基础,客户机依靠服务器获得所需要的资源,而服务器为客户机提供必须的资源。通过它可以充分利用两端硬件环境的优势,将任务合理分配到客户端和服务器端来实现,降低了系统的通信开销。

3.1.2 客户—服务器模式优点

客户—服务器模式主要有以下几方面的优点。

（1）有利于实现资源共享。网络中的资源具有分布不均匀性，各个不同结点之间的软硬件配置都存在很大差别。在 C/S 结构中的资源也是分布的，一般来说服务器在软硬件配置上或是数据资源分布上相对客户机而言都具有一定的优势，而且客户机与服务器具有一对多的关系和运行环境。用户不仅可存取在服务器和本地工作站上的资源，还可以享用其他工作站上的资源，实现了资源共享。

（2）有利于进程通信的同步。分布式系统中的面临的一个重要的问题就是同步问题。在客户—服务器模型中，每一次通信由客户端进程发起请求，而服务器进程一直处于等待状态，以保证及时响应客户端发出的请求。当客户端发出请求后，服务器端响应客户端请求，并以此实现进程间的同步。

（3）可实现管理科学化和专业化。系统中的资源分布在各服务器和工作站上，可以采用分层管理和专业化管理相结合的方式，用户有权去充分利用本部门、本领域的专业知识来参与管理，使得各级管理更加科学化和专业化。

（4）可快速进行信息处理。由于在 C/S 结构中是一种基于点对点的运行环境，当一项任务提出请求处理时，可以在所有可能的服务器间均衡地分布该项任务的负载。这样，在客户端发出的请求可由多个服务器来并行进行处理，为每一项请求提供了极快的响应速度和较高的事务吞吐量。

（5）具有更好的可扩展性。由于 C/S 是一种开放式的结构，因此可有效地保护原有的软、硬件资源。以前，在其他环境下积累的数据和软件均可在 C/S 中通过集成而保留使用，并且可以透明地访问多个异构的数据源和自由地选用不同厂家的数据应用开发工具，具有高度的灵活性；而以前的硬件也可完全继续使用，当在系统中增加硬件资源时，不会减弱系统的能力，同时客户机和服务器均可单独地升级，故具有极好的可扩展性。

3.2 客户—服务器端架构和体系结构

3.2.1 面向连接服务与无连接服务

分布式系统中各主机之间进行通信或数据传输需要计算机网络的通信子网提供的通信服务，通信服务分为两类：面向连接服务和无连接服务[179]。

1. 面向连接的服务

面向连接的服务是指通信的双方在通信过程中必须先建立一个虚拟的通信线路，包括 3 个过程：数据传输之前先建立连接，在数据流传输过程中维护连接，与数据传输结束后释放连接。例如常见的 TCP 协议就是一种面向连接服务的协议，客户端与服务器端经过"三次握手"建立传输连接,即客户机向服务器发出连接请求报文,服务器进程同意建立连接后向客户进程发送应答报文,客户进程接收到服务器进程的应答报文后向服务器进程再次发送建立连接的确认报文。电话系统也是一种面向连接的模式。

由于面向连接的服务在通信的双方之间事先建立了一个连接,因而传输的可靠性好,但是协议复杂,通信效率相对于无连接服务较低,适用于通信不是很可靠的广域网系统中。在许多客户—服务器系统中采用的就是面向连接服务,能够保证通信的稳定和数据传输的正确性。当客户请求服务时,在客户与服务器之间建立一个连接,然后客户再发送一个请求,服务器响应请求,在同一个连接中传回一个应答消息,然后才断开该连接。

2. 无连接的服务

无连接的服务不需要通信双方事先建立一条通信线路,也因此无须经过连接建立、连接维护、释放连接这 3 个步骤,所以无连接的服务通信过程相对简单。无连接服务中每个报文分组都应该保存了完整的目的地址,且每个报文分组都是独立传输的,因而每个报文分组传输的路径可能相同也可能不同,一般是根据当前的网络传输状态为每个报文分组选择路径。例如常见的 IP(互联网协议)、UDP(用户数据报协议)就是一种无连接协议,邮政系统是一种无连接的模式。

不同于面向连接服务事先建立好了一个连接通道,并保证数据传输的可靠性,无连接的服务可靠性并不是很好,但是正是由于节省建立连接的开销,且其通信协议更为简单,因而无连接服务的通信效率更高。

在局域网中,底层的网络相对稳定,客户与服务器之间的通信可以利用开销较小的无连接的服务。如果客户想要发送一个请求时,直接向服务器发送一个请求消息,消息中注明请求的内容和必要的数据,服务器接收到该请求消息后,将处理结果封装在应答消息中,并将该消息送回给客户。表 3-1 是比较了面向连接的服务与无连接服务的优点和缺点。

表 3-1　面向连接服务与无连接服务优缺点比较

服务类型	优　点	缺　点
面向连接服务	实时通信 可靠信息流 信息回复确认	占用通信道
无连接服务	不占用通信信道	非实时通信 信息流可能丢失 信息无回复确认

3.2.2　应用程序的层次结构

客户—服务器体系结构是把某项应用或软件系统按逻辑功能划分为客户软件部分和服务器软件部分。客户软件部分一般负责数据的表示和应用,处理用户界面,用以接收用户的数据处理请求并将之转换为对服务器的请求,要求服务器为其提供数据的存储和检索服务；服务器端软件负责接收客户端软件发来的请求并提供相应服务。

事实上业界对于客户—服务器模型并未提出一个明确的分层结构，但是大多数客户—服务器模型的应用是为用户提供访问数据库的服务，所以可以从用户界面层、逻辑事务处理层、数据层这 3 个层次进行讨论。

1. 用户界面层

用户界面层是用户通过用户界面中的一些友好提示信息与服务器进行交互的一个层次。其实多数的用户界面层都大同小异，即用户在程序的提示下通过输入设备输入信息，然后客户端将这些信息或数据提交给服务器，交由服务器进行处理。

不同应用程序的用户界面的差异也会很大，主要表现在界面的复杂程序上。如自助银行 ATM 机的输入设备只能进行简单的数字输入，因而其用户界面也较为简单，一般只需要根据提示输入数字字符。当然也有一些用户界面更为复杂的系统，在这些系统的客户端大多都设计用户友好的图形界面，使用弹出式或者下拉式菜单，而多数是通过鼠标而不再是简单的键盘输入进行操作。

2. 逻辑事务处理层

逻辑事务处理层是在客户端用户提出请求后，服务器对客户端提交的请求服务进行处理，也是整个系统的核心，包括了最主要应用处理程序，在这一层中集中对所有任务进行处理。由于每个系统所实现的功能都不一样，所以系统的处理层所实现的功能也大不相同，主要根据所要完成的任务类型决定。

下面以搜索引擎为例。事实上搜索引擎的用户界面相当简单：即一个简单的提供给用户输入查询信息文本框和一个"确认"按钮。在服务器端存放的是一个巨型的数据库，存放着大量 Web 页面。搜索引擎的核心是将用户输入信息作为查询的关键字字符串，在后台的数据库中查找相匹配的 Web 页面，再将查询到的结果组织成一个列表后形成一个新的 HTML 页面，通过该页面来显示符合要求的结果。在客户—服务器模型中进行信息检索过程一般都是放在逻辑事务处理层来实现的。

3. 数据层

数据层是整个客户—服务器模型的基础，一般都是由服务器提供，它为逻辑事务处理层提供处理过程所需要数据。数据层有时也包含维护用于应用程序操作的数据的程序。数据层的功能包括提供数据存储和数据维护。一般在数据层都会维护一个数据库，用于存储数据。然而数据层除了要存储数据之外，还需要对数据库中的数据进行维护，其中两个重要的方面就是保持数据的一致性和完整性。

数据层为逻辑事务处理层提供服务，在这一层上不需要太关注任务的处理，只需要注重存取数据。值得注意的是在分布式系统中，由于存取的数据不一定都是来自于数据库，也可能是如 XML(Extensible Markup Language，可扩展标记语言)、Excel 等，而且不同的数据库之间的差别也很大。解决数据的异构性问题的一个方法就是为数据层提供一个接口，逻辑事务处理层只需要调用这些接口，而无须理会数据层读取存在的这些差异以及数据存取的细节问题,通过这些接口逻辑事务处理层就能够方便的实现异构数据的存取和调用。

3.2.3 客户—服务器模型体系结构

1. 传统的双层体系结构

根据 3.2.2 节中对应用程序的分层结构,把应用程序的各层上的程序分布到各台计算机上去。为简单起见,先仅考虑两类,即客户机和服务器。客户—服务器模型可能组织结构有如图 3-2 所示的几种。

图 3-2(a)所示的结构表示只在客户机上放置用户界面中与终端有关的部分;图 3-2(b)所示的结构表示用户界面程序全部放置在客户端,这种方法就在本质上将应用程序划分为图形前端和后台处理端,前端除了显示应用程序的界面之外,并不进行应用程序的处理工作;图 3-2(c)所示的结构是将一部分的应用程序放置到客户机上,客户机执行一小部分的处理的功能,采用这种方式有利于进行一定的用户交互行为。图 3-2(d)和图 3-2(e)是目前采用的比较多双层体系结构客户—服务器模型。图 3-2(d)所示的结构表示将用户界面和应用程序都放置在客户机上,而数据则存放在服务器上,客户机通过对服务器的访问,对数据库进行存取。这样客户机就承担很大一部分工作,而服务器仅需对数据库进行存储和维护工作。图 3-2(e)是目前仍然比较流行的一种结构。在客户端设置了数据库,可以缓存一部分的常用的数据,以减少客户机对服务器的访问次数,提高工作效率。

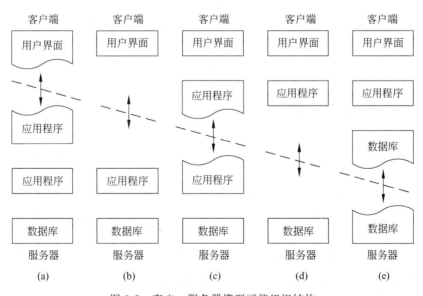

图 3-2 客户—服务器模型可能组织结构

传统的客户—服务器模型是双层体系结构,用户界面与逻辑事务驻留在客户机上,而将大部分的数据存放在数据层的数据库中,对数据的操作如查询、修改等由客户机提出请求,数据库存放的服务器将结果返回给客户端,简而言之,客户端整合的应用程序的用户界面层和逻辑事务处理层两层，而把数据层放在服务器端。这种双层体系结构虽然简单，却有它的一些局限性。图 3-3 就是双层体系结构的客户—服务器模型。

客户—服务器双层体系结构存在以下几个局限性。

（1）缺乏有效的安全性。由于客户端与服务器端直接相连，当在客户端存取一些敏感数据时，由于用户能够直接访问中心数据库，就可能造成敏感数据的修改或丢失。

（2）客户端负荷过重。随着计算机处理的事务越来越复杂，客户端程序也日渐肥大。同时由于事务处理规则的变化，也需要随时更新客户端程序，就相应地增加了维护困难和工作量。

（3）服务器端工作效率低。由于每个客户端都要直接连接到服务器以访问数据资源，这就使得服务器不得不因为客户端的访问建立连接而消耗大量本就十分紧张的服务器资源，从而造成服务器工作效率不高。

（4）容易造成网络阻塞。正如前面所述，客户端的每次访问都要连接服务器，使得网络流量剧增，容易造成网络的阻塞。

2. 多层体系结构

随着客户机要求处理的事务的数目增多，系统的任务日益繁重，导致系统的吞吐量下降，以及人们对数据安全性有更加强烈的要求。考虑到客户—服务器模型的双层体系结构的种种局限性，人们提出了三层体系结构模式，具体见图 3-4。三层体系结构是完全按照应用程序的分层结构来划分的，三层体系结构客户—服务器模型中的三层分别与应用程序的三层相对应。

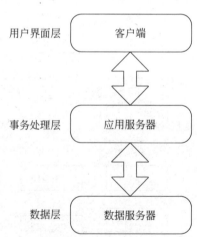

图 3-3　双层体系结构的客户—服务器模型　　图 3-4　三层体系结构的客户—服务器模型

在该体系结构中，用户界面保存在客户端，事务逻辑保存在应用服务器中，数据保存在数据库服务器中。客户机只负责提供用户界面，当需要进行数据访问时或复杂计算时，客户机向应用服务器发出请求，应用服务器响应客户机的请求，完成复杂的计算或者向数据库服务器发送 SQL 语句由数据库服务器完成相应的数据操作，最后由应用服务器将结果返回给客户机。需要说明的是，三层体系结构模式的三层是指逻辑上的三层结构（即用户界面、事务处理层、数据层)而不一定是指物理上的三层结构。

多层体系结构的主要特点。

(1) 安全性。中间层隔离了客户直接对数据服务器的进行访问,从而保护了数据库中数据的安全性。

(2) 稳定性。由于有中间层缓冲客户端与数据库的实际连接,使数据库的实际连接数量远小于客户端的应用数量。

(3) 易维护。由于事务处理层独立于客户端,位于应用服务器中,所以即使事务处理规则发生变化,客户端程序也可以基本不做改动。

(4) 快速响应。通过负载均衡以及中间层缓存数据能力,可以提高对客户端的响应速度。

(5) 系统扩展灵活。基于多层分布体系,当业务增大时,可以在中间层部署更多的应用服务器,提高对客户端的响应,而所有变化对客户端透明。

3. 现代体系结构

前面所述的两种体系结构都是针对于将应用程序划分为用户界面层、事务处理层、数据层分层结构所提出的。各层直接与应用程序的各层逻辑程序相对应,所形成纵向分布多层体系结构,叫做纵向分布结构,相对应的有横向分布结构。与纵向分布结构中将逻辑上不同的组件分别放置在不同计算机上的实现方法不同,横向分布结构是将客户机或者服务器在物理上分割成几个部分,这几个部分在逻辑上拥有同等地位,但是各部分都可以对自己拥有的数据集进行处理,从而使负载得到平衡。事实上横向分布结构更加符合分布式系统的目标。

例如,目前的大型网站访问量都很大,如果只有一台服务器处理客户机的请求,当遭遇访问高峰期时,客户机势必要等待很久。如果有多台服务器,且这些服务器中都保存了完全相同的数据库内容,这样,当一个客户机向服务器请求服务时,服务器端接收到请求,系统会采取循环策略,将服务请求循环转发给其他服务器,且总是由较为空闲的服务器为其提供服务,而不是完全由一台服务器承担所有的任务,这样就使负载得到平衡,如图 3-5 所示。

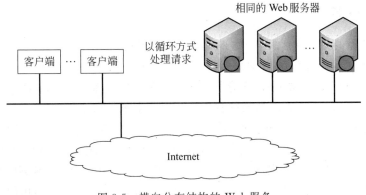

图 3-5　横向分布结构的 Web 服务

除了以上提及的纵向分布结构和横向分布结构，客户—服务器模型还有一些既是纵向分布，也是横向分布的结构。例如前面提到的 Web 服务的例子，还有一些是在客户端和 Web 服务器之间添加了一个用于分配任务的服务器，所有客户端请求的服务先提交到这个用于分配任务的服务器，然后这个服务器根据请求的类型将各类任务分配到各个服务器，这有些类似于前面所提到的客户—服务器模型的三层体系结构。然而在分配了任务的服务器之间也可以将任务负载平衡，横向地分配到多个相同的服务器，这种结构一般用于服务请求较多且较复杂的系统。

3.3　客户—服务器模型的进程通信

计算机网络通信过程实质是分布在不同地理位置的主机进程之间进行通信的过程，进程间的通信实际就是进程之间相互作用，客户—服务器模式实际上就是提供了进程间相互作用的一种方式。在客户—服务器模式中客户与服务器分别表示相互通信的两个应用程序进程，客户向服务器发送服务请求，服务器响应并处理客户的请求，最后返回处理的结果，并为客户提供请求的服务。发起通信、提出请求服务的进程就叫做客户进程，响应请求、提供服务的进程就是服务进程。简而言之，客户—服务器的工作模式是，客户与服务器之间采用，如 TCP/IP、IPX/SPX（Internetwork Packet Exchange/Sequences Packet Exchange，网络分组交换/顺序分组交换）等网络协议进行连接和通信，由客户端向服务器发出请求，服务器端响应请求，并进行相应服务。本节将分别介绍进程通信过程中客户—服务器模型的实现方法，以及客户—服务器模型进行进程通信的各类通信协议。

3.3.1　进程通信中客户—服务器模型的实现方法

在分布式系统的客户—服务器模型中客户进程是随机发起服务请求的，在同一时刻可能有多个客户端向服务器端发起服务请求，这就要求服务器必须要能够处理并发请求。服务器处理并发请求主要实现方法：并发服务器和迭代服务器。

1. 并发服务器

并发服务器的核心是使用一个守护程序；处于后台工作，当条件满足时被激活进行处理。守护程序在随着系统启动而启动，在没有客户的服务请求到达时，并发服务器处于等待状态；一旦客户机的服务请求到达，服务器根据客户的服务请求的类型，去激活相应的子进程，而服务器回到等待状态；并发服务器叫做主服务器，把子服务器叫做从服务器。然后直接由从服务器和客户机进行通信，而不是通过主服务器转发给从服务器，这样就减轻了主服务器的负担。主服务器相当于分配任务的服务器，而从服务器则是真正执行服务请求的服务器。事实上这种方式有些类似于前面提到的客户—服务器模型的横向分布结构的情况。图 3-6 是客户—服务器模型并发服务器的进程通信过程。

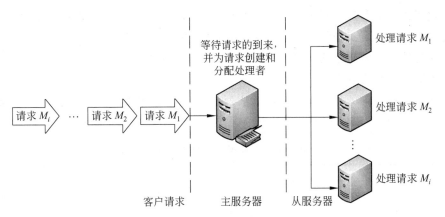

图 3-6　并发服务器进程通信过程

采用并发服务器的客户—服务器模型只要系统允许,可以处理多个客户的服务请求,从服务器是从主服务器接收到任务后,就可以独立的处理客户端的服务请求,并不依赖于主服务器。而且通过采用这种方式不同的从服务器可以分别同时处理不同的客户的服务请求,如果不存在服务器之间交互,则不同的客户服务请求相互之间不会产生影响,正因为如此,采用并发服务的系统具有很好的实时性和灵活性。但并发服务器对系统资源和硬件设备的要求都比较高,一般用于处理不可在预期时间内处理完的服务请求,针对于面向连接的客户—服务器模型。

2. 迭代服务器

通过设置一个请求队列存储多个客户的服务请求,服务器采用先到先服务的原则响应客户端的请求,其他客户则必须在请求队列中等待直到服务器空闲。这种一次只响应一个客户的服务请求,在处理一个请求时其他请求必须等待,迭代响应所有客户端请求的服务器为迭代服务器。图 3-7 是客户—服务器模型迭代服务器的进程通信过程。

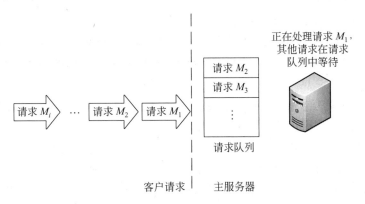

图 3-7　客户—服务器模型迭代服务器的进程通信过程

迭代服务器应用范围并不十分广泛,其主要原因就是服务器对客户服务请求的处理效率低下。迭代服务器常用于提供一些简单的服务,对于较复杂的服务的提供来说,长时间地停顿在为一个客户的服务上而拒绝其他客户的服务请求是不可取的。迭代服务器相对于并发服务器而言实现的方法更加简单，对系统资源的要求也不高，一般用于处理可在预期时间内处理完的服务请求，针对于面向无连接的客户—服务器模型。而且由于采用迭代服务器方案是将客户端的服务器请求先存放到服务请求队列中，所以迭代服务器处理客户端的服务请求的数量还受到请求队列长度的限制，但是它却能够有效地控制服务请求处理的时间。表 3-2 比较了并发服务器与迭代服务器各自的特点。

表 3-2　并发服务器与迭代服务器的比较

	差　　异
并发服务器	系统资源要求较高 可以处理多个客户的服务请求 从服务器不依赖主服务器而独立处理客户服务请求 不同的从服务器可以分别处理不同的客户的服务请求 系统的实时性好 适应于面向连接的服务类型
迭代服务器	系统资源要求不高 处理客户的服务请求的数量受到请求队列长度的限制 可以有效地控制请求处理的时间 适应于无连接的服务类型

3.3.2　客户—服务器模型的进程通信协议

分布式系统是一个庞大、复杂的系统，要保证整个系统能有条不紊地工作，就必须制定出一系列的通信协议。进程间通信是分布式系统的核心，由于没有共享存储器，分布系统中的通信都是基于底层网络提供的低层消息传递机制的。在本节中对客户—服务器模型进程通信协议的讨论主要是基于 OSI 参考模型（Open System Interconnection Reference Model，开放系统互连参考模型）而言的。

OSI 参考模型是设计用来支持开放式系统间的通信，所谓的"开放式"指只要是遵循 OSI 标准的系统就可以与位于世界上任何地方、同样遵循同一标准的其他任何开放式系统进行通信。

OSI 参考模型是层次结构模型，它将通信过程划分有 7 层：物理层、数据链路层、网络层、运输层、会话层、表示层（Presentation Layer）和应用层，每一层一个模块，负责处理通信中的某个特定方面的问题，并具有自己的一套通信协议。这种分层的体系结构具有如下特点：上下相邻的层次之间通过接口进行通信；每一层使用下层提供的服务，并为其上一层提供服务；不同结点之间则是通过协议进行通信的。

现在结合 OSI 的七层参考模型讨论客户—服务器模型各层的进程通信协议。

1. 物理层

物理层是 OSI 参考模型的最底层，它利用物理传输介质为网络中的各个结点之间激活、维护和中断物理连接,发送和接收构成网络通信物理表达的信号,在开放式系统的传输介质上传输各种数据的比特流。物理层的数据传输单元是比特。

物理层与网络硬件设备直接相联系,该层可以协调发送与接收网络介质的信号,并确定访问网络特定区域时,必须使用哪种电缆、连接器和网络接口。

物理层一个最主要的功能就是为数据链路层屏蔽网络的底层物理传输介质的差异,使得数据链路层仅需考虑本层的服务与协议,而不需要考虑网络具体使用了哪些传输介质与设备。数据链路实体通过与物理层的接口将数据传送给物理层,然后通过物理层按比特流的顺序将信号传输到另一个数据链路实体。在这个过程中数据链路层并没有考虑到传输介质与设备的差异。

2. 数据链路层

数据链路层位于 OSI 参考模型的物理层和网络层之间,设立数据链路层是为将有差错的物理线路变为对网络层无差错的数据链路,正确传输网络层用户数据,为网络层屏蔽物理层采用的传输技术的差异性。数据链路层所要实现的功能应包括链路管理、帧同步传输、流量控制、差错控制等功能。

在建立了物理线路之后,在进行通信的双方可以传输比特流后才能建立数据链路。数据链路工作过程包括 3 个阶段:建立数据链路、帧传输和释放数据链路。然而在实际的帧传输过程中,由于网络中可能出现的各种问题势必会出现数据传输的误差,为减少这种误差就要求进行差错控制。数据链路层的差错控制机制是在传输的每一帧的后面加入检错码和纠错码。常用的检错码主要有奇偶校验码和循环冗余编码。当帧送到接收端时,接收端根据约定好的规则再次计算检验码(Check Code),与传送的帧中附加的检验码进行比较,相同的话就表明帧传输无错,否则表示出错,出错则需要采用反馈重发机制重新发送该帧。反馈重发纠错实现的方法有两种:停止等待方式和连续工作方式。在停止等待方式中,发送方在发送一个数据帧后,需要等待接收方的应答帧的到来,如果应答帧表示上一帧已正确接收,发送方才发送下一帧;否则,重新发送出错的帧。连续工作方式是人们为克服停止等待方式系统通信效率低的原因而引入的,它又分为拉回方式和选择重发方式。拉回方式可以连续地向接收方发送数据,接收方接收数据并对其进行检验,然后向发送方返回应答帧。当发送方接收到接收方数据帧发送出错的应答帧后,就停止发送当前帧,然后重新发送包括出错帧在内以后所有帧。而选择重发方式只发送出错的帧,并不是发出错帧以后所有的帧,效率显然要高于拉回方式。

3. 网络层

网络层位于 OSI 参考模型的第 3 层,该层最主要的任务就是通过路由选择算法,为分组通过互联网络选择适当的路径。网络层要实现路由选择、拥塞控制与网络互连等功能。网络层使用数据链路层提供的服务,并向运输层提供端到端的服务。

消息从发送者传送到接收者的过程中,可能要经过好几次的转发,每次转发都要选择一条线路传送出去,如何选择最佳路径就是路由选择的问题,同时这也是网络层最首要的任务。不同的规模的网络需要选择不同的路由协议,路由选择协议分为两大类:内部网关协议（Interior Gateway Protocol，IGP）和外部网关协议（External Gateway Protocol，EGP）。内部网关协议是在一个自治系统内部使用的路由协议这与其他自治系统选用什么路由协议无关。当两个使用不同内部网关协议的自治系统进行通信时，就需要使用外部网关协议。目前流行的路由协议主要有3种：路由信息协议（Routing Information Protocol，RIP）与开放最短路径优先（Open Shortest Path First，OSPF）协议是属于内部路由协议，外部路由选择协议有边界网关协议（Border Gateway Protocol，BGP）。

网络层除了路由选择协议外还有一个十分重要的协议，就是IP协议。IP协议具有以下特点。

① IP协议是一种不可靠、无连接的协议。IP协议提供一种无连接的数据报传送服务，它不提供差错校验。无连接表明IP协议并不维护IP数据报发放后的任何状态信息，每个数据报的处理都是独立的。不可靠意味着发送的数据报不一定能成功到达目的结点。

② IP协议是点对点的网络层的通信协议。IP数据报的交付手段可以分为直接交付和间接交付两类。具体采用的类型要根据数据报的目的IP地址和源IP地址是否属于同一个网络来判断，属于同一个网络的机器之间采用直接交付的手段。而采用间接交付手段时，两实体间连接是在同一个网络的路由器—路由器的网络层之间进行的。IP协议是针对两个点对点的通信实体对应的网络层之间的通信协议。

③ IP协议向传输层屏蔽了网络底层的差异。由于网络的异构性，底层网络协议在各个方面都存在很大差异，如帧格式、地址格式的差异等等。通过IP协议，网络层向运输层提供统一的IP数据报，以屏蔽网络在帧结构和地址的差异，事实上这也是网络层一个十分重要的任务。

4. 运输层

运输层位于OSI参考模型的第4层，该层的主要功能是向用户提供可靠的端到端的服务，其主要任务就是实现分布式进程的通信，是整个协议结构的核心。运输层向高层屏蔽了下层数据通信的细节，它是系统通信中关键的一层，为实现应用层的功能提供服务。

传输控制协议（Transmission Control Protocol，TCP）以及用户数据报协议（User Datagram Protocol，UDP）与IP协议结合而成的TCP/IP协议是目前网络通信中实际上用到的标准。运输层协议需要具有从创建进程到进程通信在各运输层提供流量控制机制的功能。TCP/IP协议族为运输层设计了两个协议：UDP协议和TCP协议。其中，UDP协议是一种无连接的传输层协议，它是在一个低水平的基础上完成传输所要求的功能；TCP是一种面向连接的传输层协议。

分布式系统中，客户—服务器模型中的交互通常是利用运输层的协议进行，客户—服务器模型的应用程序和系统也通常是利用TCP协议构成的。TCP能够提供可靠的服务，但是开销也相对地要增加，对于相对稳定可靠的底层网络，如果仍采用TCP协议构建客户—服务器模型其性能和效率也相对较低。一种较好解决方案就是采用UDP，并对特定的应用程序提供附加的差错控制和流量控制手段。

5. 会话层

会话层(Session Layer)位于 OSI 参考模型的第 5 层,该层的主要功能是负责维护两个结点之间会话连接的建立、管理和终止,以及数据的交换。

6. 表示层

表示层位于 OSI 参考模型的第 6 层,该层的主要功能是处理两个通信系统中交换信息的表示方式,包括数据格式变换、数据加密和解密、数据压缩与恢复功能。

7. 应用层

应用层(Application Layer)是 OSI 参考模型的最高层,该层的主要功能是为应用程序提供网络服务。应用层需要识别并保证通信双方的可用性,使得协同工作的应用程序之间的同步,建立传输错误纠正和保证数据完整性控制机制。

3.4　客户—服务器端模型的变种[71]

客户—服务器端模型是目前流行的一种体系结构模型,重点考虑某些方面的因素,客户—服务器模型能派生出几个变种,如考虑到网络通信问题,派生出的移动代码和移动代理;考虑到用户需要硬件资源有限的、基于管理的低价格的计算机而派生出的网络计算机和瘦客户;另外为了能以方便的方式建立和删除移动设备,派生出了移动设备和自组网络等。

3.4.1　移动代码

移动代码是指能从一台计算机上下载到另一台计算机运行的代码。例如,Applet(小移动应用程序)是一种众所周知和广泛使用移动代码:用户运行浏览器选择一个到 Applet 的链接,Applet 的代码存储在 Web 服务器上,代码被下载到浏览器并在那儿运行,如图 3-8 所示。

(a) 客户请求下载 Applet 代码　　　　　　　　(b) 客户与 Applet 交互

图 3-8　Web Applet 应用程序

本地运行下载的代码的好处是,由于不会遭遇跟网络通信相关的延迟或带宽的变化(可变性),因此会得到很好的交互式响应。

但是移动代码对于目的计算机里的本地资源有潜在的安全威胁,恶意的移动代码可能会降低系统的安全性能,对本地计算机造成安全隐患,如一些蠕虫病毒和木马程序,而浏览器也会因此而限制 Applet 对本地资源的访问。

3.4.2 移动代理

移动代理是可以从一台计算机移动到网络上另一台计算机,访问本地计算机的资源,完成存储信息收集之类的任务,最后返回结果的一种程序,它包括代码和数据两部分。移动代理能在异构计算机网络中的主机间自主的迁移的程序,它在汲取传统分布计算技术的有益经验的基础上,为分布计算提供了一个全新的范型。移动代理的代理实体的运行不是固定在一台计算机,而是可以在多台计算机上。移动代理系统的例子有:IBM 的 Aglet 以及 Voyager,AgentTCL 等。

一般情况下,移动代理运行在特定的虚拟机(Virtual Machine,VM)环境中。移动代理与普通程序的最大不同就是它可以在运行期间在虚拟机之间迁移而无须中止程序的执行。移动代理的特点在于移动上,它可以选择何时进行迁移,移动到何地。主要表现在每个代理可以在执行的任意点上挂起并将自己传送到另一台主机上,然后在该处继续执行,任务结束后将执行结果返回给原主机。移动代理系统具有跨平台的特性,其工作平台可以混合使用不同厂家的系统。通过在各个操作系统中运行移动代理的虚拟机,可以将硬件和操作系统的平台细节屏蔽,使代理获得一个统一的界面。在这个基础上,代理可以在各个平台之间自由移动。它还可以执行克隆等操作,产生子代理共同完成任务。与传统的代理相比,移动代理具有以下特点:

(1) 主机间动态迁移。不同于传统构架中代理固定在特定的主机上,移动代理则可以在运行期间直接进行主机间迁移。传统的代理收集到的数据发送给上级处理器或是其他代理,而移动代理则一台计算机上采集所需数据并进行处理后,在终止进程的情况下直接迁移到另一台主机运行,并保留了原进程数据。这样相对于传统代理需要进行一个较复杂的通信过程,移动代理简化了数据的处理过程,从根本上改变了数据的可操作性和全局性。

(2) 智能性。由于移动代理可以自由地在主机之间进行迁移,使得代理的运行场地不再局限在某一个特定位置,从而比较容易获得全面和有针对性的数据。在这些数据的基础上,代理可以充分利用现有的人工智能和统计技术,做出更加及时和准确的判断。这种特性使得移动代理与传统代理相比,可以更有效地自主完成某一个特定的任务。

(3) 平台无关性。多数移动代理采用与平台无关的语言,这样的程序可以跨平台运行。由于主流的平台无关语言(例如 Java)在各种操作系统上都有其相应的实现,所以选用这些语言的移动代理可以很容易地完成跨平台的连接。另外,一般的移动代理体系都建立了与移动代理相配套的平台无关的通信协议。通过这些协议,代理之间无须建立直接的通信连接,而是利用虚拟机提供相应的消息服务,简化消息传递的操作。在这个基础上,可以更容易地开发异构平台上的应用系统。

(4) 分布的灵活性。移动代理运行在整个分布式系统中,而不是固定在某一个特定的位置。这样,一旦需要,它可以将自己或者所需的其他移动代理直接发送到所需的主机现场,进行本地操作。这样,提高了操作的灵活性,同时也消除了传统代理间通信时对复杂通信协议的依赖性。

(5) 低网络数据流量。由于结构上的特殊性,移动代理可以实时对所采集到的数据进行过滤,然后将关键数据提出,而无须像传统的代理体系那样,将各个主机的所有数据都汇集到一个中央服务器中,由这个服务器进行综合处理,然后再向相关的代理转发。这样,可以明显减少经过网络上的数据流量,提高网络的总体可用性。

(6) 多代理合作。多代理合作是移动代理的一个重要特性。也就是说,通过虚拟机系统的通信机制,可以实现多个代理之间的合作。这种合作有多种模式。相同的代理之间互相协作,可以防止系统和代理失效。一旦有代理失效,其他代理可以采取措施,通过承担起失效代理的任务或者启动新的代理的办法来进行失效弥补。另外,异种代理之间也可以进行互补性合作,多个不同功能的代理协作完成共同目标。这样,有利于将总体功能模块化,减少单个代理所完成的功能,从而降低代码的复杂度,缩短调试过程。利用这个特性,可以进一步增强代理的可靠性。

移动代理存在的一个重要问题就是安全问题。每个代理都是一段计算机程序,根据移动的特点,代理可以在网络间传输。每个代理都执行一定的操作,它可以在一台主机上生成;可以被派发到一台远程主机,继续执行自己的操作,并将执行结果传回原主机;还可以克隆,消除等。移动代理对所访问的计算机上的资源存在潜在安全威胁,从某种意义上讲,代理类似于一种病毒。有一些恶意的代理可以获得对远程主机上的文件系统、磁盘、CPU、内存等的控制,进而对对方主机进行破坏。因此每个移动代理系统都要对从远方过来的代理进行身份验证,其环境应该根据代理当前代表用户的身份决定哪些本地资源被允许使用,保护本地资源不被损坏;同时每个代理还要对目的地的真伪进行判断,以防止有人冒充而获取代理携带的信息。

3.4.3　网络计算机

网络计算机是一种专用于网络计算环境下的终端设备。与 PC 相比一般没有硬盘、软驱、光驱等存储设备。它通过网络获取资源,应用软件和数据也都存放在服务器上。有些网络计算机可能也会包含一个磁盘,但是它仅存储少量的软件,其余空间则用做缓存,保存近期从服务器下载的软件和数据文件。

在桌面计算机环境中,操作系统和应用软件需要大量的活动代码和数据,它们位于在本地磁盘上。但是应用文件的管理和本地软件库的维护都需要相当的技术工作,这对于大多数的用户是不能胜任的。网络计算机是对这个问题的一个应对。它按用户的需要从远程文件服务器下载操作系统和任何应用软件。应用在本地运行,但文件由远程文件服务器管理。由于所有的应用数据和代码都由文件服务器存储,用户可以从一台网络计算机迁移到另一台。网络计算机的处理器和存储器能力可以被限制以降低它的成本。

网络计算机的工作原理是,终端和服务器通过 TCP/IP 协议和标准的局域网联结,网络计算机作为客户端将其鼠标、键盘的输入传递到终端服务器处理,服务器再把处理结果传递回客户端显示。众多的客户端可以同时登录到服务器上，仿佛同时在服务器上工作一样，它们之间的工作是相互隔离的。

3.4.4　瘦客户

瘦客户是指一个软件层，它支持用户端的计算机上基于窗口的用户界面，而在远程的计算机上执行应用程序。这种结构与网络计算机模式有同样低的管理和硬件费用。但它不是下载应用代码到用户的计算机，而是在计算服务器上运行它们。

由瘦客户而引发一种新的产品就是瘦客户机，瘦客户机其实是网络计算机的新一代产品，它是一种应用于网络计算环境的瘦客户机产品，通过网络获取资源，大部分计算和存储都在服务器，适于集中式的应用。瘦客户机有人机交互必需的显示器和输入设备，一般没有硬盘、软盘和光驱等外部存储设备，是一种无噪声、微型、高性价比的网络接入设备。

但是瘦客户体系结构也有其局限性，主要原因是在交互性高的图形活动和图像处理中，用户将感受到包括网络和操作系统的延迟在内的通信延迟，更由于瘦客户端和服务器应用程序进程之间传输图像和向量信息而加大通信延迟。

3.4.5　移动设备和自组网络

现在各种小的、便携的计算设备越来越多，包括笔记本电脑、个人数字助理（PDAs）类的手持设备，移动电话和数字照相机、可穿戴的计算机（例如 Smart Watch）以及嵌入在日常装置（如洗衣机）里的设备。许多的这些设备能够无线联网，范围从大城市或更大的范围（GSM[①]、CDPD[②]）到数百米（例如无线局域网 WaveLAN）或几米（例如蓝牙、红外线和HomeRF）。这些设备提供了对移动计算（Mobile Computing）的支持，从而用户能够在网络环境之间携带它们的移动设备，并利用本地和远程的服务。

集成移动设备和其他设备到一个给定的网络的分布形式可以用自组网络（Spontaneous Networking）来描述。这个术语用于指这样的应用：它涉及以一种比现在可能的更加不正式的方式把移动和非移动设备连接成网络。那些嵌入式设备向用户和其他的相邻设备提供服务。像 PDAs 这样的便携式设备让用户可以访问在他们当前位置的服务，也可以访问像 Web 这样的全球服务。

自组网络的关键特征如下。

（1）易于连接到本地网络。由于是无线连接，因而避免了预装电缆和安装插头、插座的麻烦。另外，在自组网络中，当设备移动到一个新的网络环境中，该移动设备能透明地重配置以获得连接，而用户也不必输入本地服务的名称或地址才能获得本地服务。

---

① GSM(Global System for Mobile Communications，全球移动通信系统)。
② CDPD(Cellular Digital Packet Data，蜂窝数字式分组数据交换网络)。

（2）易于跟本地服务集成。当移动设备移动到某一设备网络中时，用户不需要进行特殊的配置就能自动地发现该网络提供的服务。

（3）有限的连接。用户在移动时，由于各种网络状况，并不能保持设备的持续地连接。例如在某些信号的盲区，无线网的连接可能时断时续，就可能使得无线连接中断。

（4）安全性和隐私性。正是由于自组网络连接的自主特性从而又引起了它的安全问题。例如用户在移动时访问企业内部网的设施可能会暴露在企业内部网防火墙后的数据，也可能打开企业内部网而受到外部攻击。

3.5　小结

客户—服务器模型是分布式系统设计中一种流行的体系结构。事实上目前有许多服务都是基于客户—服务器模型的，如 FTP（File Transfer Protocol，文件传输协议）服务、新闻组和邮件服务、DNS（Domain Name System，域名系统）服务等。本节先从客户—服务器模型的基本概念开始介绍客户服务器模型，并集中讨论了客户—服务器模型相对其他模型的一些优点，如有利于实现资源共享、有利于进程通信的同步、可实现管理科学化和专业化、可快速进行信息处理、具有更好的可扩充性等。

在网络服务中所提供的通信服务有面向连接和无连接两类，在分布式系统中各主机之间进行通信或数据传输需要计算机网络的通信子网提供的通信服务也分为这两类，在本章中详细说明这两类服务实现的原理和它们之间的差异。在本书中将应用程序分为用户界面层、逻辑事务处理层和数据层三层，并分别介绍了这三层所实现的职能，然后根据应用程序的层次结构说明客户—服务器模型的双层体系结构和多层体系结构，多层体系结构是在传统的双层体系结构上进行扩展而得到的。同时本书中也扩展性地说明现代体系结构。

网络本质是分布在不同地理位置的主机之间的进程的通信，本章节说明了客户—服务器模型进程通信的两种具体的实现方法：并发服务器和迭代服务器，并对这两种方法进行了比较。然后根据 OSI 参考模型对进程通信协议进行了阐述，说明各层的功能和任务。

最后，在着重考虑客户—服务器模型中的一些因素，某些更动态的系统可以构造为客户—服务器模型的变种：从一个进程到另一个进程移动代码的可能性允许一个进程委托任务到另一个进程。例如，客户可以从服务器下载代码在本地运行它。对象和存取它们的代码能够被移动以减少访问延迟和最小化通信量，如移动代码和移动代理（Mobile Computing）。某些分布式系统被设计以使计算机和其他移动设备能无缝地添加或删除，允许它们发现可用的服务并向其他设备提供它们的服务，如移动设备组成的自组网络。在一个计算机网络中实际的放置（布局、分布）组成分布式系统的进程可能受到性能、可靠性、安全性和费用的影响，如网络计算机和瘦客户的方法。

习题

1. 什么是客户—服务器体系结构？
2. 客户—服务器体系结构有什么特点？
3. 采用客户—服务器模型有什么好处？
4. 试比较面向连接服务与无连接服务的异同点。
5. 比较两层客户—服务器结构和三层客户—服务器结构的特点。
6. 人们为什么要提出多层体系结构的概念？
7. 试简述 OSI 参考模型的七层模型。
8. 试比较并发服务器与迭代服务器之间的差异。
9. 客户—服务器模型有哪些变种？试举例。
10. 试比较移动代码和移动代理的区别。

第二篇 云计算技术

通过第一篇的学习,已经对分布式计算的概念有了一定的了解。云计算可以看作是一种新兴的分布式计算技术,作为一项有望大幅降低中小企业计算成本的新兴技术,云计算有着广阔的应用前景。本篇我们将向读者详细介绍云计算的相关概念,发展中所面临的机遇和挑战以及各种云平台。

本书第 4 章将回顾云计算的发展历史,读者可以看到云计算并不是一个全新的事物,它是分布计算,集群计算、网格计算、公用计算等各种技术发展融合的产物。本章将详细地比较云计算与各种已有计算技术的区别与联系;第 5 章,将从文件系统、数据存储、分布式计算实现技术 3 个方面解析 Google 目前的云计算架构。除了 Google 这些为人所熟知的云计算技术外,Yahoo! 公司在云计算方面也投入了大量资源进行研发;第 6 章将介绍 Yahoo! 公司的PUNTS、Pig 以及 ZooKeeper 技术。接下来的两章我们将对 Greenplum 数据引擎以及亚马逊公司的 Dynamo 数据存储技术进行介绍。新一代数据处理引擎技术的领先者 Greenplum 公司研发的旗舰产品 Greenplum 数据引擎,对于下一代的数据仓库和大规模的分析处理,有其独特优势。它已经被福克斯互动媒体、纳斯达克、纽约证券交易等大型企业采用;第 7 章讲述在云计算环境中 Greenplum 占据的优势,另一个比较典型的云端数据存储技术是亚马逊公司的 Dynamo;第 8 章将详细讲解 Dynamo 在开发时所考虑的各方面因素,包括体系结构、应用环境、故障恢复等技术,最后,作为 IT 行业"蓝色巨人"的IBM 公司凭借其在硬件软件上的优势提出了自己的蓝云计划。第 9 章将对IBM 的云计划特别是其虚拟化的动态基础架构技术进行详细描述。

通过本篇的学习,读者将会更加深刻了解云计算的概念,以及云计算技术在发展中要面临的各方面的挑战。云系统的安全性、可扩展性、可用性,数据的存储、故障恢复、虚拟化技术等都是需要考虑优化的问题。相信随着行业巨头的竞争,云计算技术必将得到飞速的发展,扭转整个行业的面貌,为企业和用户使用计算资源带来便利。

第 4 章　分布式云计算概述

如今,云计算已经成为风靡全球的新兴概念,但由于不同的贡献者会从各自不同的角度来阐释云计算,关于云计算的准确含义,还比较模糊。很多人简单地认为云计算就是集群计算或者网格计算商业化的产物,可事实并非如此。本章将向读者详细介绍云计算的相关概念及其发展中所面临的机遇和挑战。

回顾云计算的发展历史,可以看到云计算并不是一个全新的事物,它是集群计算、网格计算、公用计算等各种技术发展融合的产物,它将分布式资源进行虚拟化集中分配管理。云计算的发展脚步正在逐渐加快,云计算的产品也在不断地上市。云计算的潜力巨大,它正在扭转整个行业的面貌,也在悄然改变人们使用计算机的习惯。

本章主要对云计算的相关内容进行概述。第 4.1 节围绕云计算的定义、发展历史和云计算的优缺点等方面展开。通过第 4.2 节对云服务的介绍,读者能够更清晰地了解到云计算技术能够给大家带来的优势以及面临挑战。第 4.3 节通过将云计算和网格计算、集群计算等其他分布式计算机技术进行比较,使读者能够更清楚地认识云计算。最后,第 4.4 节给出了本章的小结。

4.1　云计算入门

虽然云计算这个词汇已经风行全球,但是对于云计算的准确含义,并不为人所知。所以首先向读者澄清一下云计算的概念,希望本节的内容能够为云计算正名。

4.1.1　云计算的定义

到底什么是云计算(Cloud Computing)呢? 在阐释这个问题之前,先来看两个容易与云计算混淆的概念:集群计算(Cluster Computing)和网格计算(Grid Computing)。集群是指由一组彼此独立但又相互连接的计算机在一起工作所形成的单独整合的计算资源,集群系统是并行分布系统的一种实现方式。网格也是并行分布式系统的一种实现方式,与集群不同的是:网格系统支持地理分布的计算机之间共享资源、查找资源、整合资源,并根据网格中计算机的运转情况、容量大小、性能稳定性、运营价格以及用户所需服务的质量进行动态地调配。

不可否认,云计算在概念上与网格计算有部分重合,但至少在以下 3 个方面云计算的理念已经远远超越了网格计算。首先,云计算中计算机资源的完全虚拟化,被虚拟化的资源包括数据库、操作系统、硬盘等软件和硬件,这不得不说是一个计算机世界的大整合;其次,云计算支持高扩展性,也就是说它的规模可以动态伸缩,满足应用和用户大规模增长的需要。用户可以根据需要简单快捷地升级云计算中占有的资源数量,并且通常这样的升级过程只需要几秒或者几分钟的时间；最后，云计算中的数据更加安全可靠。它使用了数据多副本容错、计算结点同构可互换等措施来保障服务的高可靠性，因此数据在云计算中通常会存在多个备份，这样即使在服务器崩溃的情况下云计算技术也能表现出惊人的恢复能力。

许多云计算方面的专家和从业人员都尝试着用多种方式来定义云计算，百家争鸣的情况也导致云计算的概念存在诸多差异，表 4-1 仅仅列举了几位研究人员给出的定义[70]。

表 4-1 从不同的角度探讨了云计算的定义，下面将给出相对比较全面系统的定义。云计算是由一系列可以动态升级和虚拟化的资源所组成的，这些资源被所有云计算的用户共享并且可以方便地通过网络访问，用户无须掌握云计算的技术，只需要按照个人或者团体的需要租赁云计算的资源。

表 4-1　云计算的不同定义

作　者	定　义
M. Klems	用户可根据需要在短时间内升级云计算的配置，由于云计算的规模效应，用户被分配的服务器是随机指定的，可靠性也有了保障
P. Gaw	用户使用网络连接可升级的服务器……
R. Cohen	云计算囊括了人们所熟知的各种名词，包括任务调度、负载平衡、商业模型和体系结构等概念……
J. Kaplan	云计算为用户节约了硬件和软件的投资，使用户摆脱了缺乏专业技术的烦恼，为用户提供各种各样的网络服务，帮助用户获得各种各样的功能组合
K. Sheynkman	云计算致力于使计算机的计算能力和存储空间商业化，公司要想利用云计算的强大功能，就必须使虚拟的硬件环境易于配置，易于调度，支持动态升级和支持用户简单管理
P. McFedries	用户的数据和软件都将驻留在云计算中，而且用户不仅通过 PC，还可以通过云计算的友好设备，包括智能手机，PDA 等使用云计算资源

4.1.2　云计算的发展历史

在了解完云计算的定义之后，本小节将介绍云计算的发展历史。目前在业界云计算是一个热度很高的名词，而且也越来越为人们所关注，似乎它代表了信息时代的未来。由于云计算是多种技术混合演进的结果，其成熟度较高，又有大公司推动，发展极为迅速。Amazon、Google、IBM、微软和 Yahoo!等大公司都是云计算的先行者。云计算领域的众多成功公司还包括 Salesforce、Facebook、Youtube、Myspace 等。但实际上云计算并不是一个全新的名词，它的概念是历经数十载不断发展演化的结果，如图 4-1 所示。

云计算最初的概念来源于 20 世纪 60 年代，当时 John McCarthy 认为"计算能力在未来将成为公共设施"。20 世纪 80 年代末，开始出现利用大量的系统来解决单一问题（通常是科学问题）的情况，网格计算由此诞生。在 1999 年出现的 SETI@home 更是成功地

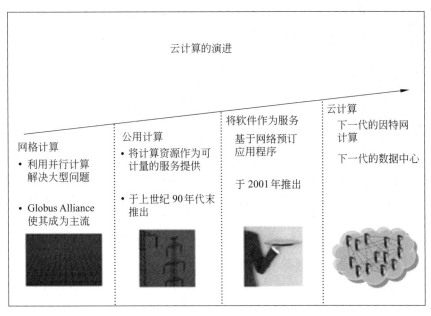

图 4-1　云计算的演进

将网格计算的思想付诸实施,构建了一个成功的案例。第 4.1.1 小节讲到,云计算与网格计算都是希望利用大量的计算机,构建出强大的计算能力。但是在此基础上云计算有着更为宏大的目标,那就是它希望能够利用这样的计算能力,在其上构建稳定而快速的存储以及其他服务,它有着比网格计算更明显的优势。因此网格计算就逐渐向云计算发展。

到了 20 世纪 90 年代,虚拟化的概念已经从虚拟服务器扩展到了更高层次的抽象。首先是虚拟平台,而后又是虚拟应用程序。公用计算将集群作为虚拟平台,采用可量化的业务模型进行计算。

20 世纪末到 21 世纪初,云计算的产品逐渐面市,在这个时期大多数的焦点都集中在将软件作为一种服务上。软件作为服务将虚拟化提升到了应用程序的层次,它所使用的业务模型不是按消耗的资源收费,而是根据向用户提供的应用程序的价值收费。

2007 年有关云计算的活动更加频繁,其中最广为人知的就是 10 月份 Google 和 IBM 联合宣布推广"云计算"的计划,包括卡内基梅隆大学、斯坦福、伯克利、华盛顿大学以及 MIT 在内的很多研究机构都开始大规模地着手于云计算的研究项目[15,31]。同一时期,"云计算"这个术语开始流行,并且逐渐成为主流。在 2008 年中期它成为一个很热门的话题,并且云计算相关的事件也不断被提上了日程表,同年国内的许多高校和科研机构也加入到了云计算研究的队伍当中。

云计算是一种全新的商业模式,其核心部分依然是数据中心(Data Center),它使用的硬件设备主要是成千上万的工业标准服务器。企业和个人用户只要通过高速互联网就可以得到计算能力,从而避免了大量的硬件投资。2008 年 8 月,Gartner 研究发现"许多公司逐渐采用另外一种商业模式,公司本身不再投资硬件和软件,软件和硬件的费用都流向提供硬件和软件服务的云计算的运营商"。这种模式直接导致"某些领域的IT产品剧烈增加，而其他领域的IT产品剧烈减少"[69]。

4.1.3 云计算的特点

云计算和已有的个人终端计算以及集中计算有着显著的不同。举个例子来说明：个人终端计算就好比拥有自己的房子，而房子的装修之类的事情都得自己来处理；集中计算就好比租别人的房子，但是烧水、做饭这类的事情还得自己来做；相比而言，云计算就好像是长租酒店，有服务员提供各种服务，房客所需要做的就是为这些服务买单。而酒店的好坏就成了房客最关心的问题。下面将结合本书的第1章的内容，再深入探讨云计算的优势和不足。

书中第1章中已经提到的云计算的六大优势分别为：数据移动性更强；轻松维护个人应用和个人文件；对个人计算机的要求不断降低；云计算还为多人协作带来契机；资源整合使用率更高；节省电能，降低成本。实际上，与传统应用模式相比，云计算还有很多其他的优势。

（1）灵活定制：用户可以根据自己的需要或喜好定制相应的服务、应用及资源。云计算平台可以按照用户的需求来部署相应的资源、计算能力、服务及应用。用户不必关心资源在哪里以及如何部署，而只需要把自己的需求告诉云，剩下的工作就交给云了，云将返回用户定制的结果。

（2）动态可扩展性（高容错性）：在云计算体系中，如果某计算结点出现故障，则通过相应策略抛弃掉该结点，并将其任务交给别的结点，而在结点故障排除后可实时加入现有集群中。

与传统的计算模式相比，云计算有着显著的优势，但是也不可否认云计算存在着一些不足：云计算过于依赖网络；云计算的数据存在着安全隐患；数据的存活能力令人质疑。总的来说，对于云计算，最大的问题就是安全性和信任性问题。除此之外，云计算上的管理也存在着很大的困难，引用企业战略集团的分析师Bob Laliberte的一句话来说明云计算面临的问题："要是你的应用程序在玩捉迷藏，硬件在向你撒谎，这样的环境就很难管理。而云使管理难度更大了。你不得不设法管理别人的在向你撒谎的硬件。"还有一个缺点就是效率和兼容性问题，借用弗雷斯特研究公司（Forrester Research）的数据中心分析师James Staten的话："你根本无法把应用程序迁移到云，就指望它们可以顺利运行，即便使用最佳的虚拟化技术也是这样。"这是因为所有SaaS和基础结构服务提供商都使用不同的技术和不同的标准，这就意味着与每家提供商的关系都会不一样，兼容性将是一个大问题。

在了解了云计算的优势和不足后，应该想办法尽量改善这些不足，并充分挖掘它的优势，本书的后半部分还将结合大量实际例子来阐述在实际应用过程中各大企业是如何充分发挥云计算的优势的，避免云计算的劣势。

4.2　云服务

随着"云"的不断发展,它的优势日益明显。现在,越来越多的用户开始使用云平台上提供的服务,当然他们也关心云平台上的安全问题。与此同时,云平台实际上也在为软件开发者在其上开发网络应用程序提供帮助。

在第 4.1 节中看到了,目前许多的知名企业、高校、研究机构等都投入大量资源开发云平台工具,提供云服务。本节将着重介绍这方面的有关内容。

4.2.1　使用云平台的理由

在第 6.1 节中了解到,云计算不仅仅是一种新的思想也是一种新的商业模式。于是很多工业分析家对云计算将会如何改变整个计算产业十分看好。通过 Merrill Lynch 的研究[18],云计算预计将会产生"1600 亿美元的市场机会,包括 950 亿美元的商业应用和应用软件的生产,另外包含 650 亿美元的网络广告收入"。此外,Morgan Stanley 的研究[118]也把云计算看做一个很卓越的技术趋势。计算工业转向按照需求给消费者和公司提供平台服务(PaaS)和软件服务(SaaS),不用考虑时间和地点就可以随时访问可用的云资源。而这也正好可以解决公司的 IT 部门经常面临的一个问题:在预算范围内为员工提供充足的运算能力和存储空间,可是普通配置无法满足峰值时运算及存储空间的需求,然而如果为此而为新用户增加设备,这会导致预算的飙升,成本的提高。同时对于大多数公司来说,增加设备不是经济的选择,因为有很多设备只有在峰值时才临时使用,峰值过后就被闲置。所以必须要想办法,在保持原有的服务器、网络设备以及软件投入的前提下实现性能的提升。

云平台(Cloud Platforms)很好地解决了上述的问题。小公司往往缺乏开发大型应用程序的资源,而在云平台上开发程序,公司就可以省下昂贵的硬件费用。同时小公司缺乏人力财力物力去进行软件开发和维护,也没有能力解决苛刻的网络安全问题。但是如果把软件开发和软件服务外包给其他公司,再把开发的软件上载到云平台,这样小公司就节约了投资在系统上的成本,从而可以省出更多的人力和资源来从事日常工作。

云平台上的应用程序及服务在云端由云服务提供商维护。这样集中的提供方式不仅可以使云平台上的软件比个人计算机上的同类软件价格更便宜、管理更方便,而且还可以消除为每台个人计算机的软件升级的烦恼。云平台只需升级平台上的软件,非常简单快捷地便完成了繁重的软件升级任务。不仅如此,云平台上的软件还具有协作的功能,这是传统的桌面软件所不具备的。

总之,人们可以通过使用云平台及其服务获得很多帮助。在云平台上开发网络应用程序既可以减少开发费用,又能享受平台的强大功能。与此同时集中的资源供应方式和按需分配还降低了软件费用和管理费用。

4.2.2　云平台的服务类型

云平台服务可以分为不同的类型。本节介绍 3 种不同类型的云平台服务,如图 4-2 所示。

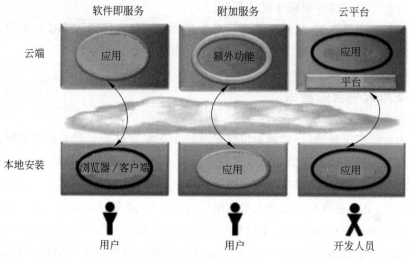

图 4-2　云平台服务类型

(1) 软件即服务。软件即服务(Software as a Service,SaaS)的应用完全运行在云中。软件即服务面向用户,提供稳定的在线应用软件。用户购买的是软件的使用权,而不是购买软件的所有权。用户只需使用网络接口便可访问应用软件。

对于一般的用户来说,他们通常使用如同浏览器一样的简单客户端。现在最流行的软件即服务的应用可能是 Salesforce.com,当然同时还有许多像它一样的其他应用。

供应商的服务器被虚拟分区以满足不同客户的应用需求。对客户来说,软件即服务的方式无须在服务器和软件上进行前期投入。对应用开发商来说,只需为大量客户维护唯一版本的应用程序。

(2) 平台即服务。平台即服务(Platform as a Service)的含义是,一个云平台为应用的开发提供云端的服务,而不是建造自己的客户端基础设施。例如,一个新的软件即应用服务的开发者在云平台上进行研发,云平台直接的使用者是开发人员而不是普通用户,它为开发者提供了稳定的开发环境。

(3) 附加服务。每一个安装在本地的应用程序本身就可以给用户提供有用的功能,而一个应用有时候可以通过访问云中的特殊的应用服务来加强功能。因为这些服务只对特定的应用起作用,所以它们可以被看成一种附加服务(Attached Service)。例如 Apple 的 iTunes,客户端的桌面应用对播放音乐及其他一些基本功能非常有用,而一个附加服务则可以让用户在这一基础上购买音频和视频。微软的托管服务(Hosted Exchange)提供了一个企业级的例子,它通过增加一些其他以云为基础的功能(如垃圾信息过滤功能,档案功能等)来给本地所安装的交换服务提供附加服务。

任何新事物的出现都会带来诸多的争论,云计算也不例外,那么云计算的诞生到底会为我们的生活带来什么样的变化呢? 利大还是弊大?

4.2.3 云平台服务的安全性

云计算在带给用户便捷的同时,它的安全问题也成为业界关注的焦点。Gartner[68]预计,2008 年内容安全服务占据了安全服务市场 20% 的份额,预期到 2013 年将会占到 60% 的份额。以云计算方式提供的安全应用服务,在 2013 年将会增长 3 倍。因此它的安全问题是一个不可回避的话题。以下来看看 Gartner 列出的云计算的七大风险。

(1) 特权用户的接入。在公司以外的场所处理敏感信息可能会带来风险,因为这将绕过企业 IT 部门对这些信息进行的"物理、逻辑和人工的控制"。企业需要对处理这些信息的管理员进行充分了解,并要求服务提供商提供详尽的管理员信息。

(2) 可审查性。用户对自己数据的完整性和安全性负有最终的责任。传统服务提供商需要通过外部审计和安全认证,但一些云计算提供商却拒绝接受这样的审查。

(3) 数据位置。在使用云计算服务时,用户并不清楚自己的数据储存在哪里,用户甚至都不知道数据位于哪个国家。用户应当询问服务提供商数据是否存储在专门管辖的位置,以及他们是否遵循当地的隐私协议。

(4) 数据隔离。在云计算的体系下,所有用户的数据都位于共享环境之中。加密能够起一定作用,但还是不够。用户应当了解云计算提供商是否将一些数据与另一些隔离开,以及加密服务是否是由专家设计并测试。如果加密系统出现问题,那么所有数据都将不能再使用。

(5) 数据恢复。就算用户不知道数据存储的位置,云计算提供商也应当告诉用户在发生灾难时,用户数据和服务将会面临什么样的情况。任何没有经过备份的数据和应用程序在出现问题时,用户需要询问服务提供商是否有能力恢复数据,以及需要多长时间。

(6) 调查支持。在云计算环境下,调查不恰当的或是非法的活动是难以实现的,因为来自多个用户的数据可能会存放在一起,并且有可能会在多台主机或数据中心之间转移。如果服务提供商没有这方面的措施,那么在有违法行为发生时,用户将难以调查。

(7) 长期生存性。理想情况下,云计算提供商将不会破产或是被大公司收购。但是用户仍需要确认,在这类问题发生的情况下,自己的数据会不会受到影响,如何拿回自己的数据,以及拿回的数据是否能够被导入到替代的应用程序中。

4.2.4 云平台服务的供应商

云平台仍处在发展的初期阶段,许多公司及研究机构都在提供云平台服务。这些服务包括为应用软件开发商提供基础设施,为开发工具和预先开发的程序模块提供计算资源、存储资源等。

下面来看一下几个知名的云平台提供商。

1. Amazon

Amazon 不仅是网络销售的巨头，也是云平台的主要提供者之一。Amazon 为了支持庞大的销售网络花了大量时间和金钱配置了众多服务器，现在它在设法把这套硬件设备租赁给所有的开发商。

Amazon 允许开发商和公司租赁它私有的 Amazon Elastic Compute Cloud（EC2），它可以让使用者运行基于 Linux 的应用软件。使用者可以建立一个新的 Amazon Machine Image（AMI）包括应用软件、库、数据和相关的配置设定，或者从全球可用的 AMI 中选择。在使用者可以开始、停止和监控 AMI 的上载实例之前，需要首先上载自己建立的或是选择好的 AMI 给 Amazon Simple Storage Service（S3）。Amazon EC2 是按时收费的，而 Amazon S3 按流量收费（包括上载和下载）。

Amazon 为用户提供 3 种规模的虚拟服务器。

（1）小规模的服务器。它相当于一个拥有 1.7GB 内存，160GB 存储，一个 32 位处理器的系统。

（2）大规模的服务器。它相当于一个拥有 7.5GB 内存，850GB 存储，两个 64 位处理器的系统。

（3）超大规模的服务器。它相当于一个拥有 15GB 内存，1.7TB 存储，4 个 64 位处理器的系统。

客户可以根据所需应用的规模设置虚拟服务器的数量，还可以根据需要执行创建、使用或者结束服务实例等操作。用户只需选择虚拟服务器的大小和处理速度，然后由 Amazon 来完成服务器的配置。

EC2 是 Amazon 网络服务（AWS）的一部分，通过这个平台，用户可以直接访问 Amazon 的软件和硬件。利用 Amazon 建立起的计算能力，用户可以开发出可靠、经济、功能强大的网络应用程序。Amazon 提供云平台的基础设施和云平台的接口，用户提供平台的剩余部分并且为租用的服务器支付费用。

2. Google App Engine

Google 提供的云平台被称为 Google App Engine。开发者使用这个平台开发自己的网络程序。Google App Engine 允许用户运行用 Python 或 Java 程序语言编写的网络应用程序。Google App Engine 也支持数据存储、Google Account、URL fetch、图像处理和 E-mail 服务的应用程序接口（API）。Google App Engine 也提供基于网络的管理控制台给用户，以便用户可以轻松管理他所运行的网络程序。使用 Google 提供的开发工具和云平台可以轻松地创建、维护和升级应用程序。只需用 Google 提供的接口和 Python 编程语言开发程序并上传到云平台上，就可以向自己的用户提供服务了。现在，Google App Engine 免费提供 500MB 的存储量和大概每月 500 万的网页浏览。如果需要更多的存储空间和计算性能，Google 计划在未来提供收费服务。

Google 开发环境的特点如下：

（1）动态的网络服务；

（2）充分支持常见的网络技术；

（3）提供稳定存储、查询、排序、传输服务；

（4）自动升级和自动负载平衡；

（5）为授权用户提供接口和 Google 的邮件账户。

此外，还可以在本地计算机上模拟 Google App Engine，这样便可提供独具特点的本地开发环境。关于 Google App Engine 的编程参见第 15 章。

3. IBM

IBM 不仅提供企业级计算机硬件的服务，还提供云平台的服务。公司旨在通过 Blue Cloud 计划推出为中小型企业提供按需计算的云平台服务。

IBM 建立云计算中心，而 Blue Cloud 在全球范围内部署云计算网点，企业使用这些网点来分散计算量。EA(Express Advantage)就是其服务之一。EA 包括数据备份、数据恢复、邮件连贯、邮件存档、数据安全等功能。一些密集型数据处理由专门的 IT 部门来解决。

为了管理它的硬件设备，IBM 使用 Hadoop 开源软件调整负载平衡。除此之外，还有 PowerVM、Xen(一种开放源代码虚拟机监视器)、Tivoli(IBM 的数据管理软件)等软件支持 IBM 的云设备。

4. Salesforce. com

Salesforce. com 的软件即服务平台以提供销售管理服务闻名，它在云平台服务中处于领先地位。这个在互联网中运行的 Force. com(平台即服务)是完全按需分配的。Salesforce 提供了 Force. com 接口以及开发工具包。

AppExchange 补充了 Force. com 的功能，AppExchange 是一个网络应用程序的目录。开发者可以使用 AppExchange 列出的第三方应用程序，也可以在这个目录上共享自己的应用程序或者发布只能由授权公司及授权用户访问的商业应用程序。很多在 AppExchange 上的应用程序是免费的，收费的应用程序可以向开发者购买。

AppExchange 上的大多数应用程序都跟销售相关，比如销售分析工具、邮件销售系统、金融分析软件等等。事实上公司可以用 Force. com 平台开发任何类型的应用程序。2008 年 4 月的计算机世界杂志上引用了梦工厂投资公司(一家位于纽约由 10 人组成的抵押投资公司)CTO 的一句话：“我们是一家小公司，我们没有资金购买服务器，没有实力从零起步开发软件，对我们来说，Force. com 就是一个助推器。”

5. Microsoft

微软提出了云端战略，开发出了 Azure 云平台。Azure 系统服务平台是由微软数据中心开发的云计算平台。它提供了一个操作系统以及一些系统的开发服务。Azure 可以被用于构建基于“云”的新应用程序，或者改进现有的应用程序以适用在云环境中。它的开放性框架给了开发者各种选择，例如编制网络应用程序，或者是运行在互连的设备中，同时它也能提供一个在线和按需的混合解决方案。

而 Microsoft Live Mesh 则旨在提供一个集中位置来为用户提供应用程序和数据的存储服务，并且用户可以从世界的任何地方通过设备来访问（比如计算机，移动电话）。用户可以通过 Web-based Live Desktop 或者自己已安装的 Live Mesh 软件来访问上载的应用程序和数据。每个用户的 Live Mesh 都是被密码保护的并且可以通过他的 Windows Live Login 来鉴别，同时，所有的文件传输也被 Secure Socket Layer(SSL)保护起来。

6. 其他云平台服务

除了 Amazon、Google、IBM、Salesforce.com 和 Microsoft 提供的云计算平台，许多其他公司也涉足了这个领域。

（1）3tera(www.3tera.com)提供 AppLogic 操作系统网和 Cloudware 按需计算结构。

（2）10gen(www.10gen.com)为开发商提供了用于开发可升级的网络程序的平台。

（3）Cohesive Flexible Technologies(www.cohesiveft.com)提供了 Elastic Server 按需分配虚拟服务器平台。

（4）Joyent(www.joyent.com)为网络应用程序开发者推出的 Accelerator 平台是一个可升级的按需分配基础架构；它为小公司推出的 Connector 是一个网络应用程序套件。

（5）Mosso(www.mosso.com)提供自动调整的企业级云平台。

（6）Nirvanix(www.nirvanix.com)为开发者提供了云存储平台，它提出的 Nirvanix 网络服务平台使用标准接口为用户提供文件管理功能和其他常用操作。

（7）Skytap(www.skytap.com)推出的"虚拟实验室"是基于网络的按需自动化控制平台，开发者使用预配置的虚拟机创建和配置实验室环境。

（8）StrikeIron(www.strikeiron.com)推出的 IronCloud 是一个提供网络服务的云平台，开发者可以把各种各样的 Live Data 服务整合到自己的应用程序当中。

4.2.5 云平台服务的优势和面临的挑战

4.2.4 节，详细地介绍了各个云平台的服务商。作为一项有望大幅降低成本的新兴计算技术，云计算日益受到众多公司的追捧。但是不可否认，各种云平台的服务也有各自面临的挑战性问题。

首先，如何在云服务中实现跨平台跨服务商的问题，也就是说服务商要在开发功能和兼容性上进行权衡。目前，早期的云计算提供的 API 比传统的诸如数据库的服务系统的限制多得多。各个服务商之间的代码无法通用，这给跨平台的开发者带来很多的编程负担。

其次，如何来管理各个云服务平台，这对于服务商来说，也是一个挑战。和传统的系统相比，大型的云平台受有限的人工干涉、工作负载变化幅度大和多种多样的共享设备这 3 个因素的影响，各个云平台公司有各自的管理方案：例如 Amazon 公司的 EC2 用硬件级别上的虚拟机作为编程的接口，而 salesforce.com 公司则在一个数据库系统上实现了具有多种独立模式的"多租户"虚拟机。当然还有其他的解决方案也是可行的。每一种方案都有不同的缺点和优势。

此外,云平台的安全问题和隐私保护也特别难以保障。安全问题不能再依靠计算机或网络的物理边界得到保障。过去的对于数据保护的很多加密和解密的算法代价都特别高,如何来对大规模的数据采用一些合适的安全策略是一个非常大的挑战。

云服务的挑战还包括服务的稳定和可靠性。2009 年 8 月,Google 的云计算服务出现严重问题,Gmail、Blogger 和 Spreadsheet 等服务均长时间宕机。2008 年 7 月 21 日,亚马逊在线计算服务的主要组件简单存储服务(S3)星期日(7 月 20 日)明显出现了故障。亚马逊的服务健康状况控制台报告称,在美国和欧洲的 S3 服务的错误率增加了,许多客户的服务当机时间超过 6 小时。这种云服务的事故对于银行或者互联网公司的损失往往是巨大的。所以云服务商是否能提供长期稳定的服务也是企业选择云服务的主要顾虑之一。

最后,随着云计算越来越流行,预计会有新的应用场景出现,也会带来新的挑战。例如,人们需要从结构化、半结构化或非结构的异构数据中提取出有用信息。同时,这也表明"云"整合服务必然会出现。联合云架构不会降低只会增加问题的难度。综上所述,可以看出云计算和云平台服务本身在适当场景下的确有着巨大的优势,但同时面临着许多的技术难题亟待解决。

4.3　云计算比较

下面主要是对云计算和其他各种类型计算进行比较,了解它们的区别和联系。

4.3.1　集群计算和云计算

1. 集群计算的概念

计算机集群简称集群,是一种计算机系统,它通过将一组松散集成的计算机软件和硬件连接起来,高度紧密地协作完成计算工作。在某种意义上,它们可以被看成是一台计算机,而每台计算机通常称为结点(Node),通常是通过局域网连接的,但也可能有其他的连接方式。集群计算机通常可以用来改进单个计算机的计算速度和可靠性。一般情况下集群计算机比单个计算机,比如工作站甚至超级计算机性价比要高得多,如图 4-3 所示。

2. 集群计算分类

集群分为同构与异构两种,它们的区别在于组成集群系统的计算机之间的体系结构是否相同。集群计算机按其功能和结构的不同,分为高可用性集群、负载均衡集群(Load Balancing Cluster,LINQ)、高性能集群和网格计算。

图 4-3 计算机集群

高可用性集群（High-Availability Clusters）是指以减少服务中断时间为目的的服务器集群技术。新的强大的应用程序的不断出现使得商业和社会机构对日常操作的计算机化要求达到了空前的程度，趋势非常明显，人们无时无刻不依赖于稳定的计算机系统。这种需求的迅速增长，也使得对系统可用性的要求变得非常重要，许多公司和组织的业务在很大程度上都依赖于计算机系统。任何的服务中断都会造成非常严重的损失，关键 IT 系统的故障可能很快导致整个商业运作的瘫痪，每一分钟的服务中断都意味着收入、生产和利润的损失，甚至市场地位的削弱。

负载均衡集群（Load Balancing Clusters）运行时一般通过一个或者多个前端负载均衡器将工作负载分发到后端的一组服务器上，从而达到整个系统的高性能和高可用性。这样的计算机集群有时也被称为服务器群。例如，Linux 虚拟服务器项目在 Linux 操作系统上提供了最常用的负载均衡软件。

高性能集群（High-Performance Clusters，HPC）采用将计算任务分配到集群的不同计算结点以提高计算能力，因而主要应用在科学计算领域。比较流行的高性能一般是采用 Linux 操作系统和其他一些免费软件来协作完成并行运算。这种集群配置通常被称为 Beowulf 集群。这类集群通常运行特定的程序以发挥高性能集群的并行能力。高性能集群特别适合于在计算中各计算结点之间发生大量数据通信的计算作业，比如一个结点的中间结果影响到其他结点计算结果的情况。

3. 云计算与集群计算比较

集群系统中的调度器（Scheduler）着眼于提高系统整体性能，因为它们负责的是整个系统，并且在集群中，资源位于单个的管理区中，由单个实体进行管理。而云计算则不同，集群计算没有云计算的扩展性好，而且还不是按需供应（On-demand），相比之下云计算则更加灵活。同时，通过虚拟机技术的运用使得在"云"中较容易从一个结点转移至另一个结点以应对结点失效的问题，并能对异构系统提供更好的处理方案。

4.3.2 网格计算和云计算

1. 什么是网格计算

网格计算(Grid Computing)是通过利用大量异构计算机(通常为桌面)的未用资源(如 CPU 周期和磁盘存储),将其作为嵌入在分布式电信基础设施中的一个虚拟的计算机集群。它为解决大规模的计算问题提供了一个模型。网格计算的重心主要放在了支持跨管理域计算的能力,这就是它与传统的计算机集群或传统的分布式计算的不同之处。

网格计算的设计目标是解决对于任何单一的超级计算机来说仍然大的难以解决的问题,并同时保持能够解决多个较小的问题的灵活性。这样,网格计算提供的是一个多用户环境,也就是说参与工作的可能不是一台计算机,而是一个计算机网络,同时它还可以更好地利用可用计算力,来适应大型的计算断断续续的需求。这其中隐含着使用安全的授权技术,以允许远程用户可以方便地控制计算资源。网格计算包括共享异构资源(基于不同的平台,软硬件体系结构,以及计算机语言),这些资源位于不同的地理位置,属于一个使用公开标准的网络上的不同的管理域。简而言之,它包括虚拟化计算资源。

2. 网格的分类及本质特征

从功能上来说,可以将网格分类为计算网格和数据网格。

对于网格计算而言,目前主要从 3 个方面来理解。首先,对万维网诞生起到关键性作用的欧洲核子研究组织(European Organization for Nuclear Research,CERN)对网格计算是这样定义的:"网格计算就是通过互联网来共享强大的计算能力和数据储存能力。"其次,作为外部网格,网格计算对分布在世界各地的、非营利性质的研究机构颇有吸引力,进而造就了像美国国家超级计算机应用中心这样计算生物学的网格,如生物学和医学信息学研究网络等外部网格。最后,作为内部网格,网格计算对那些需要解决复杂计算问题的商业公司也有着同样的吸引力,其目标是将企业内部的计算能力最大化。

网格是把整个互联网整合成一台巨大的超级计算机,实现计算资源、存储资源、数据资源、信息资源、知识资源、专家资源的全面共享。当然,也可以构造地区性的网格(如中关村科技园区网格)、企事业内部网格、局域网网格、甚至家庭网格和个人网格。网格的根本特征并不一定是它的规模,而是资源共享,消除资源孤岛。它具有两个特征:不同的群体采用不同的名称;网格的精确含义和内容具有不确定性,并在不断的变化中。

对此,主要从 3 个方面对网格的概念进行描述[90]。

(1)协调非集中控制资源。网格整合各种资源,协调各种使用者,这些资源和使用者处于不同控制域中。例如,个人计算机和中心计算机,相同或不同公司的不同管理单元。网格还解决在这种分布式环境中出现的安全、策略、使用费用、成员权限等问题。否则,处理的仅仅是本地管理系统而非网格。

（2）使用标准、开放、通用的协议和界面。网格建立在多功能的协议和界面之上。这些协议和界面的标准化和开放化是非常重要的，否则，该系统只算是一个具体应用系统而非网格。

（3）得到非凡的服务质量。网格允许它的资源被协调使用，以得到多种服务质量，满足不同使用者的需求，如系统响应时间、流通量、有效性、安全性及资源重定位，使得联合系统的功效比其各部分的功效总和要大得多。

通过上面对网格的了解，现在来看看它的本质特征。

（1）分布与资源共享。分布是网格最本源的特征，网格是通过集中分散的资源来完成计算的，资源的共享是一种集中资源的手段。

（2）高度抽象。把计算力和所有的计算资源高度抽象成为用户可见的"电源接线板"，其他的东西对用户透明。

（3）自相似。在大尺度上和小尺度上有相同或者类似的规律。

（4）动态性和多样性。用户的需求是变化的，所以动态性是网格需要考虑的一个基本问题。

（5）自治性与管理的多重性。网格结点内部的自治和外部的受控整合是网格的一个特征，分层的资源需要层次化的管理，而分层来自于网格结点的归属问题和性能方面的考虑。

3. 云计算与网格计算的比较

下面对云计算和网格计算进行比较，如表 4-2 所示。

表 4-2　云计算和网格计算的比较

网格计算	云 计 算	网格计算	云 计 算
异构资源	同构资源	高性能计算机	服务器/PC
不同机构	单一机构	免费	按需计算
虚拟组织	虚拟机	标准化	尚无标准
科学计算为主	数据处理为主	科学界	商业社会

网格计算一个有名的例子就是搜寻外星人项目，也就是通过在本机安装一个屏幕保护软件，就能够利用每个人的 PC 闲暇时的计算能力来参与搜寻外星人的计算。从这里可以看出网格的目标就是想要尽可能地利用各种资源，通过特定的网格软件，将一个庞大的项目分解为无数个相互独立的、不太相关的子任务，然后交由各个计算结点进行并行计算。即便某个结点出现问题，没有能够及时返回结果，也不影响整个项目的进程。甚至即便某一个计算结点突然崩溃，其所承担的计算任务也能够被任务调度系统分配给其他的结点继续完成。

现在谈到云计算的时候，就能够立刻想到通过互联网将数据中心的各种资源打包成服务向外提供。尽管网格计算也像云计算一样将所有的资源构筑成一个庞大的资源池（Resource Pool），但是网格计算向外提供的某个资源，是为了完成某个特定的任务。比如说某个用户可能需要从资源池中申请一定量的资源来部署其应用,而不会将自己的任务提交给整个网格来完成。从这一点来看,网格的构建大多为完成某一个特定的任务需要,这也正是生物网格、地理网格、国家教育网格等各种不同的网格项目出现的原因。而云计算一般来说都是为了通用应用而设计的,并没有专门的以某种应用命名的云计算。

在外界看来网格资源就像一个巨大的资源池,而对于要提交特定任务的用户来说,他并不知道自己的任务将会在哪些网格的物理结点上运行。他只是按照特定的格式,将作业任务提交给网格系统,然后等待网格返回结果。网格作业调度系统自动找寻与该任务相匹配的资源,然后寻找出空闲的物理结点,将任务分配过去直至完成。虽然网格能够实现跨物理机进行并行作业处理,但是需要用户先将并行算法写好,并且通过调度系统将作业分解到各个不同的物理结点进行,而这个过程相对比较复杂,这就是为什么很多网格计算被建设用来完成特定的需求。

云计算平台拥有网格的特性,并有其特殊的属性和能力(例如对虚拟化的支持)与Web服务接口进行的动态组合服务,以及通过建造云计算、存储和应用服务对创建第三方增值服务的支持。因此,云可以对用户提供服务而无须考虑其依赖的架构。表1-2比较了集群、网格和云系统的关键特性。

4.3.3 效用计算和云计算

1. 什么是效用计算

效用计算(Utility Computing)是包装的计算资源。该系统的优点是投入低成本或者不用初始成本即可获得基础硬件设施,计算资源基本上是租用的,这样可以在应对客户非常大的计算或突然的需求高峰时避免延迟。传统的互联网主机服务有能力迅速调度租用个人服务器,例如,调度银行的网络服务器,以适应突然增加的访问量。"效用计算"通常设想采用某种形式的虚拟化,这样存储量和计算能力可以远远大于一个计算机共享的数量。建造这样专门的计算机集群的目的是出租,以便充分利用超级计算机。通过提供效用计算服务,公司可以向用户出售资源。

2. 云计算与效用计算

Nicholas[122]写了一些关于现在IT产业发生变革的文章,在他的描述中,就像电力一样,如果可以统一地供应,IT资源将会有潜力成为一种因经营规模扩大而得到可观的经济节约的通用技术。Nicholas先生相信分散供应计算能力是浪费的,集中供应可以实现更高的生产利用率,并导致更便宜的供应。

如今的公司需要很大的投入来购买IT设备,而且要把它们装配成为由高薪IT专业技术人员运行维护的数据中心,但这些设备只有较低的利用率(例如,大多数服务器只是用了15%~20%的资源)。过剩的设备和多余的功能注定了这种情形不会长久存在,并将最终转向集中供应。

有人把云计算比喻为钱庄。最早人们只是把钱放在枕头底下，后来有了钱庄，很安全但兑换起来比较麻烦。现在发展到了银行可以在任何一个网点取钱，甚至通过 ATM，或国外的渠道。就像用电时不需要家家装备发电机，而是直接从电力公司购买一样。"云计算"带来的就是这样一种变革——由 Google、IBM 这样的专业网络公司来搭建计算机存储、运算中心，用户通过一根网线借助浏览器就可以很方便的访问，把"云"作为资料存储以及应用服务的中心。

云计算可看成是一种新颖和衍生的效用计算形式，运用效用计算模型将许多不同类型的资源（硬件、软件、存储、通信等）即时合并成为客户所要求的特定资源或服务。从用于高性能集群项目的 CPU 到用于企业级备份的存储容量，再到用于软件开发的完整集成开发环境，云计算都可以实时提供几乎任何 IT 能力。

4.3.4 并行计算、分布计算和云计算

1. 什么是并行计算

并行计算（Parallel Computing）是指同时使用多种计算资源解决计算问题的过程。为执行并行计算，计算资源应包括一台配有多处理机（并行处理）的计算机、一个与网络相连的计算机专有编号，或者两者结合使用。并行计算的主要目的是快速解决大型且复杂的计算问题。此外还包括利用非本地资源，使用多个"廉价"计算资源取代大型计算机，同时克服单个计算机上存在的存储器限制。

传统地，串行计算是指在单个计算机（具有单个中央处理单元）上执行软件写操作。CPU 逐个使用一系列指令解决问题，但其中只有一种指令可提供随时并即时的使用。并行计算是在串行计算的基础上演变而来，它努力仿真自然世界中的事务状态：一个序列中众多同时发生的、复杂且相关的事件。

为利用并行计算，通常的计算问题具有以下特征：

（1）将工作分离成离散部分，有助于同时解决；

（2）随时并即时地执行多个程序指令；

（3）多计算资源下解决问题的耗时要少于单个计算资源下的耗时。

2. 什么是分布式计算

分布式计算（Distributed Computing）是一门利用互联网上的计算机中央处理器的闲置处理能力来解决大型计算问题的一种计算机科学，它研究如何把一个需要非常巨大的计算能力才能解决的问题分成许多小的部分，然后把这些部分合理分配给许多计算机进行处理，最后把这些计算结果综合起来得到最终的结果。

本书的第一篇已经详细地介绍了分布式系统与分布式计算的一些知识。下面再回顾一下分布式计算比起其他算法具有的几个优点：

（1）稀有资源可以共享；

（2）通过分布式计算可以在多台计算机上平衡计算负载；

（3）可以把程序放在最适合它运行的计算机上。

3. 云计算与并行、分布式计算

云计算是分布式计算、并行计算的发展，或者说是这些计算机科学概念的商业实现。云计算技术使计算分布在大量的分布式计算机上，而非本地计算机或远程服务器中，其中数据中心的运行将与互联网更加相似。这使得用户能够将资源切换到需要的应用上，根据需求访问计算机和存储系统。

可以说云计算实际上就是并行计算与分布式计算的一种，它通过对虚拟技术的使用，更加合理地分配计算资源，达到一个更好的并行与分布的效果。例如，支持多操作系统环境上的应用及利用在同一台物理机上分隔开的资源。通常的虚拟化方法只考虑到了虚拟单个硬件资源。如果只是把个别虚拟好的分布式的计算环境联结起来，仍然是分布式计算的思路，但是云计算所需的虚拟化技术必须是虚拟架构技术。简单说来，联结要考虑做在虚拟机集群的层面上。这样一来，硬件资源的虚拟化就不必局限于单个独立的硬件资源了。图 4-4 为云计算的虚拟架构技术示意图，在这样的虚拟架构上，一个应用软件对于硬件资源使用的请求（通常是对硬件发出中断）可以不局限于同一个物理硬件资源。这样用虚拟架构技术整合出来的虚拟计算机才可以真正做到是为用户量身订制的。

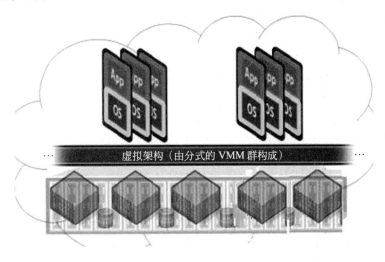

图 4-4　云计算的虚拟架构

4.4　小结

云计算并不是一个全新的事物，而是集群计算、网格计算、公用计算等各种技术发展融合的产物。关于云计算的定义，由于不同的学者阐释的角度不同，出现了多种不同的描述。通过云计算，可以轻松地移动数据、管理和维护数据文件，但同时也将要面临云计算过于依赖网络和数据安全性的问题。

云服务主要包括软件即服务、平台即服务和附加服务，同时云计算也面临着数据位置和数据隔离等安全性的挑战。目前，包括 IBM、Google、Amazon 和 Microsoft 等公司在内的 IT 巨头都已经推出自己的云计算产品，提供云平台服务。

本章详细地比较了云计算与其他各种计算方式的区别和联系。总体来说，云计算的产生不是空穴来风，而是构建在其他各种相关技术之上。但是云计算也不是过去某种技术的翻版，它与已有技术既有相同点，又有许多新的特性和优势。

习题

1. 什么是集群计算？
2. 什么是网格计算？
3. 什么是云计算？
4. 简单介绍软件作为服务（软件即服务）。
5. 云计算的优点有哪些？
6. 云计算的缺点有哪些？
7. 云平台的服务类型有哪些？
8. 云计算的七大风险是什么？
9. Amazon 为用户提供哪 3 种规模的虚拟服务器？
10. Google App Engine 支持哪些应用程序？
11. 简述 Salesforce.com 的软件即服务平台。
12. 集群计算机有哪几种分类？
13. 对高可用性集群、负载均衡集群、高性能集群分别进行解释。
14. 什么是网格计算，并对云计算和网格计算进行比较。

第5章　Google 公司的三大技术

作为一家以搜索起家的互联网公司,谷歌(Google)公司每年在数据中心的投入超过20亿美元。目前,它在云计算领域是难以超越的领跑者。下面将探究支撑 Google 公司云计算的三大技术:

(1) Google 文件系统(GFS);

(2) 数据存储 Bigtable 技术;

(3) 分布式计算 MapReduce 技术。

5.1　Google 文件系统

5.1.1　前言

Google 文件系统(GFS)是一个分布式的文件系统,它与 Google 公司的 MapReduce 以及 Bigtable 一起构成了 Google 公司的核心计算技术,其中 GFS 作用于底层,其正确运行是其他技术正常运行的保证,它在整个 Google 公司的分布式系统平台中处于基础地位,是实现云计算服务的基础。本节的主要内容参考了 Google 公司发表的 GFS 论文[153]。

目前已经设计出的 Google 文件系统是针对庞大的数据密集型应用的文件系统。当运行于廉价的硬件环境时,它有一定的容错能力,并且可以向大量用户传递高集成度的执行结果。

虽然与以前的分布式文件系统拥有许多相同的目标,但 GFS 的设计研究具有很多独到之处。

首先,组件故障是正常情况。文件系统由成百上千的廉价产品构成的存储设备组成并且被相当数量的客户机器连接访问。元件的数量和质量导致系统无法保证一些部件在任何特定时间不会出现故障或者能够从故障中恢复。出现问题的主要原因有应用程序的错误,操作系统的错误,人为错误和硬盘、内存、连接器、网络、电源适配器错误。因此,组件故障便成为系统的正常现象,连续监测、错误探测、容错和自动恢复也就成为了系统不可分割的一部分。

其次,对于传统的标准来说,系统中的文件如果都是吉字节(GB)大小,就难以处理。但是,当前,Google 公司需要经常处理不断增长,由数亿计的对象组成的太字节(TB)级文件。对千字节(KB)大小的文件进行管理显然是不明智的。因此,设计的一些假设条件和参数,如I/O操作和块大小都需要重新考虑。

第三,大多数文件的更新是附加新的数据,而不是覆盖现有数据。文件内随机写操作几乎不会发生。一旦写入,该文件属性就变为只读,而且往往只支持顺序读。大部分数据都拥有这些特性:其中一些数据可能构成大型数据分析程序扫描使用的数据仓库(Data

Warehouse)，有些可能是正在运行的应用程序不断产生的数据流，有些是档案数据，有些也可能是产生于一台计算机，同时或稍后需要在另一台计算机运行的中间结果。鉴于这种文档的访问模式，附加方式成为性能优化和原子性保证（Atomicity Guarantees）的焦点，这样客户中缓存的数据块便失去其可用性。

最后，对应用程序和文件系统 API 进行协同设计，这使整个系统在灵活性方面获益。例如，放宽了 GFS 的一致性模型（Comsistency Model），大大简化了文件系统，使其不再是强加在应用程序上的一个沉重负担。

目前，Google 部署的多重 GFS 集群用于不同的方面。其中最大系统有 1000 多个存储结点，超过 300TB 的硬盘存储，被不同区域的客户端机器上的数百名客户频繁访问。

5.1.2　设计概要

1. 核心思路

Google 文件系统（GFS）是用于大规模分布式数据应用的一个可扩展的分布式文件系统。它提供了在廉价商用机上的容错能力，同时给大量用户提供高性能的服务。在实践中可以观察到传统文件系统的理念和现实应用的不匹配，从而 Google 公司提出了一些截然不同的观点。这些观点就是设计 GFS 的一些核心思路。

（1）组件故障被当作一种常态进行处理。实时地发现系统各部分的错误并提供相应的解决方案，提高容错能力（基于此思想实现的技术包括提供多个副本进行操作等）。

（2）对于吉字节（GB）数量级的大文件的处理。对于大规模吉字节（GB）数量级的大文件，如果按千字节（KB）数量级进行划块管理就显得很复杂。基于此思想，在 GFS 中文件块大小被划分成 64MB，比传统概念上的文件块要大得多，主要是还要考虑到 I/O 开销和块的管理效率。

（3）通常情况下文件的更新都是添加数据而不是覆盖原有的数据，在文件内部进行随机写是很少见的。文件属性通常是只读而且是执行顺序读，例如数据仓库中的数据，数据流文件和档案文件。因此，追加操作（Append）是性能优化和原子性保证的关键。

（4）应用程序和文件系统 API 进行协同设计，系统的灵活性可得到加强。

（5）系统通常包含两种读操作：大规模数据流读操作和小规模随机读操作。两种读操作的性质不同：前者通常连续读超过 1MB 的数据；后者随机读取千字节（KB）数量级的数据，很多应用会把这些随机读取操作有序化，避免无谓的 I/O 开销。

（6）经常会出现许多客户同时向同一个文件进行追加的操作，需要有机制来保证这些并发操作的正确性。

（7）高稳定的系统比低延迟更重要。GFS 的目标应用针对的是大数据量长时间的操作，而不是那些需要很快响应的单个读写操作。

GFS 的接口和体系结构设计都对应着以上的思路进行开发。

2. 接口

GFS 在支持创建(Create)、删除(Delete)、打开(Open)、关闭(Close)、读(Read)和写(Write)这几种基本用户接口操作的基础上增加了快照(Snapshot)和记录追加这两种操作。快照操作以最低的开销创建一个文件或者目录的副本,而记录追加操作保证多客户同时对文件进行数据追加时的原子性和正确性。

3. 体系结构

一个 GFS 集群含有单个主控服务器(Master),多个块服务器(Chunk Server),被多个客户访问,如图 5-1 所示。图中的操作通常是 Linux 上运行的用户级服务器进程完成的。只要计算机的资源允许并且由于运行片状应用程序代码导致的低可靠性可以被接受,那么在同一台计算机上运行一个块服务器和客户端是很容易实现的。

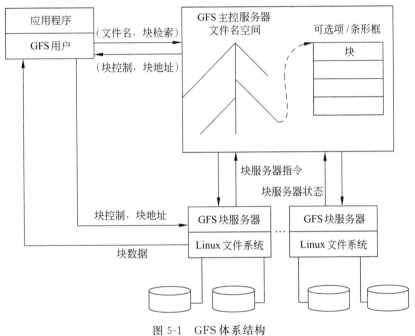

图 5-1　GFS 体系结构

文件被划分为固定大小的块,每个块包含一个不变的唯一的 64 位块句柄(Chunk Handle)作为标识。块在块服务器以 Linux 文件的方式存放在本地磁盘,同时每一个块都在多个块服务器上留有副本(通常是 3 份)。

主控服务器维护所有文件系统的元数据(Meta Data),包括命名空间(Name Space)、访问控制信息、文件到块的映射信息以及当前块位置信息。主控服务器还完成各种控制操作,并定期访问块服务器进行控制和状态检查。

GFS 客户端代码连接到每个应用程序执行文件系统的 API 上并与主控服务器及块服务器交流,在应用程序方面读取或写入数据。客户同主控服务器交换元数据业务,但所有数据直接与块服务器通信。

无论是客户端还是块服务器都不缓存文件数据。客户端高速缓存提供的性能效益很少，因为大多数大型文件的应用数据流或工作集太大而无法缓存。块服务器没有必要缓存具体的数据，因为块存储为本地文件，Linux 的缓存已经维护了经常访问在内存中的数据。

4. 单一主控服务器

客户与主控服务器以及块服务器进行交互，从主控服务器处获得元数据信息（包括与哪些块服务器交互以获得数据），并在块服务器上直接进行数据操作。出于实际考虑，客户和块服务器都不对文件数据进行缓存。使用单个主控服务器能令其获得全局信息，更好地做出操作的选择，但如果主控服务器涉及了太多的读写操作，性能就会下降；所以主控服务器并不参与客户的数据交互。

在一次简单的随机读操作中，客户首先将偏移量换算成为文件内部的块索引位置，然后将文件名和块索引信息发给主控服务器。主控服务器将对应的块句柄以及副本位置信息返还给客户，客户将这些信息缓存起来，并向其中一个副本（通常是最近的）发出读的请求。客户可以一次向主控服务器请求多个块，主控服务器也可以向客户提供多个块信息，这样会避免过多的客户和主控服务器交互，从而提高性能。

5. 块大小

块的大小被设置为 64MB，主要出于以下几点考虑。

（1）减小了客户和主控服务器的交互，即使对于吉字节（GB）级的大文件，块也不会很多，这样客户就可以把块的信息都缓存起来。

（2）客户进行的操作集中在给定的大块上，避免过多的网络开销。

（3）元数据量减少，使元数据可以存放到内存中。当然，在实际中这样也会造成一定问题。一些小文件（比如可执行文件）如果被过多客户同时访问，会对块服务器产生巨大的压力。对于这种情况，增大副本的数量，以及允许客户从其他客户处取得数据都是可行的解决方案。

6. 元数据

主控服务器中存放着三类元数据：文件和块的命名空间、文件到块的映射信息以及块副本的位置信息。前两者以操作日志的形式存放在磁盘中并在其他远程机器上建立副本；后者的信息并不保存，而是主控服务器周期性的使用 HeartBeat 消息从块服务器获得。操作日志是 GFS 的核心所在，对于系统的稳定起着至关重要的作用。主控服务器对日志进行更新，包括对本地和远程机器上的副本进行更新，以及设立检查点以便在出错时对系统进行恢复。

（1）内存中的数据结构。由于元数据存储在内存中，主控服务器的操作将更加快速。此外，主控服务器会高效率地定期扫描后台的状态。定期扫描的作用是执行块垃圾收集，块服务器出错时重新复制，平衡负载和进行块转移操作。

主控服务器对每个 64MB 的块存储一个小于 64MB 的元数据。大多数的块是满的，因为大多数文件都包含许多块,只有最后一块的尾部可能被填补。相似的,文件的命名空间数据通常需要不到 64MB 的存储空间,因为它存储的每个文件名称都很简洁,采用了前缀压缩(Prefix Compression)。

（2）块位置。主控服务器并没有持久的存储一个文件来告诉客户端对于给定的块哪个块服务器包含它的副本。它只是在开机时对块服务器做了一个调查。主控服务器随后可以保持自己的数据更新,因为它控制所有块存储位置并周期性的通过 HeartBeat 消息监测块服务器的状态。

GFS 设计者的最初设想是在主控服务器中持续地维护块位置信息,但最后还是发现在启动时从块服务器请求数据更加简单。这消除了当块服务器加入和离开集群,改变名称,出现故障,重新启动等情况发生时,保持主控制器和块服务器同步的问题,这个问题在数百台服务器的集群中,常常发生。

理解这一设计方案的另一种方式,是你要认识到一个块服务器最终决定了在它的磁盘上存储哪些块。同时,因为块服务器中出现错误会很自然的导致块的消失,这样操作员就可能对块服务器进行重命名,所以在主控服务器中维护一个有关存储信息的一致化方案,是不切实际的。

（3）操作日志。操作日志包含关键元数据变化的历史记录,它是 GFS 的中枢。它不仅是元数据唯一持久存储的记录,也可作为一个逻辑上的时间线来确定并行运作的指令。文件和块,以及它们的版本都唯一并永久的由它们创建时的逻辑时间所确定。

由于操作日志是至关重要的,所以必须对其进行可靠的存储,并且在元数据发生持续性变化前,这些运行记录的变化对客户都是不可见的。否则,即使块本身存在,也会实际上失去整个文件系统或最近的客户业务。因此,需要在多个远程机器上复制它,并且只有当本地和远程磁盘相应的日志记录清除后才响应客户操作。

主控服务器通过重新执行操作日志,恢复其文件系统的状态。为了尽量减少恢复时间,必须保持日志较小。当操作日志增长超过一定规模,主控服务器便检查它的状态,以便它能够通过本地磁盘载入最新的检查点,并且只重新执行最新恢复点之后数量较少的日志记录。该检查点与一个紧凑的 B⁻ 树的结构类似,可以直接映射到内存中,这样不用额外解析就可进行命名空间的查找。这进一步加快恢复效率,提高了系统的可用性。

因为建立一个检查点也需要一段时间,所以主控服务器内部状态是按以下规则构建的:新的检查点只有在没有延迟传入异变时才能建立。主控服务器切换到一个新的日志文件,并在一个独立的线程中创建新的检查点。新的检查点包括切换前的所有变化。主控服务器可以在片刻之间为一个集群中的百万数据文件创建检查点,创建的检查点随后被写入本地和远程磁盘中。

故障恢复只需要在最新的检查点和其后的日志文件上进行,过期的检查点和日志文件可以删除,但 GFS 需存储一部分以防止较大灾难性故障的产生。在检查点发生故障不会影响正确性,因为恢复代码可以检测并跳过不完整的检查点。

7.　一致性模型

GFS 提供了一致性机制保障了以下一致性。

（1）文件命名空间的修改是原子性的。

（2）文件区域在修改后的状态取决于修改的类型。一致的状态表示数据所有副本对所有客户一致。系统用检查点的方式来检查是否处于稳定的状态。对于记录添加操作，基于生产者-消费者模型，系统保证每个操作至少完整执行一次。在成功地进行数据修改之后，系统保证操作的区域处于明确状态，采用的方式包括保证每个副本都按相同的顺序执行修改操作，以及利用版本号的方法检测出过期的副本。

5.1.3　系统交互

在整个文件系统体系结构的设计中，很多技术用来减少主控服务器在各种操作中的参与度，系统交互的过程就体现了这一点。在这个过程中，主控服务器、块服务器以及客户进行交互从而完成数据修改。

当一个块的数据需要进行修改时，块的每一个副本都要进行修改。主控服务器会给其中一个副本一个契约，这个副本称为主副本。主副本将决定以何种顺序修改各个副本的数据。主控服务器会给契约一个 60s 的有效期。主副本可向主控服务器申请延长期限，而主控服务器也可回收契约。如果主控服务器和主副本失去联系，则可等到契约过期后向另外的副本发放契约。图 5-2 描述了一个写操作的过程。

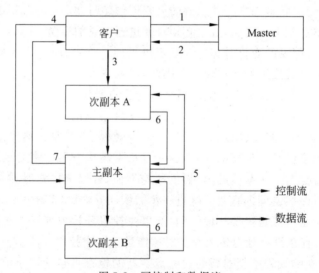

图 5-2　写控制和数据流

（1）客户向主控服务器询问当前所要修改的块所在的块服务器以及契约信息。如果当前这些块服务器都没有契约，则主控服务器将契约给其中一个副本。

（2）主控服务器将主副本和其他副本的位置信息交给客户。

（3）客户开始往副本中送数据，采用数据流方式。

（4）客户向主副本发出写的请求，声明之前的数据。主副本排好一个数据修改操作的顺序。

（5）主副本将写请求发到其他各个副本中，各副本同时按照数据修改操作的顺序进行操作。

（6）各副本将完成信息反馈给主副本。

（7）主副本将信息反馈给客户,包括出错信息。如果出错了,重复(3)～(7)的过程。

可以看出,客户只需在初始阶段与主控服务器进行交互,而后面一般情况下不再需要交互,除非主副本不可达或者不再有契约。可以想象,在分布式的环境下,主控服务器通过合理分配契约以及减少与客户的交互,可以充分保证系统的性能。另外,数据流和控制流分开可以有效利用网络带宽:数据可以不断地送到最近的副本,而控制信息按照主副本到其他副本的方式进行传送。这样就可有效地利用网络的拓扑结构。

上面提到,GFS 增加了记录追加和快照这两种操作。记录添加操作和 Linux 中的 O_APPEND 相似但考虑了多个写操作的并发执行。记录添加操作的文件相当于一个多生产者单一消费者的缓冲区。记录添加和上面的写操作的 7 个步骤很类似,只是在主副本中增加了文件是否越过了块边界的判断。如果文件越界,主副本会告诉其他副本将块大小调整至最大,并反馈给客户在新块中进行操作。

当要对一个文件或目录进行快照操作时,主控制器会先回收这个文件或目录所在块的契约,保证对块的后续操作都要再由主控服务器授权。然后主控服务器在日志中记录下这个操作,同时复制源文件或目录的元数据,使新的快照文件指向和源文件相同的块。当有客户想往某个块 C 上写数据的时候,主控服务器会注意到如果这个块的引用计数大于 1,于是便在保存这个块的块服务器上创建新的块 C′,再把 C′ 的信息反馈客户。后面的操作和之前的请求处理没什么区别。

5.1.4　主控服务器操作

除了上面介绍的之外,主控服务器还负责以下的一些操作。

（1）命名空间的管理和锁操作。GFS 的命名空间是完整路径名到元数据的查找表,可以有效地进行前缀压缩来放到内存中。每个主控服务器操作都需要获得一系列的锁。譬如文件路径是/d1/d2/…/dn/leaf,那么每一层目录,/d1/,/d1/d2/…都需要读锁,在完整路径上根据操作需要读锁或者写锁。通过有效的锁管理可以避免不正确的操作。

（2）副本放置。块副本放置有两个目的:最大化数据可靠性和可用性,以及最大化网络带宽利用率。副本放置在不同机架上,不仅可以在一个机架崩溃时保证正常可用,也可以在进行读操作时充分利用网络带宽。当然在写操作的时候需要往不同的机架上写。

（3）数据块创建,重复制和重平衡。当放置数据块副本时,主控服务器主要考虑以下 3 个因素:

① 数据块被放在磁盘利用率低的计算机上,这样磁盘利用率会逐渐平衡;

② 不要将新创建的块集中在某一计算机上;

③ 放置到不同的机架上。

当数据块数目达不到要求时需要进行重复制,这产生的原因可能是硬件或数据不可用,或者需求的变更。所需副本数的差距、是否正在阻塞应用程序以及文件块所属文件的状态都决定重复制的优先级。放置的原则和上面创建时相仿。

当利用率不平衡时主控服务器会进行重平衡操作。总的来说这些操作的目的都是一致的，也就是最大化数据可靠性和可用性，以及最大化网络带宽利用率。

（4）垃圾回收。GFS 进行定期常规的垃圾回收。当文件被删除时，所占用的资源不是立刻被回收。文件被命名为一个隐藏的名字，同时记录下删除的时间。主控服务器会对命名空间进行常规检查（通常是 3 天，可配置），隐藏名字的文件资源会被回收。无用块的清理也是在对块的常规检查时才进行。

（5）过期副本检测。如果块服务器停机了，其保存的副本就会过期。主控服务器通过给予副本版本号的方式检测过期的副本，在常规垃圾清理的过程中清理掉过期的副本。

5.1.5　容错和检测

1. 高可用性

由于 GFS 假设系统的部件是不可靠的，这样容错能力和错误检测能力就显得尤为重要。GFS 中保证系统高可靠性的主要措施如下。

（1）快速恢复。主控服务器和块服务器不区分正常和不正常的终止。进程在计算机终止时将被切断，客户的请求将要重新执行。

（2）数据块复制。在上面已经提到过这个操作，数据块备份到不同机架的不同服务器上。

（3）主控服务器复制。主控服务器是整个 GFS 的核心，为了保证其运作，其状态、操作记录和检查点都在多台计算机上进行了备份。一个操作要在主控服务器和其所有备份上都执行完成才算是成功。主控服务器出现故障时，新的主控服务器进程会在别处启动。另外还有影子主控服务器（Shadow Master）提供只读访问，增加读操作的可靠性、高可用性。

2. 数据完整性

每个块服务器都使用检验和（Check Sum）来检测数据损坏。每个块被分成 64KB 的小块，每个小块有 32 位的检验和，检验和同日志文件存放在一起。

在读数据时，块服务器检查要读取的块的校验和，如果不对的话就返回错误信息给请求者。请求者就向其他块服务器申请读数据。

对于添加操作，只要更新末尾小块的检验和以及新写入数据的检验和即可。而对于一般的写操作，需要验证要写的第一个和最后一个小块的检验和。

3. 诊断工具

广泛和详细的诊断记录，在隔离、调试和性能分析的问题上有不可估量的帮助，同时只产生很低的成本。如果没有记录日志，不可重复、短暂出现的计算机之间的交互式很难被理解。GFS 服务器生成的诊断日志记录许多重要事件和所有远程过程调用（RPC）请求和答复。这些诊断记录可以自由删除而不会影响系统的正确性。但是，应尽量在存储空间允许的范围内保存这些日志。

　　除了正在被读取或写入的文件数据,RPC 日志包括确切的请求和响应。通过将请求与回复进行匹配,整理在不同计算机上的 RPC 记录,可以重建整个交互历史来诊断问题。同时,日志也可作为可查痕迹,用于负载测试和性能分析。

　　记录日志对系统的性能影响很小,因为这些记录被顺序和异步写入。最近的事件也存放在内存中,可用于连续在线监测。

5.2　Bigtable 技术

　　Bigtable 是一种用于管理大规模结构化数据的分布式存储系统,理论上讲,其数据可以扩展到千万亿字节(Petabyte,PB)数量级,分布存储在上千台商用机中。Google 公司的很多应用程序,包括网页索引、Google 地球和 Google 金融,都使用 Bigtable 进行数据存储。这些应用程序在 Bigtable 存储的数据类型(从 URL 到网页到卫星图像)不同,反应速度也不同(从后端的大批处理到实时数据服务)。尽管如此,Bigtable 为这些应用提供了灵活高效的服务。

　　Google 公司作为云计算技术的主要贡献者之一,它提出的 Bigtable 技术在云计算研究过程中也占有举足轻重的作用。本节将系统全面地介绍 Bigtable 技术,包括它的数据模型,所依赖的框架,实现的关键性能优化方案,以及 Bigtable 编程使用的 API 接口,它的应用实例等。本节的主要内容参考了 Google 公司发表的 Bigtable 论文[41]。

5.2.1　Bigtable 简介

　　过去两年半时间里,Google 公司设计、实现部署了 Bigtable 分布式存储系统用于管理结构化数据。Bigtable 的数据已扩展至吉字节级别,并且可以部署在上千台计算机上。Bigtable 已经达到的几个目标有应用广泛、扩展性强、高性能和高可用性。60 种 Google 公司的产品和应用程序,包括 Google 分析、Google 金融、Orkut,个性化搜索、Writely 和 Google Earth 都采用了 Bigtable 系统。不同的应用对 Bigtable 的需求也不相同,有的应用采用批处理提高吞吐量,有的应用要求对用户的请求保持低延时。不同应用的集群配置也各不相同,少则几台计算机,多则上千台计算机,存放的数据量也各不相同,最多达到几百太字节。

　　Bigtable 在很多方面与常用数据库相似:它运用了很多数据库的实现策略,例如 Bigtable 具有并行数据库[54]和主存数据库[53]的可扩展性和高性能。Bigtable 不完全支持关系数据模型,而只是为用户提供了简单的数据模型,动态控制数据部署和数据格式,同时允许用户推断底层存储数据的局部属性。用户通过行名和列名检索数据,行名和列名可以是任意字符串。Bigtable 数据本身是未经解释的字符串,但是用户可以定义结构化或者半结构化的数据。Bigtable 的模式参数可以让用户选择数据是来自内存还是来自硬盘。

5.2.2 Bigtable 数据模型

Bigtable 是一个稀疏的、分布式、常驻外存的多维排序映射表。这个映射表依靠行关键字、列关键字和时间戳检索数据（如式(5-1)所示），表中的值都是未经解释的字符数组。

$$(row:string, column:string, time:int64) \longrightarrow string \tag{5-1}$$

其中，行关键字 row 是 string 型，列关键字 column 是 string 型，时间戳 time 是 int64 型。

许多应用都采用了类似 Bigtable 系统的数据模型。举一个具体例子，比如想要存储大量网页及相关信息，以用于很多不同的项目；姑且叫它 Webtable，Webtable 就是 Bigtable 数据模型最好的应用。在 Webtable 中，网站的地址作为行关键字，页面的不同属性作为列名，页面内容存放在 contents:列中，并指定了一个时间戳，这个时间戳在检索网页数据时会被用到，如图 5-3 所示。图 5-3 这是从 Webtable 截取的某行数据，行关键字是一个倒排的网页地址，contents:列里存储页面内容，anchor:列里存储了引用该页的链接文本。CNN 的主页被 SI 和 MY-look 的主页引用，所以这一行就包括了名为 anchor:cnnsi.com 和 anchor:my.look.ca 的列。每个链接只有一个版本而 contents:列却有 t3、t5、t6 这 3 个时间戳上的版本。

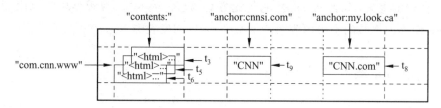

图 5-3　Bigtable 数据模型示例

1. 行

表中的行（Rows）关键字是任意字符串（目前最大可到 64KB，常用大小为 10～100B）。每次对单行数据的读或写操作都是原子级的（即使是在单行内对多个列进行读写操作）。当很多用户更新同一行内容时，系统才执行并发机制。

Bigtable 按行关键字的字母顺序排列数据。表中的行区间是动态划分的。每个行区间称为表块（Tablet）。表块是进行分布式处理和负载均衡的最小单位。这样的设计保证用户能够高效读取短的连续行，并且只需要跟少数几台计算机进行通信。用户可以利用表块这一特性选择自己的行关键字，以得到数据访问时良好的局部性。例如在 Webtable 中，通过将网页地址倒排可以保证同一域名下的行数据是连续排列的。例如将 maps.google.com/index.html 的数据倒排成 com.google.maps/index.html。将相同域名下的网页放在一起能使基于主机和域名的分析更加有效。

2. 列族

列族是由列关键字组成的集合,构成了访问控制的基本单位。通常存放在列族中的数据类型都是相同的(同一列族下的数据被压缩到一起)。创建列族后,数据才能被存放在列族的某一列关键字下。创建列族后,用户才能使用所有的列关键字。一个表中不同列族的数目应该尽量少(最多几百个),而且列族极少变动。与之相反,一个表可以有任意数目的列。

列关键字采用以下语法命名:

族名:限定词

族名必须是易懂的字符串,而限定词可以是任意字符串。举例来说,Webtable 中的一个列族可以是 language,存放撰写网页的语言。这个列族中只用一个关键字,用来存放网页语言的标识。另一个列族是 anchor,每一个列关键字代表单个锚点。限定词是引用站点的名字,表项的内容是链接文本。

访问控制、内存统计和外存统计都在列族级别上进行。在 Webtable 的例子中,这些控制可以管理不同类型的应用:有的应用添加新的基本数据,有的读取基本数据并创建引申的列族,有的则只能浏览数据(甚至可能因为隐私权原因不能浏览所有数据)。

3. 时间戳

Bigtable 中每个表项都可以含有相同数据的不同版本,这些版本通过时间戳来索引。Bigtable 的时间戳是 64 位的整数。时间戳可由 Bigtable 分配,实时精确到毫秒级;或者可由用户应用程序来显式指定时间戳。为了避免冲突,应用程序要保证自己创建唯一的时间戳。表项的不同版本按时间戳降序存储,这样可以最先读取到最新的版本。

为了简化对于不同数据版本的数据管理,每个列族支持两种设置,一种是 Bigtable 自动回收过期表项版本。用户可指定保留最新的 n 个版本,或者保留足够新的版本(例如仅保留最近 7 天的表项)。

在页面表的例子中,爬取的网页存储在 contents:列中,爬取的时间戳是人为指定的。而上面的垃圾回收机制保留每个网页的最新的 3 个版本。

5.2.3　API

Bigtable 的 API 提供创建和删除表以及列族的函数,还提供了修改集群、表以及列族元数据(例如访问控制权限)的函数。用户应用程序可以在 Bigtable 中写或者删除值,从单行中查找值,或者遍历表中数据的一个子集。图 5-4 是一段用 C++ 写成的代码,用 RowMutation 对象来完成更新。调用 Apply 完成一个对 Webtable 的原子修改:添加一个锚点到 www.cnn.com,删除另一个锚点。

图 5-5 也是一段 C++ 代码,用 scanner 对象来遍历一个特定行中的所有锚点。用户可以遍历多个列族,同时有几个方法来设定扫描中产生的行、列和时间戳的数目。例如,

```
//Open the table
Table *T = OpenOrDie("/bigtable/web/webtable");
//Write a new anchor and delete an old anchor
RowMutation r1(T, "com.cnn.www");
r1.Set("anchor:www.c-span.org", "CNN");
r1.Delete("anchor:www.abc.com");
Operation op;
Apply(&op,&r1);
```

图 5-4　向 Bigtable 中写数据

可以设定扫描只产生符合正则表达式 anchor：＊.cnn.com 的列，或是只产生最近 10 天内时间戳的锚点。

```
Scanner scanner(T);
ScanStream *stream;
stream = scanner.FetchColumnFamily("anchor");
stream->SetReturnAllVersions();
scanner.Lookup("com.cnn.www");
for(;!stream->Done();stream->Next()){
    printf("%s%s%11d%s\n",
        scanner.RowName(),
        stream->ColumnName(),
        stream->MicroTimestamp(),
        stream->Value());
}
```

图 5-5　从 Bigtable 中读数据

Bigtable 还支持一些更复杂的数据管理功能。首先，Bigtable 支持单行事务处理，可对存储在单个行关键字下的数据进行原子性的"读—修改—写"操作。Bigtable 现在不支持跨行关键字的通用事务处理，但它提供了一个可用来批处理跨行关键字操作的接口。最后，Bigtable 支持在服务器地址空间执行用户端脚本程序。脚本程序用 Google 公司开发的用于处理数据的 Sawzall 语言[138] 写成。现阶段基于 Sawzall 的 API 还不允许向 Bigtable 中写数据，但它允许多种形式的数据变换，如基于表达式的过滤。

Bigtable 可以和 MapReduce[52] 一起使用。MapReduce 是一个 Google 公司开发的用来运行大规模并行计算的框架。通过一系列的封装程序，Bigtable 数据可以作为 MapReduce 作业的输入和输出。

5.2.4　Bigtable 所依赖的框架

Bigtable 建筑在 Google 公司的几个内部框架单元之上。Bigtable 用分布式的 Google 文件系统（GFS）来存放日志和数据文件。一个 Bigtable 集群通常在一个共享机器池中工作，池中还运行着其他分布式的应用。Bigtable 进程通常跟其他应用的进程在同一台机器上运行。Bigtable 依赖于集群管理系统来安排作业，管理共享机器的资源，处理失效机器以及监控机器状态。

Bigtable 数据的内部存储格式是 Google 公司的 SSTABLE 文件格式。SSTABLE 提供一个从关键字到值的映射,关键字和值都可以是任意字符串,映射是排序的,存储的(不会因为掉电而丢失),不可改写的,可以进行以下操作:查找关键字对应的值,以及遍历特定关键字范围的所有关键字/值的对。每个 SSTABLE 在内部包含序列数据块(通常是64KB,但大小可配置)。数据块索引(在 SSTABLE 末端存储)用来定位数据块,当SSTABLE 打开时索引读入内存。查询操作可以在一次磁盘查找中完成:首先对在内存中的索引进行二分查找,定位到相应的数据块,再从磁盘读入相应的数据块。甚至可以将SSTABLE 完全读入内存,这样就可以不用通过磁盘进行查找和扫描。

Bigtable 采用了高度可靠的永久存储的分布式 Chubby[33](锁管理器)服务。Chubby服务由 5 个活跃的备份构成,其中一个作为主备份处理请求。当大多数的备份正在运行且互相通信时,则称这个 Chubby 服务是活的。当机器失效时,Chubby 用 Paxos 算法保证备份的一致性。Chubby 提供了由目录和小文件组成的命名空间。每个目录和文件都可以当作一个锁来用,读写文件是原子性的。Chubby 的用户库提供了对 Chubby 文件的一致缓存。每个 Chubby 用户维护一个和 Chubby 服务的会话,当契约过期而会话的契约无法被更新时,用户的会话就过期;当用户会话过期时,其拥有的锁和打开的句柄均失效。Chubby 用户可以在 Chubby 文件和目录上登记回调函数来获得改变或是会话到期的通知。

Bigtable 用 Chubby 进行一系列的任务:保证最多一个活跃的主备份;存储 Bigtable数据的启动位置;发现表块服务器和处理消亡的表块服务器;存储 Bigtable 模式信息(每个表的列族信息);以及存放访问控制列表。如果 Chubby 长时间不可用,那么 Bigtable也不可用了。开发者在使用了 11 个 Chubby 实例的 14 个 Bigtable 集群上测量了效果,因为 Chubby 不可用(自身或者网络原因)而导致 Bigtable 上某些数据不可用的时间的平均百分比是 0.0047%,单个集群受影响最大的百分比是 0.0326%。

5.2.5　Bigtable 实现的关键

Bigtable 的实现有 3 个主要部分:一个连接到每个用户的库,一个主服务器,以及许多表块服务器。在集群中可任意添加或移除表块服务器以适应工作量的变化。

主服务器负责将表块分配给表块服务器,检测表块服务器的添加和有效期,保证表块服务器负载均衡,以及回收 GFS 中的垃圾文件。另外,它还处理模式的变化,例如创建表和创建表的列族等。

每个表块服务器管理一个表块集合(通常每个表块服务器有 10~1000 个表块)。表块服务器处理所装载表块的读写请求,当表块过大时分割表块。跟许多单个服务器的分布式系统类似,用户数据不经过主服务器,而是直接与表块服务器通信进行读写。因为Bigtable 用户并不从主服务器中获得表块位置信息,所以大部分用户从来不与主服务器交互,因此实际上主服务器的负载很小。Bigtable 集群存放多个表,每个表又由多个表块组成,每个表块包含一个连续行所关联的所有数据。刚开始时,每个表只包含一个表块;而随着表的增大,它逐渐分割成为多个表块,每个大约 100~200MB 大小。

1. 表块定位

Bigtable 用类似 B+ 树[43]的三层结构存放表块位置信息，如图 5-6 所示。

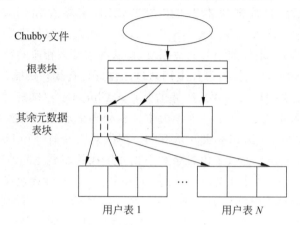

图 5-6　表块位置层次结构

根表块信息作为起始层存放在 Chubby 中，它包含元数据表所有表块的位置信息。每一个元数据表块包含一系列用户表块的位置。根表块是元数据表的第一个表块，但它从不被分割，从而保证至多 3 层的层次结构。

元数据表根据一个表块的表标识符和末行的编码构成的行关键字来存放一个表块的位置信息。元数据表的一行数据大约占用 1KB 的内存空间。虽然元数据表块的大小限制在 128MB，但是三层结构方式足以编址 234 个表块。

用户库用来缓存表块位置信息。一旦用户遗忘表块位置，或者某些原因导致缓存的位置信息错误，那么用户库会采用递归的方式查询上层数据。如果用户缓存是空的，则定位算法需要 3 次网络应答，包括一次从 Chubby 的读入。如果用户缓存的信息过期（通常原因是表块位置改变，不过事实上表块很少被移动），则定位算法需要 6 次网络应答。因为表块位置放在主存中，所以访问时绕过了 GFS，降低了开销，而且在读元数据表时一次读入多个表块的方式可以进一步降低开销。

元数据表还可以存放辅助信息，例如对每个表块所有操作的日志（例如何时服务器开始对它进行工作）。这些信息有助于进行调试和性能分析。

2. 表块分配

每个表块在每一时刻都会被分配到一个表块服务器。主服务器跟踪活的表块服务器，以及现在表块的分配情况，包括未分配的表块。当一个表块未被分配而某个表块服务器又有足够空间时，主服务器发送一个表块装载请求给表块服务器，分配表块给该服务器。

Bigtable 用 Chubby 来跟踪表块服务器。一个表块服务器启动时，它在特定的 Chubby 目录下创建一个不重名的文件，并获得该文件上的专用锁。主服务器监控这一目录（称为服务器目录）来发现表块服务器。当表块服务器丢失了专用锁（例如因为网络的划分造成 Chubby 会话的丢失）时，表块服务器停止对表块的服务（Chubby 提供有效的方法让表块服务器检查是否仍然持有锁,而不对网络产生影响)。只要表块服务器在 Chubby 的文件仍然存在,它就会尝试重新获得专用锁。若文件已经不存在,则表块服务器不能再进行服务,它便自我删除。当一个表块服务器终止(例如因为集群管理系统移除了这个表块服务器)时,它便尝试释放锁,这样主服务器可以很快重新分配表块。

主服务器检查表块服务器何时停止工作,并负责重新分配表块。为了检查表块服务器何时停止工作,主服务器定期询问表块服务器的锁状态。如果表块服务器报告锁丢失或者无法应答,则主服务器尝试将锁收回。如果主服务器成功收回锁,那么 Chubby 就是激活的,而表块服务器死掉或是无法与 Chubby 通信,所以主服务器要删除表块服务器的服务文件令其无法继续服务。当一个表块服务器的文件被删除时,主服务器将原先分配给表块服务器的表块回收并归类到未分配表块。为保证 Bigtable 集群不受主服务器和 Chubby 之间网络因素的影响,主服务器在它和 Chubby 会话过期时自动重启。所以,主服务器的停机不会造成对表块分配产生改变。

当主服务器被集群管理系统启动时,它需要发现现有的表块分配,然后才能进行更改。启动后主服务器需执行以下操作。

(1) 主服务器在 Chubby 中获得一个唯一的主服务器锁,以防并发的主服务器实例化。

(2) 主服务器扫描服务器目录查找活的服务器。

(3) 主服务器和每个活的表块服务器进行通信,了解每个服务器都分配了哪些表块。

(4) 主服务器扫描元数据表来了解表块集合。扫描中如果发现还没分配的表块,便归入未分配表块集合中,使其可被分配。

一个比较复杂的情况是当元数据表块未被分配时,元数据表不能被扫描。因此,在上面第(4)步的扫描之前,如果根表块在第(3)步未被发现,主服务器要将根表块加入未分配表集合中。这可以保证根表块被分配。因为根表块包含所有元数据表块的名字,主服务器扫描根表块后便可知道它们。

现有表块的集合只会在如下情况改变:一个表被创建或是删除;两个表块合成一个或是一个表块被分割成两个。主服务器能够跟踪这些改变,因为它们是由主服务器初始化的。表块分割被特殊处理,因为它是由表块服务器初始化的。表块服务器通过在元数据表中记录新表块的信息提交分割操作,当分割操作提交后,它通知主服务器。为防止分割信息丢失(表块服务器或主服务器死亡),主服务器在表块服务器装载新表块时检查新表块。

3. 表块服务

如图 5-7 所示,表块永久存放在 GFS 之中。更新被记录到提交日志中,提交日志存储了所有的 Redo 操作。在这些更新中,最近提交的更新被存放在主存表的有序缓冲区中,主存表驻留在内存中。旧的更新存放在 SSTABLE 中。修复表块时,表块服务器从元数据表中读取表块的元数据。元数据包含组成表块的 SSTABLE 的列表,以及一系列的重做点。重做点是指向所有可能包含该表块数据的提交日志的指针。服务器将 SSTABLE 的索引读入内存,并通过实行从重做点开始的所有更新操作重新构建内存表。

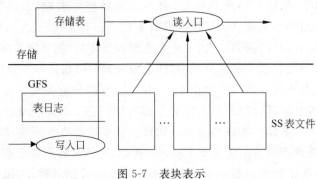

图 5-7　表块表示

表块服务器接收到写操作时，首先检查写操作的规范性和请求者的权限。Chubby 文件中有一份允许进行写操作的用户名单，只有名单中的用户才能被授权进行写操作（缓存中驻留的 Chubby 用户名单都是最近最常进行写操作的用户）。有效的修改会被写入提交日志。写操作通常被打包提交从而提高设备的吞吐率。随着写操作被提交，写操作的内容被插入到内存表中。

表块服务器接收到读操作时，同样首先检查读操作的规范性和请求者的权限。有效的读操作是在一系列 SSTABLE 和内存表的合并视图上执行。因为 SSTABLE 和内存表的数据都是按字母排序的，合并视图可以很快地构建出来。

当表块被分割和合并时，读操作和写操作可以继续执行。

4. 压缩

随着写操作的执行，内存表逐渐增大。当大小达到阈值时，内存表被冻结，新内存表被创建；被冻结的内存表被转换成 SSTABLE 写到 GFS 中。这个过程被称为小规模压缩，它的目标有两个：一是减小表块服务器的内存使用，二是如果服务器停机，压缩机制可以减少服务器恢复时从提交日志中读取的数据量。

压缩进行时新进入的读操作和写操作仍可正常进行。

每次小规模压缩都创建新的 SSTABLE。如果没有限制，则读操作可能需要合并大量 SSTABLE。所以，合并压缩被用来限制 SSTABLE 的数目。每次合并压缩读入几个 SSTABLE 和内存表的内容，并生成一个新的 SSTABLE。当压紧完成时，旧的 SSTABLE 和内存表便可丢弃。

将所有 SSTABLE 重写成一个 SSTABLE 的合并压缩称为主压缩。由非主压缩产生的 SSTABLE 可包含特殊的删除入口，而隐藏了旧的仍然存活的 SSTABLE 中的已删除数据。反之，在主压缩中，SSTABLE 不包含任何删除信息和已删除数据。Bigtable 循环遍历它的所有表块并定期执行主压缩。主压缩可使 Bigtable 回收已删除数据占据的资源，并保证已删除数据及时消失。这对于存放敏感数据的服务来说很重要。

5.2.6　Bigtable 性能优化方案

前面所描述设计的实现需要进行一系列的优化才能达到用户所需的高性能、可靠性和稳定性。为了强调这些优化,本节将具体描述一部分实现细节。

1. 本地组

用户可将多个列族放在一起组成本地组。为每一个表块中的每个本地组生成一个单独的 SSTABLE。将不经常同时访问的列族放到不同的本地组中可提高读的效率。例如,Webtable 中的网页元数据(如语言或检验和)可放到一个本地组,而网页内容可以放到另一个组,这样一个需要读取元数据的应用就不用访问所有的网页内容。

另外,在每个本地组中可以设定优化参数。例如可声明让一个本地组放在内存,放在内存的本地组的 SSTABLE 被装入表块服务器的内存。一旦装载完成,属于那个本地组的列族就可不经磁盘直接访问。这个设计对需要经常访问的小块数据很有用:在内部用它存放元数据表里的位置列族。

2. 压缩

用户可以控制是否对本地组的 SSTABLE 进行压缩,以及采用何种格式压缩。用户指定的压缩格式可应用在每个 SSTABLE 块中(大小可通过本地组参数设定)。虽然分别压缩每个数据块会损失某些空间,但它的好处是读取 SSTABLE 时不用解压整个文件。许多用户采用两趟的自定义压缩策略。第一趟采用 Bentley 和 McIloy 的方法[27],对超过大窗口的长且经常出现的串进行压缩。第二趟采用快速压缩算法寻找 16KB 小窗口数据中的重复数据。两趟压缩和解压都很快,压缩速度的范围是 100~200MBps,解压速度的范围 400~1000MBps。

虽然在选择压缩策略时强调的是速度而不是空间,但两趟压缩策略做得出奇的好。例如,在 Webtable 之中,用这种压缩策略存储网页内容。在实验中,大量文档放在一个压缩的本地组中,且每个文档只存储一个版本而不是所有版本。实验结果表明这个策略在空间上达到了 10∶1 的压缩效果,这远优于传统 Gzip 压缩在 HTML 网页上获得的 3∶1 或 4∶1,这是因为在 Webtable 中,相同主域名的所有网页都存放在一起,因而使 Bentley-McIloy 算法在同主域名的网页中辨认出大量的重复串。不仅是 Webtable,其他许多应用也选择适当的列名将相近的数据聚集在一起,以获得很高的压缩率。当 Bigtable 中多版本数据相同时,压缩率会更高。

3. 利用缓存提高读性能

为了提高读性能,表块服务器采用两级缓存。扫描缓存级别较高,缓存 SSTABLE 接口中返回到子服务器代码的关键字-值对。块缓存级别较低,缓存从 GFS 读出的 SSTABLE 数据块。扫描缓存对经常重复读相同数据的应用最有用,而块缓存对经常读附近的数据应用比较有用(例如顺序读,或者在一个经常被读的行中读同一个本地组里不同列族)。

4. 布隆过滤器

正如在前面提到的,读操作要在所有构成表块状态的 SSTABLE 中进行。如果这些

SSTABLE 不在内存中，则需要经常访问磁盘。用户声明可以对位于某个本地组的 SSTABLE 创建布隆过滤器[30]，然后询问布隆过滤器一个 SSTABLE 是否可能包含特定的行/列对中的任何数据。对特定的应用来说，将小量表块服务器的内存用于存放布隆过滤器可以明显减少读操作所需的磁盘访问次数。对布隆过滤器的使用同样表明大部分对于不存在的行或列的查找不需要访问磁盘。

5. 提交日志实现

如果对每个表块提供单独的提交日志文件，那么大量的文件会在 GFS 中被并发地写。由于每个 GFS 服务器的底层文件系统实现的差别，这些写操作会导致大量访问磁盘来写不同的物理日志文件。另外，因为组比较小，为每个表块提供单独的日志文件会影响组提交的效率。为解决这些问题，为每个表块服务器添加修改单个提交日志的操作和在同一个物理日志文件中修改不同表块的操作。

采用单个日志在实际中有很好的性能表现，但恢复操作变得复杂。当表块服务器死亡时，它所服务的表块会被移动到其他的表块服务器中。每个服务器通常都只装载少量的表块。为恢复表块的状态，新的表块服务器需要根据原表块服务器上的提交日志文件对表块重新修改。然而，对这些表块的修改混杂在相同的物理日志文件中。一个方法是对每个新的表块服务器，读取完整提交日志文件，但只操作需要恢复的部分。然而，在这种策略下，如果有 100 台计算机，每台被分配到一台失效的表块服务器的一个表块，那么日志文件将被读 100 次。

另一个方法是提交日志项时按关键字进行排序来避免这种重复读。在排序的输出中，对特定表块的所有修改是连续的，因而一次磁盘访问便可进行顺序读，从而提高读的效率。为并行处理排序，日志文件被分成 64MB 的小块，在不同的表块服务器上并行地对每一个小块进行排序。排序过程由主服务器协调，并在某个表块服务器表明其需要进行某个提交日志文件的修改恢复时启动。

往 GFS 中写操作日志有时会因各种原因导致性能不佳（例如 GFS 服务器的机器崩溃，或是 GFS 服务器之间的网络路径堵塞或超负荷）。为使修改免受 GFS 延时的影响，每个表块服务器实际上有两个写进程，每个都写自己的日志文件，而两个线程在某一时刻只有一个是活跃的。如果活跃线程的写操作效率低下，则切换到另一个线程，所有提交到提交日志队列的修改都交由新的活跃线程处理。日志项目包含序列号，可使恢复过程避免在线程交换的过程中重复恢复项目。

6. 加快表块恢复

如果主服务器将表块从一个表块服务器搬到另一个表块服务器，源表块服务器要对表块做一个小规模压缩操作。这个压缩操作减少了表块服务器提交日志中未压缩日志的数量，因而缩短了恢复的时间。当压缩操作完成后，源表块服务器不再服务该表块。但在真正卸载表块之前，它还要做另一个（通常很快的）小规模压缩来消除所有在第一次小规模压缩进行的过程中未到达的被压缩的状态。当第二次小规模压缩完成之后，表块就可在另一台表块服务器上被装载而不用考虑日志项目的恢复。

7. 利用不变性

除了 SSTABLE 缓存外，Bigtable 系统的其他很多部分都因为生成的 SSTABLE 的不变性而被简化。例如不用对从 SSTABLE 中读数据的文件系统访问进行同步。这样一来，对行的并发控制就可有效的实现。读写操作过程中唯一要访问到的可变数据结构是内存表。为减少读内存表时的竞争，每个内存表行在写时复制，以达到允许读和写操作并行执行。

因为 SSTABLE 是不变的，永久移除已删除数据的问题便转换成收集废旧 SSTABLE 的问题。每个表块的 SSTABLE 在元数据表之中注册。主服务器按照在一系列 SSTABLE 中标记并清扫的方法移除废旧 SSTABLE，这些 SSTABLE 的根包含在元数据之中。

最后，SSTABLE 的不变性可以保证很快地分割表块。孩子表块共享父亲表块的 SSTABLE，而不是为每个孩子表块单独生成一系列 SSTABLE。

5.2.7　Bigtable 应用实例

在 2006 年 8 月，有 388 个 Bigtable 集群运行在众多 Google 机器集群上，总计有约 24500 个表块服务器。表 5-1 描述了每个集群中表块服务器分布的大致情况。很多集群以开发为目的，因此长期闲置。一组有共 8069 个表块服务器构成的 14 个忙的集群，它们每秒共收到 120 万个请求，进组的 RPC（远程过程调用）流量约 741MBps，而出组的 RPC 流量约 16GBps。

表 5-1　Bigtable 集群中表块服务器数目分布

子表服务器的数量	集群的数量	子表服务器的数量	集群的数量
0～19	259	100～499	50
20～49	47	≥500	12
50～99	20		

表 5-2 提供了一些正在使用的表的数据。一些表存储用户数据，另一些存放批处理数据。表的总大小、平均表项大小、内存中数据服务的比例以及表模式的复杂程度都相差甚远。本节余下的部分将通过简要描述 3 组产品来让读者了解如何使用 Bigtable。

1. Google Analytics

Google Analytics(analytics.google.com)是一个帮助网管分析网站流量的服务。它提供聚集统计数据，例如每天有多少不同的访客，或是每个 URL 的访问量。它还提供站点跟踪报告，例如如果一个用户访问了某个特定网页后决定购买的比例有多少。

表 5-2　用于产品的几个表的属性

项 目 名 称	表大小/TB	压缩率（%）	单元格数量/10亿	列族数量	本地群组数量	内存占用率（%）	延迟敏感
Crawl	800	11	1000	16	8	0	No
	50	33	200	2	2	0	No
Google Analytics	20	29	10	1	1	0	Yes
	200	14	80	1	1	0	Yes
Google Base	2	31	10	29	3	15	Yes
Google Earth	0.5	64	8	7	2	33	Yes
	70	—	9	8	3	0	No
Orkut	9	—	0.9	8	5	1	Yes
Personalized Search	4	47	6	93	11	5	Yes

为使用这个服务，网管在网页中植入一个小的 JavaScript 程序。当网页被访问时程序被执行。它记录下与 Google Analytics 中请求有关的各种信息，比如用户标识和正在获取的网页信息。Google Analytics 总结这些信息并交给网管使用。

简单描述下 Google Analytics 用到的两个表。原始点击表（约 200TB）对每个终端用户会话维护一个行。行名是包含网站名和会话创建时间的元组。这个模式保证访问同一个网站的会话被连续存储并按时间排序。这个表可被压缩到原始大小的 14%。

总结表（约 20TB）包含各个站点预先定义的各种统计。这个表通过对原始点击表的周期性的执行 MapReduce 作业生成。每个 MapReduce 作业抽取原始点击表中最近的数据。系统的吞吐量受到 GFS 吞吐量的限制。这个表可被压缩到原始大小的 29%。

2. Google Earth

Google Earth 运行一系列的服务为用户提供高分辨率的世界表面的卫星图像，有网页形式的 Google Earth 接口（maps. google. com）和用户端软件形式的 Google Earth（earth. google. com）。这些产品允许用户探索地球表面。这个系统用一个表进行数据预处理，其他一系列不同的表进行用户数据服务。

预处理流水线用一个表存储原始图像。在预处理的过程中，图像被清除并整合到最终服务数据之中。此表包含约 70TB 的数据，因此是从磁盘获得。图像已经经过压缩，所以 Bigtable 压缩被禁用。

图像表中的每一行对应着单个地理块。通过行命名使邻近的地理块存储在一起。表中的一个列族用来跟踪每个地理块的数据源。这个列族有大量的列：每个原始数据图像都有一列。因为每个地理块只由少数几幅图像组成，所以列族很稀疏。

预处理流水线依赖于在 Bigtable 上的 MapReduce 作业来转换数据。在某些 MapReduce 作业中，整个系统中的每个表块服务器每秒要处理 1MB 的数据。

这个服务系统用一个表来索引存放在 GFS 中的数据。这个表比较小（大约 500GB），但它在每个数据中心上每秒要服务上万个查询,同时要保证低的延迟。因此,这个表位于几百个表块服务器上,并包含驻内存的列族。

3. 个性化搜索

个性化搜索(www.google.com/psearch)是一个记录用户在 Google 公司的一系列服务上查询和点击情况的服务。用户可以回顾查询历史,也可以根据自己使用 Google 公司产品的习惯订制个性化搜索。

个性化搜索将每个用户的数据存放到 Bigtable 中。每个用户有一个独立的用户号,系统会根据用户号命名一个行。所有用户动作都存放在一个表中。每种动作用不同列族存放(例如一个列族存放所有网页查询)。每个数据元素用动作发生的时间作为 Bigtable 中的时间戳。个性化搜索用 Bigtable 上的 MapReduce 作业生成用户档案。用户档案用来对搜索结果进行个性化。

个性化搜索数据会在几个 Bigtable 集群上备份,这样可以增加可用性和降低因为距离产生的延迟。个性化搜索小组原来基于 Bigtable 的用户端备份来保证所有备份的一致性,而现在采用向服务器中植入备份子系统。

个性化搜索的存储设计使其他组可以在自己的列中添加新的用户信息,因此这个系统被 Google 公司的很多服务用来存放用户的配置选项和设定。多个组共用一个表会使列族数目变得巨大。为了支持共享,在 Bigtable 中添加简单的配额机制来限制特定用户在共享表中的存储开销。这个机制某种程度上隔离了各个产品组对这个系统的使用。

5.2.8　经验总结

在设计、实现、维护和支持 Bigtable 的过程中,Google 公司的开发人员有如下值得广大云计算平台开发人员汲取的经验教训。

一个教训是大的分布式系统容易发生多种形式的崩溃,不仅仅是标准网络划分或者在许多分布式协议中提到的失败—停机崩溃。例如,因下列原因就会导致:内存和网络老化,时间非同步,机器崩溃,网络划分延长或不对称,其他系统(如 Chubby)中的错误,GFS 数据溢出,以及计划内或计划外的硬件维护等。碰到这些问题时,可以通过改变各种协议来解决它们,例如,在 RPC 机制中添加检验和;或者移除部分假设来解决某些问题,例如,不再假设一个给定的 Chubby 操作只会返回一系列固定错误中的一个。

另一个重要教训是不要急于实现新功能,除非对这个新功能的使用方法非常明确。例如,原计划在 Bigtable 的 API 中支持通用执行。因为设计时没有应用需求而没有实现。直到在 Bigtable 上运行了众多实际应用并了解它们的实际需要后,才发现大部分应用只需要单行的处理。人们请求分布式执行的时候,Bigtable 最主要的任务是维护辅助索引,因此只需要增加特殊的机制来满足这一需求。新机制不如分布式执行来得通用,但会更有效(尤其当更新覆盖几百或更多行的时候),也更有利于用户与优化的跨数据中心的备份进行交互。

在支持 Bigtable 时遇到的教训是适当的系统级别监视非常重要(也就是同时监视

Bigtable 自己和使用 Bigtable 的用户进程）。例如，通过扩展 RPC 系统，系统保留了为某个 RPC 样本所完成的重要操作的跟踪。这个特性可以帮助检测和解决很多问题，例如表块数据结构上的锁竞争，提交 Bigtable 修改到 GFS 的速度很慢，还有元数据表块不可用时访问元数据表被阻塞。另一个有用监视的例子是每个 Bigtable 集群都在 Chubby 中登记。这样可以帮助跟踪所有集群，了解它们的大小，所使用软件的版本号，接收的流量大小，以及是否有过大的延迟这一类问题。

而最重要的教训是简单设计的价值。考虑到系统的庞大规模（大约 10 万行的未测试代码）以及系统代码随着时间的增长，清晰的代码和设计对代码维护和代码调试有很大的帮助。一个例子是表块服务器成员协议。第一个协议很简单：主服务器周期性地发送周期到表块服务器，表块服务器过期时结束进程。不幸的是，当网络存在问题时，这个协议大大降低了系统的可用性，而且协议对主服务器的恢复时间过于敏感。在几经修改之后得到的协议工作得很好但是过于复杂，并且依赖 Chubby 部分功能，而 Chubby 的这些功能很少被使用到。为了适应这个协议，需要花费大量时间调试协议一些细微边角的部分，这要修改 Bigtable 和 Chubby 的代码。最终，这个协议被抛弃，而一个更新更简单的协议被采纳，这个新协议只依赖 Chubby 被广泛使用到的功能。

5.3 MapReduce 技术

5.3.1 前言

在过去的 5 年里，谷歌已经实现了数以百计的为专门目的而编写的计算来处理大量的原始数据，如被爬网的文档（在网址中输入参数，通过爬行器获取的网页文档），Web 请求日志等。还包括以此来计算各种类型的派生数据，例如倒排索引，Web 文档图结构的各种表示，每台主机上访问网络页面数量的总结，每天被请求数量最多的网页/数据集合，等等。很多这样的计算在概念上很容易理解，然而，由于输入的数据量很大，因此只有计算被分布到成百上千的计算机上才能在可以接受的时间内完成。怎样并行计算、分发数据、处理错误，所有这些问题综合在一起，使得原本很简单的计算，因为需要大量的复杂代码来处理这些问题，而变得棘手。

作为对这种复杂性的回应，MapReduce 是一种新的抽象模型，基于 MapReduce，用户只需编写将要执行的简单计算，而无须关注并行化、容错、数据分布，负载均衡等繁杂细节。这种抽象模型的灵感来自 LISP 和许多其他函数式编程语言的映射和化简操作。实际上，许多计算都包含这样的操作：在输入数据的逻辑记录上应用 Map 操作，计算出一个中间<key,value>对集，在所有具有相同 key 的 value 上应用 Reduce 操作，进行适当地合并。功能模型的使用，再结合用户指定的 Map 和 Reduce 操作，可以非常容易的实现大规模并行化计算。

MapReduce 主要的贡献是通过简单而具有强大功能的接口来实现自动的并行化和大规模分布式计算，结合这个接口的实现来在大量普通的 PC 上实现高性能计算。

5.3.2　编程模型

Map/Reduce 模型利用一个输入<key,value>对集,生成一个新的输出<key,value>对集。Map/Reduce 用户将这个计算抽象为两个函数:Map 和 Reduce。

用户自定义的 Map 函数,接受一个输入对,然后产生一个中间<key,value>对集。Map/Reduce 框架把所有具有相同中间 key 的中间 value 聚合在一起,然后把它们传递给 Reduce 函数。

用户自定义的 Reduce 函数,接受一个中间 key 和相关的一个 value 集。它通过适当地合并这些 value,形成一个较小的 value 集。一般的,每次 Reduce 调用只产生 0 或 1 个输出 value。通过一个迭代器把中间 value 提供给用户自定义的 Reduce 函数。value 列表的大小可以根据内存来控制。

5.3.3　实例

考虑这样一个问题:计算在一个大的文档集合中每个单词出现的次数。此问题的伪代码如下:

```
Map(String key,String value):              //key:文档的名字,value:文档的内容
    for each word w in value:
        //扫描整个文档,当遇到单词 w 则产生中间对(w, "1")
        EmitIntermediate(w,"1");

Reduce(String key,Iterator values):        //key:一个单词,values:计数列表
    int result=0;                          //统计次数,初始为 0
    for each v in values:
        result+=ParseInt(v);               //扫描列表,进行统计
    Emit(AsString(resut));                 //输出次数统计结果
```

Map 函数产生每个词和这个词的出现次数(在这个简单的例子里就是 1,因此中间值对 key/value 可能会多次重复出现)。Reduce 函数则把产生的每一个特定的词的计数进行求和。

另外,用户用输入输出文件的名字和可选的调节参数来填充一个 Map/Reduce 规范对象,调用 Map 和 Reduce 函数,并把规范对象传递给它。用户的代码和 Map/Reduce 库链接在一起。

5.3.4　输入输出类型

虽然前面所述伪代码是按输入输出串形式,但是概念上用户写的 Map 和 Reduce 函数有相关的类型:

```
Map(k1,v1)->list(k2,v2)
Reduce(k2,list(v2))->list(v2)
```

输入的 key，value 和输出的 key，value 的域可以不同。然而，中间 key，value 和输出 key，values 的域相同。

5.3.5　更多实例

有一些有趣的简单程序，可以容易的用 Map/Reduce 模型来表示：

（1）分布式的 Grep(UNIX 工具程序，可做文件内的字符串查找)：如果输入行匹配给定的样式，Map 函数就输出这一行。Reduce 函数就是把中间数据复制到输出。

（2）计算 URL 访问频率：Map 函数处理 Web 页面请求的记录，输出＜URL，1＞。Reduce 函数把相同 URL 的 value 都加起来，产生一个＜URL，记录总数＞的结果对。

（3）倒转网络链接图：Map 函数为每个链接输出＜目标，源＞对，一个 URL 叫做目标，包含这个 URL 的页面叫做源。Reduce 函数根据给定的相关目标 URL 连接所有的源 URL 形成一个列表，产生＜目标，源列表＞对。

（4）每台主机的术语向量：一个术语向量用一个＜词，频率＞列表来概述出现在一个文档或一个文档集中的最重要的一些词。Map 函数为每一个输入文档产生一个＜主机名，术语向量＞对(主机名来自文档的 URL)。Reduce 函数接收给定主机的所有文档的术语向量。它把这些术语向量加在一起，丢弃低频的术语，然后产生一个最终的＜主机名，术语向量＞对。

（5）倒排索引：Map 函数分析每个文档，然后产生一个＜词，文档号＞对的序列。Reduce 函数接受一个给定词的所有对，排序相应的文档 ID，并且产生一个＜词，文档 ID 列表＞对。所有的输出对集形成一个简单的倒排索引。它可以简单地增加跟踪词位置的计算。

（6）分布式排序：Map 函数从每个记录中提取 key，并且产生一个＜key，record＞对。Reduce 函数不改变任何的对。这个计算依赖分割工具和排序属性。

5.3.6　MapReduce 执行

1. 执行概览

MapReduce 通过输入文件格式将输入数据分割成若干个数据块。MapReduce 中存在两种类型的作业：JobTracker 和 TaskTracker。其中，JobTracker 只有一个，TaskTracker 有多个。JobTracker 负责作业的调度，分配任务给 TaskTracker 处理。MapReduce 中的 Map 阶段和 Reduce 阶段均由不同的 TaskTracker 构成，由 JobTracker 负责调度。

在 Map 阶段，TaskTracker 读取输入的数据，按照指定的方式处理，最后将生成的数据写入到本地磁盘中。在 Reduce 阶段，TaskTracker 则读取 Map 阶段输出的数据作为输入,这里一般需要一个中间的预处理过程,TaskTracker 将 Map 结果进行排序处理,使对应的 Reduce 任务得到对应的数据。Reduce 最终将生成的结果写出到 HDFS 上。

图 5-8 显示了实现 Map/Reduce 操作的全部流程:

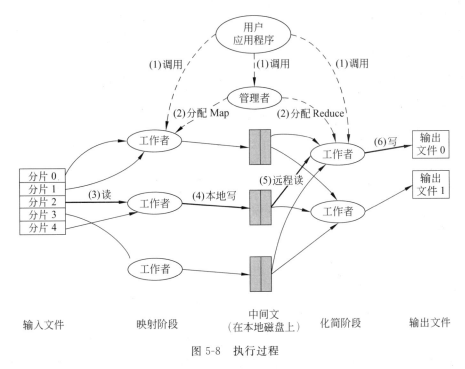

图 5-8 执行过程

(1) 用户程序中的 Map/Reduce 库首先将输入文件分割成 M 个块,每个块的大小一般为 16MB 到 64MB(用户可以通过可选参数来控制)。然后在计算机集群中开始大量的复制程序。

(2) 在计算机集群中,有一台是主控服务器(Master,管理者),其他的都是由主控服务器分配任务的 Worker(工作者)。总体上讲,M 个 Map 任务和 R 个 Reduce 任务被分配。主控服务器将分配一个 Map 任务或 Reduce 任务给空闲的 Worker。

(3) 得到 Map 任务的 Worker 读取相关输入块的内容,从输入数据中分析出<key,value>对,然后把<key,value>对传递给用户自定义的 Map 函数。Map 函数产生的中间<key,value>对将被缓存在内存中。

(4) 缓存在内存中的<key,value>对被周期性的写入到本地磁盘上,通过分割函数把它们写入 R 个区域。在本地磁盘上的缓存对的位置被传送给 Master,Master 负责把这些位置传送给 Reduce Worker。

(5) 当一个 Reduce Worker 得到 Master 的位置通知时,它使用远程过程调用来从 Map Worker 的磁盘上读取缓存数据。当 Reduce Worker 读取了所有中间数据后,它通过排序使具有相同 key 的内容聚合在一起。因为许多不同的 key 映射到相同的 Reduce 任务上,所以排序是必须的。如果中间数据比内存还大,那么还需要一个外部排序。

(6) Reduce Worker 迭代排过序的中间数据,对于遇到的每一个唯一的中间 key,它把 key 和相关的中间 value 集传递给用户自定义的 Reduce 函数。Reduce 函数的输出被添加到这个 Reduce 分割的最终的输出文件中。

（7）当所有的 Map 和 Reduce 任务都完成了，Master 唤醒用户程序。在这个时候，在用户程序里的 Map/Reduce 调用返回到用户代码中。

在成功完成任务之后，Map/Reduce 执行的输出存放在 R 个输出文件中（每一个 Reduce 任务产生一个由用户指定名字的文件）。通常情况下，用户不需要合并这 R 个输出文件成一个文件，这些文件通常会作为一个输入传递给其他的 Map/Reduce 调用。

2. 管理者数据结构

管理者（Master）保持一些数据结构。它为每个 Map 和 Reduce 任务存储它们的状态（空闲、工作中、完成）和工作者（Worker）机器（非空闲任务的机器）的标识。

管理者就像一个管道，通过它，中间文件区域的位置从 Map 任务传递到 Reduce 任务。对于每个 Map 任务，管理者负责存储 Map 生成的中间结果，并将存储的位置信息传递给 Reduce 任务处理。

3. 容错处理

因为 MapReduce 被设计用来使用成百上千的机器来帮助处理非常大规模的数据，所以它必须要能很好地处理机器故障。

（1）工作者故障。管理者周期性地与每个工作者通信，如果管理者在一定的时间段内没有收到工作者的返回信息，那么它将把这个工作者标记成失效。失效的管理者所负责的 Map 任务将被重新初始化，并安排给其他的工作者。同样地，每一个在失败的管理者上运行的 Map 或 Reduce 任务，也会被重新初始化，并被重新调度。

在一个失败计算机上已经完成的 Map 任务也将被再次执行，因为它的输出存储在它的本地磁盘上，所以不可访问；已经完成的 Reduce 任务将不会再次执行，因为它的输出存储在全局文件系统中。

当一个 Map 任务首先被工作者 A 执行之后，又被 B 执行了（因为 A 失效了），该情况将被通知给所有执行 Reduce 任务的工作者。任何还没有从 A 读数据的 Reduce 任务将从 B 读取数据。

MapReduce 可以处理大规模 Worker 失败的情况。例如，在一个 MapReduce 操作期间，在正在运行的机群上进行网络维护引起多台机器在短时间内不可访问。MapReduce 管理者只是简单地重新执行不可访问的工作者所负责的作业，最终完成这个 MapReduce 操作。

（2）管理者故障。如果管理者失败，则中止 MapReduce 计算。客户可以检查作业的当前状态，并根据需要决定是否重新执行 MapReduce 操作。

5.4 小结

首先,本章介绍了 Google 文件系统(GFS)。它是一个很有特点的文件系统。这个系统针对 Google 公司实际应用中遇到的问题,提出了一些和传统文件系统不同的设计思路,例如将部件错误当作正常情况,从而加强容错和诊断能力;又如针对大文件应用将数据块大小设为 64MB,并为实际中经常出现的记录追加操作提供原子性保证,等等。

应该看到,GFS 的很多假设是基于应用中出现的问题提出的,所以这些方案并不一定对所有应用都适用。GFS 为后人提供了许多宝贵的思路,但很多实践的东西还要自己去解决。

其次,本节涉及了 Bigtable 技术的许多细节,尽可能地还原了 Bigtable 的原貌。基于 Google 公司的很多产品采用 Bigtable 作为底层数据库支持,用户有理由相信 Bigtable 的可靠性。为了支持分布式的数据管理,Bigtable 运用了很多并行数据库和主存数据库的实现策略,遗憾的是 Bigtable 不支持完全的关系数据模型。Bigtable 的数据按照行、列和时间戳进行检索,数据也是基于列族操作的。Bigtable 采用了 Google 公司的内部框架单元,GFS 用来存放日志和数据文件,SSTABLE 是其内部存储格式,Chubby 作为其分布式的锁服务。Bigtable 采用类似 B+ 树的三层结构存放表块位置信息,其中,根表块映射元数据表,元数据表映射用户数据表。

为达到用户所需的高性能、可靠性和稳定性,Bigtable 还做了一系列的优化,包括将多个用户列族放在一起组成本地组,用户控制本地组的压缩,采用两级缓存的方式提高读性能,使用布隆过滤器排除不可命中查询等。

最后,本章对 MapReduce 模型进行了简单介绍,目前这个简单而有效的模型已经成功地应用于 Google 公司的诸多应用当中。实践表明,MapReduce 技术的应用,使得在大规模集群上对海量数据的处理变得更加简单。

习题

1. 和传统分布式文件管理系统相比,GFS 在设计时的出发点以及所考虑的假设条件有什么根本上的不同?

2. 简述 GFS 体系结构中,主控服务器的主要作用。

3. 在设计 GFS 服务器中数据块大小时,要进行哪几方面的考虑?

4. 根据自己的理解,举例描述系统写数据的过程。回答在这个过程中,主控服务器、块服务器以及客户进行交互从而完成数据修改。

5. GFS 在保证系统高可用性方面采用了哪些措施?

6. 描述 Bigtable 四元组的映射关系。

7. Bigtable 实现的 3 个主要部分是什么? 并简述每一部分的功能。

8. 简述 Bigtable 中 Chubby 的作用。

9. 用户的数据是如何被定位的?

10. 简述表块分配的过程。
11. 简述表块服务的过程。
12. 简述压缩的过程。
13. Google 公司为提高 Bigtable 性能采取了哪些优化措施？
14. Bigtable 设计过程中有哪些经验教训值得吸收借鉴？
15. 利用 Bigtable 的 API 使用 C++ 写出读写 Bigtable 的代码。
16. 描述 MapReduce 的编程模型，并举出一个实例。
17. 简述 MapReduce 操作的全部流程？

第6章 Yahoo!公司的云平台技术

第5章详细介绍了 Google 公司的 GFS、Bigtable 和 MapReduce 技术。除了这些为人所熟知的云计算技术外，Yahoo!公司在云计算及其相关技术方面也投入了大量资源进行研发。本章将介绍更多这方面的内容。

本章主要关注以下几个问题：

(1) 什么是 PNUTS——灵活通用的表存储平台？

(2) 什么是 Pig——支持大规模数据分析的平台？

(3) 什么是 ZooKeeper——维护配置信息、提供分布式同步的集中化服务？

6.1 什么是 PNUTS——灵活通用的表存储平台

6.1.1 前言

在当今的 Web 应用中，即使是相对"简单"的任务，例如对话状态、用户生成的诸如标签和评论等数据内容的管理，都带来了前所未有的数据管理方面的挑战。Web 应用最重要的需求是可扩展性，为分散地区用户提供稳定良好的服务响应时间，以及高可用性。

下面就对这些需求进行详细的讨论。

(1) 可扩展性。对于当前比较流行的一些应用，比如 Flickr、del.icio.us，它们对可扩展数据引擎的需求是显而易见的[134]。不但体系结构方面需要可扩展性，而且在新增信息资源时，除了需要保证系统具有良好的扩展能力，同时还要保证所要进行的操作对系统性能的影响是最小的。

(2) 响应时间和地理区域。其中一个基本的要求是应用程序必须稳定地满足Yahoo!公司内部服务水平协议(SLA)页面装载时间，并对数据管理平台的响应时间给予严格的要求。假设 Web 用户遍布全球，那么在不同大陆存储数据副本时低延迟存取至关重要。考虑到社会网络应用——中国某大学的校友可以住在北美、欧洲或者亚洲，那么此用户的数据可能同时被在他北京家中的用户或是在旧金山的好友访问。理想状态下，数据平台应该保证对地理上广泛分布的用户提供较短的响应时间，即使是在访问高峰或是服务器恶意攻击带来的负载状况强烈变化时也不例外。

(3) 高可用性和容错性。Yahoo!公司的应用程序必须提供较高的可用性，特定的应用程序需要在应对错误时系统的容错能力和一致性方面做出权衡。例如，所有应用程序都希望在出现错误的情况下依然能够读取数据，而某些应用还要求在错误下依然能写数据，即便这样会牺牲一些数据的一致性。故障停机则意味着经济损失。如果不能提供广告，公司就没有收入；如果不能递送页面，用户便会失望，因此服务必须在存在某些错误下继续进行，这些错误可能包括服务器失效，网络划分错误或是同地区某些设备掉电，等等。

（4）弱一致性（Relaxed Consistency）保证。传统数据库系统长期提供了并发操作下推断一致性的模型，也就是串行化事务（Serializable Transaction）[135]。然而这存在着一个取舍的问题，一方面是性能和可用性，另一方面是一致性；而且支持通用可串行化事务的多备份的分布式系统的成本相当巨大。因此，鉴于对性能和可用性的要求，采用通用事务的可串行化是不切实际的。另外根据对应用程序观察的经验，通用的事务处理并不是必需的，因为这些应用程序倾向于一次对一条记录进行操作。例如一个用户改变一个虚拟形象，贴新照片或是邀请好友链接，那么即使出现新形象对某个好友不可见的问题，也关系不大。鉴于对通用事务可串行化的低效和非必要性，许多分布式多副本系统走向了另一个极端——只提供最终一致性：客户可更新一个对象的任意副本，所有更新都会最终实现，但对不同的副本进行更新可能会有不同顺序。然而最终一致性模型通常太弱了，因此很难用于 Web 应用，比如下面例子：

考虑一个允许用户贴照片和控制访问的照片分享应用程序。简单起见，假设每个用户的记录包含照片的列表，以及可以看这些照片的人的名单。为了将 Alice 的照片让 Bob 看到，应用程序读取 Alice 的名单记录，看 Bob 在不在上面，再用 Bob 的照片列表从另外的存储服务器中获得真正的照片文件。假设 Alice 不想让母亲看到春游时的照片，她想进行以下两个更新。

U1：将母亲移除出可以看照片的人的名单。

U2：贴出春游时的照片。

在最终一致性模型之下，U1 这个更新可以对某个 R1 副本进行更新，而 U2 可以对 R2 副本进行操作。尽管 R1 和 R2 的最终状态是保证相同的，但在 R2，某一时刻用户可读到一个错误存在的状态：春游时的照片已贴上，但访问控制的状态还没改，即 U1 的操作还没进行。

这个异常破坏了用户和应用程序的契约。注意，这个异常的发生是因为副本 R1 和 R2 对更新 U1 和 U2 采用相反的执行顺序，也就是 R2 在一个旧的状态上进行了 U2 更新。

这些例子表明，读取（少部分）过期数据通常可被接受，但云系统中的应用程序有时需要更强的保证。

6.1.2 PNUTS 概述

Yahoo!公司正在建造的 PNUTS 系统平台，是一个大规模、托管型数据库服务（Hosted Database Service），它可以支持 Yahoo!公司的 Web 程序。这个系统所关注是为 Web 应用程序提供数据服务而不是复杂查询，例如 Web 爬取信息的离线分析。下面是对 PNUTS 的关键特性和体系结构的概述。

（1）数据模型和特性。PNUTS 给用户提供了简单的关系模型，并支持谓词的单表扫描。其他的特性还包括分散-聚集操作，为客户提供异步通知和便利的批量装载。

（2）容错性。PNUTS 在许多层次（数据、元数据、服务组件等）上都采用了冗余机制，这就促使了我们改变一致性模型来支持数据分割后进行的读写操作，提高系统的可用性。

（3）发布—订阅系统。异步操作通过一个叫做 Yahoo!公司消息代理（Message Broker)的基于主题的发布—订阅系统进行。这个系统与 PNUTS 一起，是 Yahoo!公司的 Sherpa 数据服务平台的一部分。这里选择发布—订阅协议而不是其他的异步协议（如 gossip[67]）是因为它可以对远距离分布的副本进行优化，同时此副本无须知道其他副本的位置。

（4）记录级的控制。为满足响应时间的要求，PNUTS 不能使用区域集群中系统所采用的全写副本协议。但是，不是每个读操作都要读取最新版本的数据。因此，选择的协议应该可以支持所有的高延迟操作异步进行，并支持记录级别的控制。对遍布全球的多个副本进行同步写操作需要几百毫秒，而典型的 Web 请求的数据库部分的开销一般只有 50～100ms。异步操作可满足这一需求，而记录级别的控制允许包括写操作在内的大部分请求在本地实现。

（5）托管架构。PNUTS 是一个托管的中央控制的数据库服务，可以被多个应用程序共享。将数据管理作为一种服务提供给用户，大大降低了应用程序的开发时间，因为开发者无须构建和实现自己的可扩展、可信赖的数据管理解决方案。同时，将众多应用集成到单个服务可使成本分摊到多个应用上，并且还能保证性能。另外，共享的服务可以节约资源（服务器、磁盘等），并将它们及时地运用到需求突然激增的应用上。

6.1.3 PNUTS 的设计和功能

本部分将对 PNUTS 的设计和功能，以及用来管理查询和协调大量数据存储的核心协议和算法进行介绍。为满足 Web 数据平台的需求，下面是一些基本的设计理念。

（1）基于记录级的体系结构，异步更新不同地理分布的副本，并采用有保障的消息递送服务而不是采用日志。

（2）一致性模型，提供应用程序事务特性，但不支持完全可序列化。

（3）谨慎选取可能支持的特性（比如，哈希或有序的表组织，灵活的模式）或不支持的特性（比如 ad hoc 查询限制，没有参照完整性或是可串行化事务）。

6.1.4 PNUTS 的系统结构

图 6-1 展示了 PNUTS 的系统结构。如图所示系统被分成如下区域：本地区域与远程区域，每个区域都包含一个系统部件的完全补充，以及每个表的完全拷贝。通常来说区域是按地域分布的，但也并非绝对。PNUTS 的一个关键特性是利用发布/订阅机制来保证稳定性和复制操作。事实上系统没有传统的数据库日志或档案数据。相反的，PNUTS 系统依赖有保障的发布/订阅机制作为恢复日志，重新执行因磁盘故障而未完成的更新。在多个区域存储数据副本提供了额外的可靠性，满足了存档或备份的需要。在这部分中，首先讨论这些区域中的组件如何提供数据的存储和检索，然后讨论发布/订阅机制，即 Yahoo!公司的消息代理如何为客户提供可靠的副本以及如何帮助实现故障恢复的。最后对系统的其他方面，包括查询处理和通知进行介绍，并对这些组件如何部署提供托管的数据库服务进行讨论。

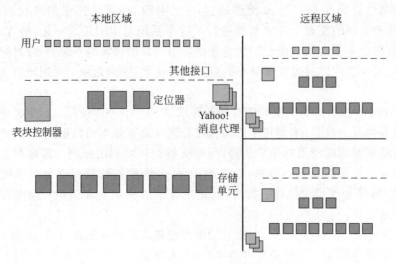

图 6-1 PNUTS 体系结构

6.1.5 PNUTS 的数据存储和检索

在 PNUTS 中数据表被水平划分成叫做表块的记录组。表块散布在多个服务器中，而每个服务器可能有上千个表块，但一个区域内每个表块只存放在一个服务器上。在实际部署中，一个典型表块大小几百兆字节或几个吉字节，包含成千上万条记录。表块的分配很灵活，这样很容易将表块从过载的服务器转移到其他服务器以平衡负载。类似的如果一个服务器停机了，可将其恢复后的表块均匀分散到多个已有的或新建的服务器上。

图 6-1 中的 3 个组件主要负责管理和提供数据表块的访问：存储单元、定位器和表块控制器（Tablet Controller）。存储单元存放表块，对 get() 和 scan() 请求检索和返回匹配的记录，对 set() 请求处理更新。存储单元可用任意合适的物理存储层。对于哈希表，在这里采用了最初用于实现 Yahoo! 公司用户数据的基于 UNIX 文件系统的哈希表。对于顺序表，采用 InnoDB 的 MySQL，因为记录是按主码进行存储的。这两个存储引擎都通过将记录存储为解析的对象来保证模式的灵活性。

为了确定一个需读写的记录所在的存储单元，首先要确定哪个表块包含该记录，再确定哪个存储单元包含该表块。这些功能都由定位器来提供。对于顺序表，表的主码空间被分段，每段对应一个表块。定位器存储着一个段映射来确定边界并将表块映射到存储单元。这个映射类似于一个 B+ 树的庞大结构。为了查找给定主码所对应的表块，在段映射上进行二分查找。一旦找到表块，也就找到了相应的存储单元。

对于用哈希组织的表，用 n 位的哈希函数 $H()$ 来构建哈希值。哈希空间被分成段，每一段对应单个的表块。为了让码和表块对应映射，要对码进行哈希处理，然后查找段的集合，再用二分查找，最后定位段找到表块继而也就确定了存储单元。选择这一机制而不是采用传统的线性或可扩展哈希机制是因为它和顺序表的机制对称。因此对哈希表和顺序表可采用相同的代码来维护和查找。

段映射可放在内存中,这样查找开销较小。例如,预计的规模是每个区域 1000 个服务器,每个服务器包含 1000 个表块。如果码长 100B(较高估计),则映射需数百兆字节的内存。需注意对 500MB 大小的表块,所对应的数据库是 500TB。对更大的数据库,映射可能无法放入内存,这就需要对磁盘访问映射进行优化。

定位器只包含一个段映射的缓存副本。段映射由表块控制器所有,定位器不断询问以确定是否有更新发生。表块控制器决定何时转移或者分裂表块。在这些情况下表块控制器都会修改段映射的正式副本。表块移动或分裂后的短时间内,定位器的映射会过期,请求会被错误定位。这时会导致错误而使定位器从控制器处获取新的副本。因此定位器处于软的状态:一旦失效,就开始新的定位而不在出现故障的定位器中执行恢复。表块控制器是一对活跃/待机服务器,它并不是系统效能瓶颈,因为它并不在数据路径上。

系统的主要瓶颈是存储单元和消息代理上的磁盘访问能力。因此,当前 PNUTS 中的不同用户被分配到不同的存储单元和消息代理机器集群中。客户可以共享定位器和表块控制器。在将来,会使客户共享所有组件,这样所有可用的服务器就可共同负担突发的负载高峰。然而这又需要研究灵活的分配以及许可控制机制来保证每个应用程序在系统中都能得到公平的共享。

6.1.6　副本和一致性

PNUTS 系统采用异步复制来保证低延迟的更新。在 PNUTS 中使用 Yahoo!消息代理(Yahoo!公司开发的发布/订阅系统),代替恢复日志,并作为复制机制进行应用。

1. Yahoo!消息代理

Yahoo!消息代理是一个基于主题的发布—订阅系统。这个系统与 PNUTS 一起,是 Yahoo!公司的 Sherpa 数据服务平台的一部分。数据更新被发布到 Yahoo!消息代理时被认为是已提交的,在提交后的某时刻,更新会被异步地传播到不同区域并在它们的副本上实现。因为副本可能不能反映最近的更新,所以提出了一个一致性模型来帮助程序员处理过期数据。

基于以下两个原因,可以利用 Yahoo!消息代理作为复制机制,替代恢复日志。首先,Yahoo!消息代理采用多步骤来保证消息在写进数据库前不会丢失,而且即便是在单个代理机发生错误的情况下,也可以保证所有主题订阅者都能获得发布的消息。以上 Yahoo!消息代理的特性,都是通过在不同服务器的多个磁盘上登记日志来实现的。在当前的配置中,最初只有两个副本被登记到日志中,随着消息传播,更多的副本才会被登记。Yahoo!消息代理日志中的消息 PNUTS 证实更新已经在数据库所有副本都完成之前不会删除。

Yahoo!消息代理对发布的消息提供部分排序。发布到特定 Yahoo!消息代理集群的消息会被按照发布的顺序递送给所有订阅者。然而发布到不同 Yahoo!消息代理集群的消息可能会按照任意顺序递送。因此,为保证时间线一致性(Timeline Consistency),

Yahoo!公司研发了单记录的主控（per-record mastership）机制，一个记录的主副本发布到单个 Yahoo!消息代理集群的更新会按照发布顺序递送到其他副本。更强的次序保证会简化这一协议，但是当不同的代理分布在区域上分离的数据中心时，全局的排序成本就会变得很高。

2. 通过 Yahoo!消息代理和主控制保证数据的一致性

在 PNUTS 系统中，通过指定一个记录的一个副本作为主副本，然后所有更新指向这个主副本来保证每个记录时间轴上的一致性。在这个记录层主控机制（Record-level Mastering Mechanism）中，主副本的身份基于一条一条记录给定，同一表中的不同记录的主副本可能在不同集群中作为受控记录。选取这一机制的原因是在对 Web 负载进行观察时发现基于一次一个记录的写操作具有很强的局部性。例如，对一周内 9800 万个 Yahoo!公司用户数据库中用户 ID 的更新的追踪显示，平均来说 85% 的对给定记录的更新来自同一个数据中心。从性能的角度看，高局部性为选择主控制协议提供了依据，然而，由于不同的记录和不同数据中心之间有亲和性，主控制的粒度必须是按记录而不能按表块或按表划分，否则许多写操作都要跨区域寻找主副本。

所有更新通过发布给消息代理，被传播到非主副本。而一旦更新被发布，就认为它已经被提交。主副本发布其更新到单个代理，因此更新可以按提交的顺序递送到其他副本。因为存储单元太多，所以这里使用廉价商用服务器而不是采用昂贵的高稳定性的存储服务器。利用 Yahoo!消息代理的可靠发布的性质，存储单元的数据丢失不再致命——任意"提交的"更新可从远程副本处恢复，而不用对停机的存储单元本身的数据进行恢复。

非主副本区域也可发起数据更新，但必须在更新提交之前传给主副本。每个记录在元数据域中维护当前主副本的身份信息。如果一个存储单元拿到一个 set() 请求，则首先读记录以确定其是否是主副本，如果不是则确定应该转发给哪个副本。主副本身份可以在不同的副本中变更。如果一个用户从威斯康星州搬到加州，系统会注意到数据中心写操作负载的变化（用另一个隐藏元数据域维护最近 N 个更新的信息）并发布一个消息到 Yahoo!消息代理声明新的主副本的身份。在最近的实验部署中，将 N 设为 3，同时因为区域名长度是 2B，所以这个记录只对每条记录增加几个字节的开销。

为加强主码约束，必须将相同主码的记录插入到相同的存储单元中；存储单元要强制决定哪个先插入，而拒绝其他插入记录。因此，PNUTS 安排每个表块的其中一个副本作为表块主副本，并将所有对给定表块的插入发送给表块主副本。这里表块的主副本不同于表块中的记录层（Record-level）级的主副本。

3. 故障恢复

从故障中恢复涉及从另外的副本中复制丢失的表块。复制表块需要 3 步完成。首先，表块控制器请求一个特定的远程存储服务器上的副本（"源表块"）；然后，一个"检查点消息"发布到 Yahoo!消息代理来保证复制开始时新进来的更新适用于此源表块；最后，源表块被复制到目标区域。为支持这个恢复协议，表块边界在副本之间保持同步，表块的分裂是对每个区域的表块在同一个点分裂（由区域间的两阶段提交协议协调完成）。这个协议的大部分时间用在一个区域到另一个区域的表块转移上。在实践中,因为带宽成本和从远程的区域中检索表块产生的延时,创建"备份区域"来维护正在提供服务的副本,采用周边较近的副本是理想的做法。这样的话,恢复表只需从相同或邻近数据中心的"区域"转移,而不用从远程数据中心转移。

6.1.7 其他数据库系统功能

1. 查询处理

对单个记录的读或更新的操作可直接转交给存储此记录的存储单元,但是涉及多记录的操作需要一个能够产生多请求和监控它们成败的组件。负责多记录请求的组件叫做分散—收集引擎(Scatter-gather Engine),它是定位器的一个组件。分散—收集引擎收到多记录请求后,将其分成多个单记录或单表块扫描,并且并行启动这些请求。随着请求成功或失败结果的返回,引擎收集这些结果并交给客户。在实验中,PNUTS采用服务器端的方法初始化多个并行请求而不是使用客户端来完成。首先,在 TCP/IP 层,最好的做法是每个客户只建立一个到 PNUTS 服务的连接,因为客户数量很多,每条并行请求的记录开放一个到 PNUTS 的连接便会出现过载。其次,把此功能放到服务器端可以使之优化,例如在一次 Web 服务调用中把对同一个存储服务器的多个请求集合在一起。

范围查询和表扫描同样由分散—收集引擎处理。通常情况下只有一个客户进程取回查询的结果。分散—收集引擎一次扫描一个表块,并将结果返回给客户,这个过程大致和一个典型的客户端处理结果的速度差不多。在范围扫描中,这个机制简化了 top-K 结果的返回,因为只需扫描足够的表块来提供 K 个结果。在返回了第一组结果之后,分散—收集引擎会构建并返回一个延续对象,这个对象允许客户检索下一组结果。延续对象包含一个修改过的范围查询。当再次执行时,直接从上次查询结束的地方重新启动。延续对象使客户端拥有游标状态,在服务器端则没有。在共享的服务中,考虑到客户的利益,PNUTS 应该尽量减少在服务器端的管理数量。

PNUTS 的后续版本会在简单增量检索之上增加查询优化(Query Optimization)技术。例如,如果客户可以提供多个进程来检索结果,则可以并行返回结果以获得较高的吞吐率,这也促使了系统的天然并行性的改变。另外,如果客户使用特定的谓词进行范围或表扫描,可能必须要扫描多个表块来获得可能仅有几个的匹配结果。在这种情况下,PNUTS 用统计数据来确定必须扫描的表块数目值,每返回一组值时,我们就对这些表块执行并行扫描。

PNUTS 刻意回避了包含连接和聚集的复杂查询,希望能减少系统负载出现突发高峰的可能性。在今后,如有用户需求或系统实验的需要,可能会扩展查询语言。

2. 通知

PNUTS 提供了通知外部系统关于数据更新的信息,用来维护外部数据缓存或是产生关键字查询索引。PNUTS 使用了发布/订阅消息代理来复制区域间的更新,它提供了涉及允许外部客户订阅我们的消息代理和接收更新的基本的通知服务。这种系统结构带来两个挑战：首先，每个表块都有一个消息代理主题，而外部系统需要知道订阅哪个主题。然而不希望客户知道表块的组织（我们可以分裂表块和重新组织而无须告知客户）。因此通知服务提供了一个机制来订阅一个表的所有主题。当表块分裂产生一个新主题时，客户便会自动订阅。另外，慢的客户会导致未递送的消息在消息代理上存放，消耗资源。现在的策略是断开慢客户的订阅并丢弃它们的消息。未来计划研究考察其他更合适的策略。

6.1.8　数据库服务

PNUTS 是一个中央控制的数据库托管服务（Hosted Service），可以被许多应用程序共享。当系统需要扩容时便增加服务器，系统自动将负载转移到新服务器上。对一些应用来说其瓶颈是能同时进行的磁盘访问数目的多少；对其他则是用于缓存的 RAM 大小或处理查询的 CPU 周期。在所有情况下，增加服务器都意味着增加系统资源。当服务器停机时（例如电源烧坏或 RAID 控制器停机），复制数据到运行的服务器，对停机的服务器基本不恢复。PNUTS 的目标是在全球范围内建立多于 10 个副本，每个副本的数据中心有多于 1000 台的存储服务器。在这样的规模下，自动失效备份和负载平衡是唯一的管理优化负载的方法。

6.2　Pig 系统简述

6.2.1　Pig 的定义

Pig 是一个支持大规模数据分析的平台，它包括用来描述数据分析程序的高级程序语言以及对这些程序进行评估的基础结构。Pig 程序的突出性质就是它的结构经得起大量并行任务的检验，这将使得它能够处理大规模数据集。

目前，Pig 的基础结构层包括一个产生 MapReduce 程序的编译器。在编译器中，大规模并行执行已经存在（比如，Hadoop 子项目）。Pig 的语言层包括一个叫做 Pig Latin 的文本语言，此语言具有以下主要特性。

（1）易于编程。实现简单的和高度并行的数据分析任务是非常容易的。由相互关联的数据转换实例组成的复杂任务被明确的编码为数据流，这样使得他们更容易写、理解和维护。

（2）优化成为可能。任务编码的方式允许系统自动去优化它们的执行过程，从而使用户能够专注于语义，而非效率。

（3）可扩展性。用户可以轻松创建自己的函数来进行特殊用途的处理。

6.2.2　Pig 简介

当前，研究员们正在研究支持 ad-hoc 网络上大规模数据集分析的基础结构，其中最主要的方面就是研究并行处理。Pig 已经在 Yahoo!公司的系统上运行。Yahoo!公司的系统架设在集群计算体系结构上,在结构的最顶层,系统通过几层抽象最终把强大的并行计算服务递交到普通用户手里。层与层之间可以自动将用户查询转化成可高效执行的并行评估方案,并精心安排查询在原始集群服务器上的执行。

在 Pig 中最高抽象层是一个查询语言的接口,凭借这个接口用户通过 SQL 或关系代数这样的查询形式表达数据分析任务。查询是按照面向数据集合的对数据分析任务进行阐述的。比如,为一个数据集中的每一个记录都申请一个功能函数,或者按照一定的规则将记录进行分组,然后给每组记录申请一个函数。数据集为导向的实例转变本质上是经得起并行评测检验的,因为每个记录(或每组记录)的进程在逻辑上是独立的,和秩序、吞吐量无关。

6.3 ZooKeeper 系统简述

6.3.1 什么是 ZooKeeper

ZooKeeper 是一个集维护配置信息、命名、提供分布式同步以及提供组服务于一身的服务。所有这些服务都应用在某种形式的分布式应用中。当每次执行多个工作时,修复错误和紊乱是不可避免的。由于很难执行这些类型的服务,应用程序最初通常很少使用它们,这使得它们在面对一些变化的时候非常脆弱,并难以管理。即使操作正确,当部署应用程序时,这些服务的不同执行也会导致管理的复杂性。ZooKeeper 旨在抽取这些不同的服务的本质集合成一个非常简单的集中协调服务的接口。该服务本身是分布式的和高可靠性的。组管理、存在协议将被服务执行,这就使得应用程序不必自己执行。ZooKeeper 利用简单的服务去建立更加强大的抽象。对于 ZooKeeper 的应用程序本身目前已有 Java 和 C 接口,下一步 ZooKeeper 将能使用 Python,Perl 和 REST 的接口,用来建设和管理应用程序。

6.3.2 ZooKeeper 项目介绍

对于分布式计算,如果没有妥善管理,混乱就会发生。在分布式计算环境中,应用程序的不同部分同时运行在成千上万台计算机上。如果没有某人或某种软件负责管理所有这些机器,混乱可能接踵而至。

Yahoo!公司的研究者在尝试用一种他们所开发的 ZooKeeper 服务来处理这种紊乱情况。ZooKeeper 的目标是成为易于使用的服务,任何开发人员都可以将这种服务插入到他的分布式计算项目中。

大型分布式计算系统通常需要一个主服务器或管理器来协调和指挥其他所有机器。管理器确保每个应用程序实例都可以得到正确的配置。并且当特定的机器出现故障时,能够确保有另一台计算机来处理这种情况。现在的问题是因为这不是项目的主要目标,所以程序员不太考虑花更多的时间写一个管理器。这就导致发生下面两件事:要么把时间花在建立良好的管理器上以至于偏离他们的主要目标，要么管理器过于简单以至于它缺乏重要的可靠性和可扩展性。

ZooKeeper 服务被封装成一个简单的接口，提供高度可用的服务，并且当个别计算机出现故障时依然可以确保良好服务。目前，在 Yahoo!消息代理使用的就是这种服务，以满足其配置及故障检测和恢复的需要。如果特定的计算机出现故障，ZooKeeper 将提醒各有关方这次失败，然后便可执行恢复。

6.4　小结

本章介绍了有关 Yahoo!公司在云计算方面的主要技术，包括 PNUTS、Pig、ZooKeeper。让读者从存储平台、大量数据集处理及分布式系统管理等方面对云计算相关技术有了新的了解。Yahoo!公司参与支持了基于 Hadoop 平台下的众多项目，而且 Yahoo!公司与 HP 公司和 Intel 公司创建全球云计算研究测试基地，可以期待 Yahoo!公司在云计算方面做出更多贡献。

习题

1. 当今不断发展的 Web 应用为数据管理带来了哪方面的挑战？提出了什么样的要求？

2. 相对于传统的数据库系统，PNUTS 系统具有哪些特性？

3. 在 PNUTS 系统中，负责数据管理、数据块访问的组件有哪些？它们是如何协调工作的？

4. 试阐述在 PNUTS 数据库系统是如何保证数据一致性的？

5. 简述 PNUTS 系统实现故障恢复的过程。

6. 请指出在 PNUTS 系统中分散—收集引擎的作用。

7. 为什么在实践中，系统采用服务器端的方法初始化多个并行请求而不是使用客户端来完成？

8. 简述 Pig 的语言层文本语言 Pig Latin 的主要特性。

9. 简述 ZooKeeper 的开发背景，以及其特征功能。

10. 假设现在有一个数据表 urls(url,category,pagerank)在下面给出一个简单的 SQL 查询语句，查找在一个足够大的类别中，pagerank 最高的 urls，请写出对应的 Pig Latin 程序。

```
SELECT category, AVG(pagerank)
FROM urls WHERE pagerank>0.2
GROUP BY category HAVING COUNT(*)>106
```

11. 根据实践中数据分析的要求，现在编写一个 Pig 脚本，读取 Log 文件中数据，分析计算每个用户在网站上的平均停留时间。

第 7 章　Greenplum 数据库技术

在前面章节中,已经详细介绍了 Google 公司、Yahoo!公司和 Aneka 云平台系统。本章将重点讲述一个基于云平台的数据管理系统：Greenplum。

今天的数据仓库(Data Warehouse)解决方案通常是建立在通用数据库(比如 Oracle)或是一个专门的以硬件为基础的数据仓库平台(比如 Teradata 和 Netezza)上。这两种选择都不能解决今天以及今后的以数据为驱动的挑战。这些基于通用目的的磁盘共享的体系结构通常被证明是复杂和脆弱的,并且不擅长处理吉字节(GB)数量级的数据。与此形成鲜明对比的是像 Greenplum 这样的无共享的体系结构平台,实现基于硬件的数据仓库。在这种体系结构中,查询是由管理结点策划的并且分为多个平行执行的部分,这些工作通过一个互相连接的具有高速带宽的网络来相互通信。这种体系结构很大的一个优点就是每个结点与它的本地的磁盘都有独立的高速信道,简化了体系结构并且具有高扩展性的并行扫描和查询处理的性能。本章将详细介绍 Greenplum 的相关内容。

7.1　什么是 Greenplum

Greenplum 是一个数据基础设施公司,帮助其他公司从历史数据中获得有利于竞争的信息。公司的产品 Greenplum 数据库支持下一代数据仓库和大规模的数据分析。支持 SQL 和 MapReduce 并行处理,Greenplum 数据库为公司提供以低成本来管理太字节(TB)到皮字节(PB)数量级数据的技术,它被很多大型全球化组织(包括 Fox Interactive Media、Nasdaq、NYSE Euronext、Reliance Communications、Skype 和 LinkedIn)使用。

7.2　Greenplum 分析数据库

Greenplum 数据库是支持下一代数据仓库和大规模数据处理的软件解决方案。支持 SQL 和 MapReduce 并行处理,Greenplum 数据库为管理吉字节(GB)到太字节(TB)数量级数据的公司提供以低成本来实现业界领先性能的能力。

Greenplum 数据库提供如下。

(1) 皮字节(PB)数量级高效低成本的数据扩展：

① 支持建立一个任意大小的数据仓库并且支持数据规模不断持续增长；

② 实现硬件产品的低成本。

(2) 大规模并行查询的执行：

① 比以前的方法能够更快的得到应答——通常是比传统的解决方案快 10～100 倍；

② 确保伴随着数据的增长,系统仍然具有高性能的数据分析能力。

（3）统一的分析处理：

① 支持数据查询、机器学习（Machine Learning）、文本挖掘（Text Mining）、访问统计计算的通用平台；

② 允许在所有层上使用 SQL、MapReduce 对任何格式数据进行并行分析。

7.3 Greenplum 数据库的体系结构

7.3.1 无共享大规模并行处理体系结构

Greenplum 数据库采用无共享体系结构（Shared-nothing Architecture），同时也是大规模并行处理体系结构，这种体系结构为商业智能和数据分析处理而设计。今天的大多数通用目标的关系数据库管理系统为在线事务处理（OLTP）应用而设计。因为它们支持数据仓库和商业智能软件，所以其客户不可避免地集成了这种并不是最优的体系结构。事实上，商业智能和分析工作从根本上就不同于 OLTP 事务处理的工作，因此需要一个不同的体系结构，如图 7-1 所示。

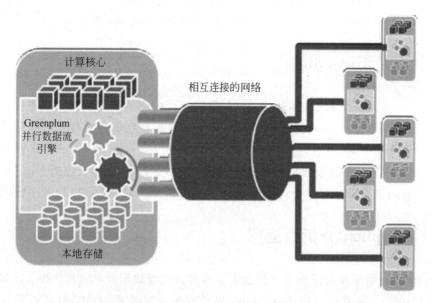

图 7-1　Greenplum 段服务器

OLTP 事务处理需要快速访问和更新小部分记录。这只是在磁盘上的局部区域的工作，并且需要一个或是很少的并行处理单元。共享的体系结构中，处理器分享一个单一的大磁盘和内存，很适合 OLTP 的工作。共享磁盘的体系结构，比如 Oracle RAC，对 OLTP 也是有帮助的，因为每个服务器都可以负担查询的一个子集并且独立的处理它们，同时，也可以通过共享的磁盘子系统来确保一致性。

然而，共享设备和共享磁盘的体系结构优势性能很快就会被对表的全扫描，多个复杂表的连接，排列和对大量的数据进行聚集操作所淹没。这些体系结构不是为执行复杂的商业智能和分析查询的并行处理而设计的,并且有可能由于并行查询设计的错误,缺少聚集的 I/O 带宽和在结点间没有高效的数据移动而达到瓶颈。

7.3.2　Greenplum 的分段单元服务

为了超越这些限制,Greenplum 的目标是建立一个完全独立的支持大规模并行处理的数据库。在这种数据库体系结构中,每个单元像自己拥有一个数据库管理系统一样运行,它们都拥有和管理整个数据的一小部分。系统自动地把数据和并行查询工作分配给所有的可用的磁盘。

Greenplum 数据库有完全独立的体系结构,将存储的数据在服务器的各个独立的部分上分为小的分区段,每个分区段都有一个完全独立的具有高速带宽的通道连到本地磁盘上。部分服务器可以用一种完全并行的方式处理每个查询,同时所有的磁盘都互相连接,并且按照查询控制指令高效的在各部分之间传递数据。因为完全独立的数据库自动的分配数据并且通过所有可用的磁盘进行并行查询,所以他们对商业智能和数据分析工作的处理要远胜过通用目的的数据库系统。

7.3.3　数据分布和并行扫描

Greenplum 数据库可以线性扩展并且具有很高的性能,是因为它可以利用每个系统的全部的本地 I/O 磁盘带宽。典型的结构可以实现每个机器从 1GBps 到超过 2.5GBps 的持续的输入输出带宽(I/O Band With),而最新的存储局域网(SAN)所有服务器总的带宽是 4～8GBps。这意味着一个建立在商用磁盘上拥有 4 个结点的 Greenplum 系统的 I/O 带宽是最新的 SAN 配置的 1～2 倍,一个 40 结点的 Greenplum 系统将会有 10～20 倍的带宽。很显然一个大规模并行处理机(Massively Parallel Processor,MPP)无共享结构体系是实现一个真正的支持可扩展的数据仓库的唯一方法。

除此之外,为了实现高效的并行访问,不需要特殊的调整来确保数据在结点之间分布存储。当建立一个表时,一个用户可以简单地指定一个或是多个列作为“哈希分配”的键,或者可以选择使用任意的分配方式。对于插入的每行数据,系统计算相应列的哈希值来决定应该更新系统中的哪部分数据。在大部分情况下,这将保证数据在系统各结点的存储保持平衡,如图 7-2 所示。

一旦数据存储于系统中,扫描其中一个表就要比在其他体系结构中快很多,因为没有单一的结点需要做所有的工作。各分区都可以并行工作并且只扫描它们自己的那部分表,这就允许按顺序在一小段时间里扫描整个表。用户不必使用聚集和索引来保证高性能——他们可以很简单地实现扫描表然后在很短的时间内得到结果。

当然有时候索引是很重要的,比如当做单行查找、过滤或是在基数较低的列上进行分组时。Greenplum 提供许多索引类型,包括 B-树和位图索引(Bitmap Index)来解决这些实际的需求。

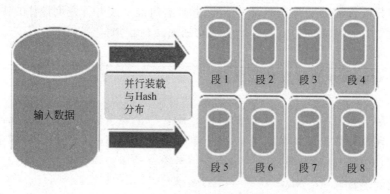

图 7-2 自动基于 Hash 的数据分布

其他的 Greenplum 数据库提供了一种强有力的技术——多层次的表区分。这允许用户基于一个或是多个数据范围或是列表的值，把很大的表拆分为在每个分区的桶中。这种分割超过先前描述的哈希分割（Hash Partitioning），并且允许系统扫描可能与查询有关的桶的子集。比如，一个表是按月份进行分割的（如图 7-3 所示），那么每个程序段可能把表格存储为多个桶（每个桶代表一个月）。扫描在 4 月和 5 月的数据可能只需要扫描每个需要扫描的分区的两个桶，自然就减少了为了响应查询所需的在每个分区上的操作的工作总量。

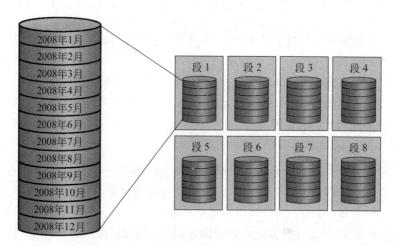

图 7-3 多层表分区

7.3.4 容错能力和先进的复制技术

Greenplum 数据库的设计不存在单点故障。系统内部利用日志传送和分区级的复制来实现冗余，自动地实现故障恢复。

系统提供多级的冗余和完整性检查（Intergrity Handle）。在最低级，Greenplum 数据库利用 RAID-0＋1 或是 RAID-5 存储来检测和掩盖磁盘错误。在系统级，Greenplum 连续复制所有的分区和主数据到系统中的其他结点，用来确保单个机器故障不会影响整个数据库的可用性。同时,Greenplum 在所有的系统上利用多余的网络接口,并且在所有涉及的配置中指定多余的转换。

7.3.5 全局并行查询优化技术

和传统的数据库系统一样,Greenplum 数据库通过建立一个执行计划来执行数据查询。这个执行计划一般采用树结构结点来表示。这些结点的底部是普通的扫描结点(表扫描或是索引扫描),高层的结点可能是分类、连接或是聚合结点。Greenplum 数据库支持一种新增的执行结点类型,这种结点被叫做运动结点(Motion Node)。运动结点的目的就是在 Greenplum 数据库分区中移动元组。

运动结点被插入到查询执行计划中并且使用 gNet 互联服务来移动周围的元组。移动结点在 Greenplum 数据库中可以使用"结点到结点"模式进行互联,并且确保所有的查询操作在并行情况下进行。

Greenplum 数据库的查询优化组件(如图 7-4 所示),根据每个查询的每个步骤都要并行执行的思想进行设计,负责产生和调整这些并行计划的执行。为单一的服务器或是在通用目的的数据库中建立查询优化组件,获得的效果并不好,因为当并行操作执行时,它导致了顺序处理的瓶颈并且不是最节省的操作方案。在需要支持特别的查询环境的大的数据仓库中,优化组件的智能化和高效性是实现持久的高性能的基础。

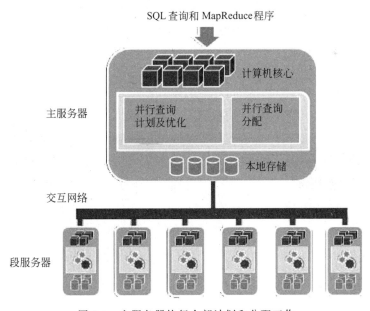

图 7-4　主服务器执行全部计划和分配工作

7.3.6　gNet 软件互联

在完全独立的数据库系统中,当有一个连接或是聚集过程发生时(比如说数据需要在各个分区之间重新分配），数据总是需要被转移。因此，互联服务在 Greenplum 中是一个很重要的功能。Greenplum 的 gNet 互联优化了数据的流动，允许连续的流水线操作，并且不会在系统的结点中产生阻塞。gNet 采用吉比特（Gbps）以太网交换技术互联调和、优化 10000 个处理器。

在 Greenplum 的核心，gNet 软件互联是一个基于超级计算的"软交换"，它负责在查询—计划执行期间在运动结点之间高效的抽取数据流。它运送信息，传递数据，收集结果并且在系统各个部分之间协调工作。在 Greenplum 系统中，其基础设施支持并行查询计划中出现的结点转移情况。

在查询计划每个结点的执行过程中，多重相关的操作是按流水线的方式被处理的。比如，当进行一个表的扫描时，被选中的行可以按流水线的方式加入到一个接合的过程中。流水线处理方式具有在前一个处理任务完成之前开始一个新的任务的能力，这个能力是增强基本的并行查询能力的关键。Greenplum 数据库在任何可行的时候利用并行处理方式来确保最佳的性能。

7.3.7　并行数据流引擎

在 Greenplum 数据库的中心是并行数据流引擎，在这里进行真正的数据处理和分析。并行数据流引擎是一个被优化的并行处理基础设施，它被设计用来处理从磁盘中、外部文件、应用软件或是从在 gNet 互联中的其他部分得来的数据，如图 7-5 所示。引擎本身就是并行的，它横跨 Greenplum 集群的所有部分，并且可以高效的扩展到 1000 个处理核心。

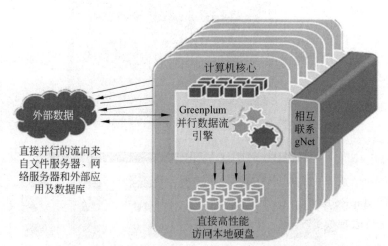

图 7-5　在 10～100 个服务器间的并行数据流引擎

引擎是基于超级计算的原则设计的，并且考虑到大规模的数据具有"重量"（比如不容易转移），因此处理应该尽可能的接近数据。在 Greenplum 体系结构中，因为在每个部分的引擎之间有大量的 I/O 带宽，所以这种耦合是很有效率的。这样就使得一个复杂的处理过程的多样性可以被大大降低，系统性能接近最高的数据处理效率，有非常完美的表现。

Greenplum 的并行数据流引擎在执行 SQL 的时候被高度优化,并且采用大规模并行的方式进行这项工作。它有能力直接执行所有必要的 SQL 基本操作,包括一些性能临界操作,比如散列连接,多阶段哈希-聚合,和 SQL 2003 窗口实现(它是由 Greenplum 执行的 SQL 2003 OLAP 的扩展部分)。

7.3.8　统一的分析处理

然而,Greenplum 的并行数据流引擎是一个基于通用目的的并行处理引擎,可以支持远比 SQL 多的功能。利用 Greenplum 数据库,引擎可以执行 MapReduce 程序。MapReduce 是一个高度可升级的被因特网领军企业(比如:Google 公司和 Yahoo!公司)使用的数据分析技术。Greenplum 的基础设施是第一个允许企业在一个共同的基础上运行 SQL 和 MapReduce,甚至允许将众多功能结合到一起实现最终良好的灵活性设备。

这意味着所有的查询和分析(SQL、MapReduce 等)在相同的并行的数据流引擎上执行,允许分析者、开发者和统计者使用一个共同的基础设施互相合作,共同分析数据。

7.3.9　基于标准,建立在开源 PostgreSQL 数据库系统之上

Greenplum 数据库利用开源数据库 PostgreSQL 进行开发。作为一个真正的企业级的数据库平台,上百个开发人员超过 20 年的工作成果,PostgreSQL 给 Greenplum 提供理想的基础来建立下一代数据仓库平台。Greenplum 数据库从本质上把 PostgreSQL 变为一个高度并行数据库系统,经过优化后应用于数据仓库。PostgreSQL 是在 BSD 的许可下发行的,允许免费用于商业或非商业用途。Greenplum 在 PostgreSQL 协会的发展过程中起到至关重要的作用,并且将很多创新成果发布给外界。

7.4　Greenplum 的关键特性和优点

(1) 基于软件并且为硬件而进行相应优化。软件很容易部署到基于 x86 的硬件服务器中,并且可以在 Linux 和 Solaris 操作系统上运行。

(2) 支持线性扩展。完全独立的体系结构和并行查询优化确保性能和处理能力线性地增长到 100 个结点和 1000 个处理核心。

(3) 支持 MapReduce。MapReduce 被网络领军企业(比如 Google 和 Yahoo!公司)证明是一种支持大规模数据分析的技术。通过 Greenplum 这种技术可以直接提供给企业客户。

(4) SQL 标准。综合性的 SQL-92 和 SQL-99 支持 SQL 2003 OLAP 扩展。所有的查询通过整个系统被并行的执行。

(5) 统一的分析过程。所有的查询和分析(SQL、MapReduce、R 等)在相同的并行数据流引擎上执行,允许分析者、开发者和统计工作人员使用共用的基础设施分析数据。

(6) 可编程的并行分析。Greenplum 支持 R,线性代数和原始的机器学习,可以为数

学和统计工作者提供一种新的并行分析能力。

（7）数据库内压缩。它利用业内领先的压缩技术来增强性能并且极大地减少了需要存储数据的空间。使用者可以看到3～10倍的磁盘空间使用量的减少，同时相应地增加了I/O性能。

（8）皮字节（PB）规模的数据装载。高性能的并行数据装载器可以通过所有的集群结点以超过4.5TB/h的速度装载数据。

（9）无论何处都可以进行数据访问。允许在外界数据源中进行查询，并行的返回数据，不管它们的位置、形式或是存储媒介。

（10）动态扩展。允许企业轻松地增加数据仓库的能力，并且避免昂贵的设备支出或是SMP（对称多处理）服务器更新。

（11）负载管理。允许管理者创建基于角色的资源队列来把资源分开并且管理在系统中的负载。

（12）集中化的管理。提供广阔的集群管理工具和实用工具，允许管理者像管理一个单一的系统一样管理数据库。

（13）性能监控。图形化的性能检测器允许用户了解正在运行的或是已运行完的查询并且追踪系统的利用效能和资源状况。

（14）支持索引。Greenplum支持B-树、哈希、位图、GIST和GIN，它们提供强大的索引能力，确保数据结构能够支持实现最优的设计。

（15）工业标准接口。支持标准的数据接口（SQL、ODBC、JDBC和DBI），并且通过利用市场领先的商业智能和抽取/转换/加载（ETL）工具来实现共同操作。

7.5　小结

Greenplum是用来支持下一代数据仓库和大规模的数据分析的基础架构。支持SQL和MapReduce并行处理。Greenplum数据库应用于众多全球机构，比如瑞来斯电信、Skype、福克斯互动媒体等国际公司，为公司提供业界领先的低成本管理吉字节（GB）到皮字节（PB）数量级数据的技术。

习题

1. 简述无共享体系结构的基本特性。
2. 相对于传统通用目的的数据库，Greenplum数据库具有哪些优势？
3. 请回答什么是OLTP并且简述共享体系结构在OLTP应用中有什么优势和不足？
4. 简述Greenplum的分段单元服务。
5. Greenplum是如何实现高可扩展性和并行能力的？
6. 简述Greenplum数据库的中心——并行数据流引擎的特性。
7. 简述Greenplum的关键特性和优点。

第8章　Amazon 公司的 Dynamo 技术

亚马逊(Amazon)公司是一家主要经营互联网有关产品的公司,旗下亚马逊网上书店是全世界销售量最大的书店,现在亚马逊不仅卖书,而是已经成为了一个综合性的网上购物平台,国内熟悉的卓越(amazon.cn)就是它的中国版本,而使亚马逊成功的最大功臣莫过于它的电子商务交易平台。本章就对亚马逊庞大的商业平台所使用的 Dynamo 存储技术做一些介绍。

本章我们主要关注以下内容:

(1) Dynamo 的初步介绍,主要设计思想;

(2) Dynamo 的设计假设和考虑因素,及服务器层协议;

(3) Dynamo 体系结构所采用的几项关键技术。

8.1　Dynamo 初步介绍

Amazon 公司在访问高峰时期使用位于世界各地的数据中心中数万台服务器来运行世界范围内的 E-商业平台,从而来为上千万的客户服务。Amazon 公司的平台在性能、可靠性和效率上有严格的操作要求,并且为了满足增长需求,平台需要具有高度的可升级性。可靠性是一个最重要的要求,因为即使有很微小的错误,也会造成极严重的经济损失,并且影响客户的信任度。而且,为了支持持续的增长,平台需要具有很好的可升级性。

Amazon 公司认为一个系统的可靠性和可升级性依赖于它是怎样被管理的。由此Amazon 公司使用高度分散,松散耦合,由几百个服务器组成的面向服务体系结构(SOA)。在这种环境下,需要一种始终能够正常运行的存储技术。即使存储介质出错,网络中断或者数据中心被飓风摧毁,客户也可以查看和增加条目到他们的购物车中。因此,服务器应该对购物车负责。购物车的需求包括:可以经常从数据中心写和读数据,并且数据可以在多个数据中心之间交互。

由于经常会出现少量但又比较严重的网络或者服务器组件故障,在一个由上百万组件构成的基础设施上处理错误就成了 Amazon 公司的一个必备操作标准。因此 Amazon公司的软件系统需要建立一种机制,这种机制就像处理普通事件一样来处理错误,而不影响平台的可用性。

为了满足可靠性和升级性的需要,Amazon 公司发展了许多存储技术,在这些技术中Amazon Simple Storage Service(在 Amazon 公司之外也是可以使用的并且以 Amazon S3被熟知)是大家平时了解最多的。而 Dynamo 是另一个为 Amazon 公司的平台而建的高度可用、可升级的分布式数据存储中心。Dynamo 被用来管理服务器,这些服务器有很高的可靠性需求,并且需要在可用性、一致性、成本效率和性能等方面进行严格的折中考虑。Amazon 公司的平台对于不同的存储要求有不同的应用软件集。被选中的应用软件集要求存储技术有足够的灵活性：应用软件设计者可以依据这种考虑后的权衡来配置他们的数据存储以期获得更高的可用性和性能的优化。

在 Amazon 公司的系统中，提供了购物车、客户喜好、会议管理、销售排行和产品目录管理，使用普通的关系数据库的平台将会导致效率低下，这将限制规模和可用性。而 Dynamo 只提供简单的主键接口来满足这些应用软件的需求。

Dynamo 把已知的技术综合起来实现可升级性和可用性。数据使用一致散列（Consistent Hashing）技术[105]分割和复制，并且使用对象版本（Object Versioning）技术[110]保持数据一致性。在更新期间，复制操作之间的一致性是由多数表决技术（Quorum-like）和分布的复制一致性协议来实现的。Dynamo 使用基于互播（Gossip）的分布式错误检测和成员关系的协议。Dynamo 是一个需要最少手动管理的完全分散的系统。存储结点可以轻松从 Dynamo 上被添加和删除，而不需要任何人工的划分和重新分配。

Dynamo 是许多在 Amazon 公司的商业平台中的核心服务器的潜在的存储技术。它可以有效率地应对大负荷工作负载，而不需要在任何繁忙的假日购物季节停工检测。

8.2 Dynamo 的背景资料

Amazon 公司的电子商业平台由数百个服务器组成的。这些服务器保持一致性来保证系统从推荐订单到欺诈检测各项应用的效用。每个服务器都被通过一个良好定义的接口提供给外界，并且可以通过网络被访问。这些服务器通过一个包括几万个世界范围内的数据中心的基础设施的支撑来向外界服务。在这些服务器中，有些是没有状态的（比如聚集其他服务器的响应情况的服务器），有些是有状态的（比如，一个通过执行存储在永久的储备介质中的商业逻辑来产生其响应的服务器）。

传统的系统在关系数据库中存储它们的状态。然而，对于许多持久状态的简单应用，关系数据库的解决方案并不是很理想。大多数这样的简单应用只是通过主键或是索引关系存储数据，并且不要求由 RDBMS 提供复杂查询和管理功能。而这些不需要的复杂功能，通常会导致对于昂贵硬件设备的额外要求，以及对于高技能技术人员的特殊要求，从而使得这种解决方案极为低效。虽然在近几年做了许多改进，但是现有技术仍不理想。Dynamo 作为新型的一种高度可用的数据存储技术，它可以满足这些大量的简单应用的需要。Dynamo 有一个简单的键/值接口，具有高度可用性，及明确定义的一致性窗口，能够很高效地利用它的资源，并且有一个简单的扩展机制来处理数据集合或是请求速度的增长。每个使用 Dynamo 的服务器运行它自己的 Dynamo 实例。

8.2.1 系统的假设和需求

Amazon 公司对服务器的存储系统有以下的要求。

（1）查询模型。对一个唯一由一个键来识别的数据条目进行简单的读和写操作。状态存储为唯一的键识别的二元对象。Amazon 服务器可以使用这个简单的查询模型来正常工作，并且不需要任何其他机制。Dynamo 的目标是那些需要存储很小数据的对象的应用(通常是小于 1MB)。

(2) ACID 特性。ACID(原子性、一致性、隔离性和持久性)是保证数据库的事务能够被可靠的处理的特性。在数据库的背景中,在数据上的单一的逻辑操作叫做事务。Amazon 公司的经验显示:提供 ACID 保证的数据存储趋向于较低的可用性。这已经被工业界和学术界广泛认可[65]。Dynamo 看重那些有比较弱的一致性但是却拥有高度可用性的应用。Dynamo 不提供任何隔离性保证并且只允许单一的键更新。

(3) 效率。系统需要在日常的硬件基础设施上发挥作用。在 Amazon 公司的平台,服务器对效率有潜在的严格需求,通常以 99.9% 后的位数来衡量。服务器必须可以设置 Dynamo,这样他们可以持续的完成对反应时间和吞吐量的要求。折中策略是在性能、成本、可用性和持久保证之间进行取舍。

(4) 其他假设。Dynamo 只被 Amazon 公司的内部服务器使用。它的操作环境假设没有敌对方并且没有相关的安全请求(例如鉴定和授权)。此外,因为每个服务器使用各自不同的 Dynamo 实例,它的最初设计目标是几百个存储主机的规模。

8.2.2　服务层协议

为了保证应用程序可以在限定时间内实现功能,每个在平台上的从属主机需要在更少的限定时间内实现功能。一个简单的服务层协议的例子是这样的:在每秒 500 个客户端请求负荷情况下,这种服务保证在 300ms 内给 99.9% 的请求提供响应。

在 Amazon 公司的分布式的面向服务的基础设施中,服务层协议(Service-level Agreement)发挥了巨大的作用。例如,向一个 E-商业网站提交网页请求,为了建立对请求的响应,通常页面表示引擎会将各个网页表示元素分发给另外超过 150 个服务器作为请求。这些服务器经常又有多个从属主机,这些从属主机一般也是其他服务器,因此一个应用软件的访问图表多于一层是很普通的事。为了保证页面表示引擎能对页面的向下传递保持一个清晰的轮廓,调用链内的每一个服务器都必须遵守自己的行为规则。

图 8-1 显示了 Amazon 平台的抽象体系结构,动态的网站内容是由按顺序查询许多其他页面服务器的表示元素产生的。一个服务器可以使用不同的数据存储来管理它的状态并且这些数据存储只能在它服务边界里进行访问。一些服务器就像一个使用其他许多服务器来产生一个综合响应的聚集者。值得指出的是,聚集者服务器是没有状态的,虽然它们使用了很大的数据高速缓冲存储器。

在工业中形成一个面向性能的服务层协议(SLA)的普通方法就是使用平均,中值法和期望值来描述它。然而如果目标是建立一个让所有而不是大多数的客户有良好的使用体验的系统,那么这种方法总不是足够好。例如,如果额外的个性化技术被使用,那么处理使用时间长的用户需要更多的操作过程,这影响了在分布式系统的高端性能。一个用反应时间的平均值或是中值来描述的服务层协议(SLA)不能陈述出这个重要的客户端的性能。为了清楚地描述这个问题,在 Amazon 平台中,服务层协议(SLA)以分配的99.9% 以后几位的精度被表达和评估。选择 99.9% 或者是更高百分比是基于成本利益的分析,它证明了为了提高那么多的性能,而需要增加巨大的成本支出。Amazon 公司生

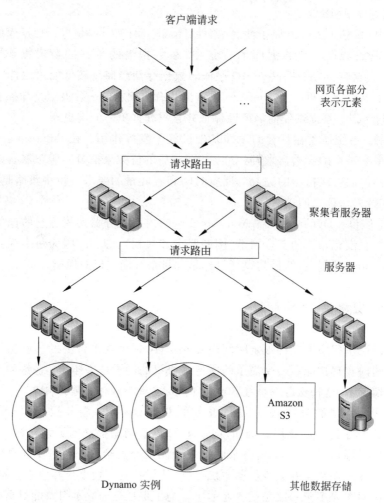

图 8-1　Amazon 平台的面向服务的体系结构

产系统的体验显示出这个方法相比那些为了满足基于均值或是中值而定义的服务层协议（SLAs）来说，提供了一个更好的总体体验。

存储系统在建立一个服务器的服务层协议（SLA）的工作中往往发挥巨大的作用，尤其当商业逻辑比较简单的时候，而这又恰恰是许多 Amazon 服务器所面临的情况。状态管理变为一个服务器的服务层协议（SLA）的主要组成部分。Dynamo 的一个主要的设计考虑就是把对他们系统性能（比如持久性和一致性）的控制交给服务器自己，并且让服务器自己综合功能性、性能和成本效率等因素进行平衡决定。

8.2.3　设计考虑因素

在商业系统中，传统的数据复制算法通过同步复制（Anti-entropy）数据来提供强大的数据存储接口的一致性。为了实现这个层面的一致性，这些算法被迫权衡在一些特定的错误场景的数据的可用性。比如，不处理答案是否真的正确，而是数据直到被确认是完全正确的时候才会被设定为可用。从以前的复制数据库的工作中，可以很清楚地看到当处理网络错误这种情况的时候，完全的一致性和高度的数据可用性不能同时被实现[28,111]。

对于服务器和网络经常出现问题的系统，可用性可以通过使用优化的复制技术来提高。在这里，通过后台的数据复制，数据的更改可以被传播，同时允许不连续的工作。这种方法的挑战就是它的更新有可能导致互相冲突，这必须被检查出来并加以解决。然而，解决这个冲突又会导致两个问题：什么时候解决，以及谁来解决？Dynamo 就被设计为保证最终的数据一致性，也就是所有的更新都可以达到最终的复制版本。

一个重要的设计考虑就是决定什么时候解决更新的冲突问题，比如，冲突要在读的时候还是写的时候被解决。许多传统的数据存储在写的时候解决冲突并且保持读复杂性的简单化[76]。在这样的系统中，如果数据存储不能在一个给定的时间内完成所有的（或是大多数的）复制，则数据写可能被拒绝。另一方面，Dynamo 的目标是设计一个"总能写"的空间数据存储（比如，一个对于写操作可以有高度可用性的数据存储）。对于许多 Amazon 服务器，拒绝客户更新将会导致低下的客户体验。例如，购物车服务器必须允许客户即使出现了网络和服务器错误，也能从他们的购物车里增加或者删除条目。这个请求就迫使将解决冲突的复杂性转到读这个环节，来确保写永远不会被拒绝。

另一个设计时要考虑的是谁来解决冲突。这可以由数据存储或者应用程序来做。如果冲突解决由数据存储来做，它的选择是很小的。在这种情况下，数据存储可以只使用简单的策略，比如最后写优先（Last Write Wins）[162]来解决更新的冲突。另一方面，因为应用软件知晓数据计划，因此它可以决定最适合它的客户体验的解决冲突的方法。例如，持有客户购物车的应用软件可以选择"合并"冲突的版本并且返回一个统一的购物车结果。虽然这很复杂，一些应用软件开发者可能不想写他们自己的冲突解决机制并且选择把这个问题推给数据存储，这又返回到选择一个类似于最后写优先的简单的机制。

在设计中的其他关键原则。

（1）规模的可扩性。Dynamo 应该一次能够扩展一个存储主机（以后被称做"结点"），而对系统的操作者和系统本身有最小的影响。

（2）对称性。在 Dynamo 中的每个结点应该与其他类似的结点有相同的职责，不应该有不同的结点或者是扮演着重要角色或是有特殊职责的结点。一般对称性简化了系统的准备和维持的过程。

（3）分布性。对称性的扩展，设计应该偏向于分布的 P2P 技术，而不是中心控制。在过去，集中控制可能导致运行中断。

（4）差异。系统需要能够在它所运行的基础设施上利用差异。比如，分布式的工作必须与各自服务器的能力相匹配。这一点对于增加一个具有高性能的结点而不是一次性更新所有的服务器是很重要的。

8.3　Dynamo 系统体系结构

需要在生产环境下操作的存储系统的体系结构是很复杂的。除了实际数据的持久性成分，系统需要健全的可升级的方案来平衡如下需求：成员资格审定，错误检测机制，错误恢复机制,同步复制机制,过载处理机制,状态转移机制,并发机制,工作安排机制,要求编组,要求路由,系统监控和预警机制,还有结构管理机制。本章完全描述每个解决方式的细节是不可能的,这里只介绍 Dynamo 使用的核心分布式系统技术:分区、复制、版本号、成员关系、错误处理和按比例伸缩。表 8-1 总结了 Dynamo 使用的技术还有它们各自的优点。

表 8-1　Dynamo 使用的技术和它们的优点总结

问　　题	技　　术	优　　点
分割技术	一致散列(Consistent Hashing)	规模可扩性
写的高可用性	读时使用向量时钟(Vector Clocks)进行调和	减小了随更新发生率增加而带来的更新版本大小的剧烈增加
处理临时的故障	模糊数目(Sloppy Quorum)和建议传递(Hinted Handoff)	在一些复制不能完成的情况下,提供了高可用性和持久性保证
从永久故障中恢复	使用 M-tree 的同步复制(Anti-entropy)技术	在后台同步复制
资格认证和故障检查	基于联系(Gossip-based)的成员关系和故障检测	保持平衡,避免存储成员资格和结点信息的集中式注册

8.3.1　系统接口

Dynamo 通过一个简单的接口存储与键有关的对象,它开发了两个操作:get()和put()。get(key)操作找出在系统存储中与键有关的对象副本然后返回一个单一的对象,或者与上下文一起返回一个有冲突版本的对象的列表。put(key,context,object)操作基于关联键决定对象的副本应该放在哪里,并且把对象副本写到磁盘上去。依据上下文对系统元数据进行编码,这些系统元数据是对调用者不透明的并且包括对象版本的信息。上下文的信息是与对象共同被存储的,这样系统可以核实在 put 请求中提供的上下文对象的可用性。

Dynamo 把键和调用者提供的对象处理为一个字节阵列。它使用一个在键上的MD5 哈希来生成一个 128 位的标识符,这个标识符是用来决定哪个存储结点来为键服务。

8.3.2　分割算法

为 Dynamo 设计的键的一个要求就是它必须具有规模可升级性。这需要一个机制来动态地分割在系统中的结点(存储主机)集的数据。Dynamo 的分割机制依赖于一致的散列法来将负荷分配到多个存储主机。在一致的散列法中,一个哈希函数[105]的输出范围被处理为一个固定的圆形空间或者"环"(比如,最大的哈希值与最小的 hash 值连接)。在系统中的每个结点都被安排一个在这个空间内的随机数值,这个数值代表它在这个环中的"位置"。每个由键识别的数值条目都被安排一个结点,而这个结点的位置是通过哈希数据条目的键产生的,然后按顺时针的方向遍历环从而找到第一个比数据条目的位置大的结点。因此,每个结点对在环中它和它的前一个结点之间的区域负责。一致散列法的原则的优势就是离开或是到达一个结点只会影响它的直接的邻居,其他的结点不受影响。

基本的一致散列算法有一些挑战。第一,每个结点在环中随意安排位置导致没有统一的数据和负载分配。第二,基本算法忽略了结点性能的差异性。为了解决这个问题,Dynamo 使用一个改进后的一致散列法(和文献[159]中使用的相同):不是映射一个结点到环中的一个点,而是一个结点被分配到环中的多个点。为了这个目的,Dynamo 使用"虚拟结点"的概念。一个虚拟结点像是在系统中的一个单一结点,但是每个结点都对多于一个的结点负责。当一个新的结点被加到系统中,它在环中被安排多个位置(以后称做tokens)。

使用虚拟结点有以下的好处:

如果一个结点变得不可用(由于错误或是日常维护),由这个结点处理的负载将被散布到其他可用的结点上去。

当一个结点再一次变得可用,或者一个新的结点被加到系统中,新的可用的结点从每个其他可用的结点那接收一个大概等量的负荷。

一个结点负责的虚拟结点的数量可以基于它的能力,同时也说明了不同结点在基础设施中的不同作用。

8.3.3 复制

为了实现高可用性和持久性,Dynamo 在多个主机复制数据。每个数据都被复制到 N 个主机(N 是一个配置 per-instance 的参数)。每个键 k,被安排给一个协作结点(Coordinator)。协作结点管理落在它范围内的数据条目的复制操作。除了在它的范围内存储每个键,协作结点还要复制这些在圆环中的 $N-1$ 个顺时针方向连续的结点的键。这产生了一个这样的系统:每个结点都要对在圆环中的在它和它第 N 个前面的结点之间的区域负责。在图 8-2 中,结点 B 除了在本地复制键值 k 外,还在结点 C 和 D 复制键值 k。结点 D 将会存储在范围 $(A, B]$、$(B, C]$ 和 $(C, D]$ 内的键值。

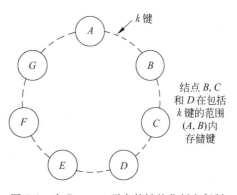

图 8-2　在 Dynamo 环中的键的分割和复制

对存储某个特定的键的结点列表叫做优先列表(Preference List)。对于任何的键值,系统中的每个结点都可以决定哪些结点应该被包括在这个相应键值所对应的优先列表中。为了解决结点错误,优先列表包括比 N 个结点多的结点。注意通过使用虚拟结点,给一个特定的键的前 N 个连续的位置可能被少于 N 个不同的物理结点所拥有是可能的。(比如,一个结点可能持有多于一个的前 N 个位置)。为了处理这个问题,一个键的优先列表是由在环中的不连续的位置所创建的，用来确保列表只包括不同的物理结点。

8.3.4　数据版本

Dynamo 提供数据最终的一致性，这允许传播对数据所有的复制的更新可以是不同步的。一个 put()调用可能在更新应用到所有复制之前就返回了，这导致了这样一种情况：一个接下来的 get()操作可能返回一个不是最近更新的数据。如果没有错误，要解决这个问题，就需要对更新的传播时间有个限制。然而，在一个特定错误发生的情况下（比如，服务器停用或是网络中断），更新操作不能在一个额定的时间内到达所有的副本。

在 Amazon 的平台上有一类应用软件可以忍受这样的不一致性，并且可以在如下情况下起作用。比如，购物车应用软件要求一个"加到购物车"的操作永远不能被遗忘或是被拒绝。如果最近的购物车的状态是不可用的，并且一个使用者对该购物车的一个老版本进行修改，那么这个改变就应该是有意义的并且被保留。注意"加到购物车上"和"从购物车上删除条目"的操作都会转化为向 Dynamo 提出请求。当一个客户想要加（或者删除）一个条目到购物车上并且最近的购物车版本不可用，数据条目就被加到（或者删除）老的版本并且这个分歧的版本以后将会被调整一致。

为了提供这种保证，Dynamo 把每个修改的结果处理为一个新的不可变的数据的版本。它允许一个对象的多个版本存在于一个系统中。大多数情况下，新的版本包括了较老的版本，并且系统自己可以决定有授权的版本。然而，版本分歧也可能发生，有可能是由于错误或是并发的更新所造成的，导致一个对象的冲突版本。在这种情况下，系统不能调和相同对象的多个版本并且客户端必须执行调和工作来消除多个版本的数据并使它进化为一个。一个典型的消除操作的例子就是"合并"客户购物车的不同版本。使用这种调和机制，"加到购物车"操作永远都不会丢失。然而，被删除的条目将会重新出现。

理解特定的错误模式有可能导致系统对于相同的数据不止有两个而是有多个版本是很重要的。在网络中断和结点错误之前的更新可能导致一个对象有不同的版本，对于这一点系统今后需要调和。这就要求 Dynamo 设计可以准确知道相同的数据的多个版本可能性的应用软件。（为了从来都不丢失任何更新）。

Dynamo 使用向量时钟（Vector Clocks）[110]，目的是找出相同对象不同版本之间的因果关系。一个向量时钟是一个高效的（结点，计数器）列表。一个向量时钟与每个向量的每个版本有关。可以通过检测它们的向量时钟来决定是否一个对象的两个版本是平行的分支还是有因果关系顺序的。如果第一个对象的时钟的计数器少于或者等于在第二个时钟中的所有的结点，那么第一个就是第二个的祖先并且可以被删除。否则，两个改变被考虑为是相互冲突的并且需要调和。

在 Dynamo，当一个客户端想要更新对象，他一定要指定它要更新哪个版本。这通过传递给他一个从更早的读操作获得的包括向量时钟信息的上下文来实现。通过一个读的请求，如果 Dynamo 进入了多个不能被同时调和的分支，它将返回在叶子上的所有的对象，以及相应的上下文中的版本信息。一个使用上下文的更新操作可以调和不同的版本，并且将所有分支版本整合为一个新版本。

为了举例说明向量时钟是如何被使用的,考虑一下图 8-3 中的例子。一个客户端写了一个新的对象。为这个键处理写操作的结点(称做 Sx)增加他的序列号并且用它来建立数据向量时钟。系统现在有对象 D1 和他的相关的时钟[(Sx,1)]。此时,若客户端更新对象,假设相同的结点也处理这个请求。系统现在也有对象 D2 和他的相关的时钟[(Sx,2)]。D2 从 D1 下来并且因此覆盖 D1,然而仍然有 D1 的复制品留在那给没有看到 D2 的结点。假设相同客户端再一次更新,一个不同的服务器(称做 Sy)处理请求。系统现在有数据 D3 和他相关的时钟[(Sx,2),(Sy,1)]。

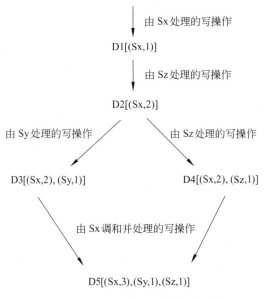

图 8-3 一段时间内的对象版本进化

下面假设一个不同的客户端读 D2 并且试着更新它,并且其他的结点(成为 Sz)不进行写操作。系统现在有版本时钟是[(Sx,2),(Sz,1)]的 D4(D2 的子孙)。一个知道 D1 和 D2 的结点根据收到的 D4 和它的时钟可以决定 D1 和 D2 被新的数据结点(Datanode)覆盖并且可以被删除。一个知道 D3 的收到 D4 的结点可以找到在他们之间没有因果关联。换句话说,在 D3 和 D4 的改变不互相影响对方。数据的两种版本必须被记录下来并且被呈现给客户端(通过读)来语义调和。

现在考虑一些客户端既读 D3 又读 D4(背景将会反映出两个值都会通过读操作来被找出来)。读的上下文是时钟 D3 和 D4 的总结,被称做[(Sx,2),(Sy,1),(Sz,1)]。如果客户端执行调和工作并且结点 Sx 伴随着写操作,Sx 将会在时钟更新他的序号。新的数据 D5 将会有接下来的时钟:[(Sx,3),(Sy,1),(Sz,1)]。

一个可能的关于向量时钟的问题就是如果许多服务器同时调整对象的写操作,向量时钟可能会增长。实际上,这是不可能的,因为写通常是由在优先列表中的前 N 个结点进行处理。在网络中断或者是多个服务器发生错误的情况下,写请求可能被那些不在优先列表里的前 N 个结点处理,这导致了向量时钟的增长。在这些情景下,需要限制增长的向量时钟的大小。为此,Dynamo 使用接下来的时钟切断机制:伴随着每个结点(计数器)，Dynamo 存储一个时间戳(Time Tamp)，它可以指出结点更新数据条目的最后时间。当在向量时钟中的结点(计数器)数量达到一个极限，最老的对从时钟中移走。很显然，这个切断机制可能导致在调和过程中的遗传关系不能被准确地得到。

8.3.5 Dynamo 中的 get() 和 put() 的操作

get()和put()操作通过使用 Amazon 基于 HTTP(超文本传输协议)的特种请求处理框架来被激活。客户端有两个策略来选择一个结点。

(1) 通过一个基于负载信息来选择结点的普通负载平衡器来选择路线发送请求；

(2) 使用一个了解分区的客户端库，它可以选择线路直接到达恰当的协作结点。

第一种方法的好处就是客户端不用在它的应用软件中一定要链接任何特殊的代码给 Dynamo，而第二种方法则可以实现较快的反应时间，因为它略过了一个可能的发送步骤。

一个处理读或写操作的结点被称为协作结点。尤其需要指出的是，这是在优先列表中的前 N 个结点。如果请求是通过一个负载平衡器接收的，那么访问一个键的请求可能被发送到环中一个随机的结点。在这种情况下，如果结点不是相应键值的优先列表前 N 个结点，那么收到请求的结点就不在协作结点中，接受请求的结点也将不会协同此请求。相反结点将会把请求发送给在优先列表中的前 N 个结点中的第一个。

读和写操作将会涉及优先列表中的前 N 个健康结点，跳过那些在后面的或是不可访问的。当所有的结点都是健康结点时，优先列表中的前 N 个结点都是可访问的。当有结点错误或是断网发生，在优先列表中的排得靠后的结点将会变成可访问结点。

8.3.6 临时性故障处理

如果 Dynamo 使用传统的固定成员方法，在服务出错或是网络中断的时候它将不可用。为了补救这一点，Dynamo 不强迫严格的成员资格，取而代之的是它使用模糊成员(Sloppy Quorum)资格；所有的读和写操作在从优先列表中取出的前 N 个健康的结点上执行，这样在遍历一致性散列环的时候，所碰到的结点不总是前 N 个结点。

考虑在图 8-2 中的 $N=3$ 的 Dynamo 配置的例子。在这个例子中，如果在一个写操作的时候结点 A 临时的位置下降或者不可到达，那么靠 A 维持的副本将会被送到结点 D。这样做是用来获得可用性和持久性保证。在送到 D 的副本的元数据中将会有一个建议信息，其内容是哪个结点有可能是该副本的接收者的建议(在这里是 A)。接收到含有建议信息的副本结点将会把它们保存在一个单独的数据库中，这个数据库按周期扫描。检测到 A 被恢复时，D 将会试着传递复制给 A。一旦传输成功，D 可以从它本地的数据库中删除该对象而不减少在系统中的总的副本的数量。

采用建议传递(Hinted Handoff)，Dynamo 保证读和写操作不会因为临时结点或网络错误而发生错误。需要高可用性的顶层的应用软件可以设定 W 为 1，这确保了只要在系统中的单一的结点永久地将键写到它的本地的存储中，那么写操作就会被接受。因此，写请求只有在系统中的所有的结点都不可用的时候才会被拒绝。

一个高度可用的存储系统应该有能力处理整个数据中心的错误,这点是必要的。数据中心错误是由电力中断,冷却失败,网络失败,和自然灾难所造成的。Dynamo 被配置为每个对象在多个数据中心之间复制。实际上,建立一个键的优先列表是为了使得存储结点通过多个数据中心传播,而这些数据中心是通过高速的网络连接到一起的。通过多个资料处理中心进行复制的设计允许在没有数据中断的情况下处理整个数据中心的错误。

8.3.7 处理永久的错误:同步复制

如果系统成员流失率低并且结点错误是暂时的,那么建议传递会工作得非常好。但总会有这样的场景出现:在副本被返回给原始的副本结点之前,传递复制就变得不可用了。为了处理这种情况和其他对持久性的威胁,Dynamo 执行一个同步复制的协议来保持数据副本同步。

为了更快地找出在副本之间的不一致性并且为了减小传输数据的总量。Dynamo 使用 Merkle 树[115]。一个 Merkle 树是一个哈希树,它的叶子是每个键值的哈希。在树的较高位置上的父结点是它们各自的孩子的哈希。Merkle 树的主要的优点就是树的每个分支都可以被独立地检查并且不需要下载整个树或是整个数据集的结点。此外 Merkle 树帮助减少检查副本之间一致性所需传递的数据总量。比如,如果两个树根的哈希值相同,那么该树的叶子结点的值肯定也相同,那么结点就不需要同步。反之,如果树根的哈希值不相同,那么这意味着一些副本的值是不同的。在这种情况下,结点之间需要交换孩子的哈希值,可能一直进行到达树的叶子,从而找出"不同步"的键。Merkle 树把需要为同步而传输的数据总量最小化,并且减少在同步复制过程中读取磁盘的次数。

8.3.8 成员关系和故障检测

1. 环的成员关系

在 Amazon 的环境中,结点中断(由于错误和维护工作)是短暂的,但也可能持续很长。此外,人工错误可能导致无意地启动新的 Dynamo 结点。出于这些原因,使用一个机制来严格控制从 Dynamo 环中增加或是删除结点是恰当的。一个管理人员可以使用命令行工具或者网络浏览器,来控制 Dynamo 结点,以完成将一个结点加到一个环上或者从一个环上删除一个结点的操作。结点可以将对成员关系的更改和它出现问题的时间永久地写到磁盘上。成员关系的更改形成了一个历史,因为结点可以很多次被删除和加回。Dynamo 使用 gossip 协议向外界传播这些成员关系的更改并且保持最终的成员关系的一致性。每个结点每秒都要与另外一个随机选择的结点(协作结点)联系而且两个结点都以最有效率的方式相互调整成员关系历史。

当一个结点第一次使用的时候,选择它的 token 集合(在一致的哈希空间的虚拟结点)然后将结点映射到它们各自 token 集合。映射在磁盘上是持久的,一开始只是包括本地的结点和 token 集合。在调整成员关系历史的联系过程中,不同的 Dynamo 结点所存储的映射也被调整。因此,分割和放置信息也是通过基于的联系(gossip-based)协议被传播的并且每个存储结点知道它的协作结点处理的 token 的范围。这允许结点可以将一个键的读写操作直接发送到正确的结点的集合。

2. 外部发现

上面描述的机制可能临时导致一个逻辑上的 Dynamo 环分区。比如,管理者可以与结点 A 接触来将结点 A 加到环上,然后联系结点 B 将结点 B 加到环上。在这种情况下,结点 A 和 B 每个都可以认为他们自己是环的一个成员,然而每个都不能立即知道对方。为了防止逻辑环分区,一些 Dynamo 结点做播种的工作。种子是那些通过一个外部机制被发现的并且被所有结点都知晓的结点。因为所有的结点最后用一个种子来协调他们的成员关系,从而避免逻辑环分区。种子可以从静态的配置或者从一个配置服务中获得。尤其需要指出的是:种子是在 Dynamo 环中的具有全部功能的结点。

3. 故障检测

在 Dynamo 中的错误检查用来避免在 get() 和 put() 操作时以及当传递分区和建议复制时试图与不可到达的协作结点连接。为了避免在通信中的错误,Dynamo 采用单纯的本地故障检测:如果结点 B 不回复结点 A 的信息(即使结点 B 正在与结点 C 通信)结点 A 可能认为结点 B 错误。一个具有稳定速率的客户端要求在 Dynamo 环中产生结点之间的通信,当结点 B 没有回复一个消息,结点 A 快速地发现结点 B 无应答;结点 A 于是使用备用结点来为映射到 B 的请求服务;A 定期的测试 B 来核查它最近是否回复。在没有客户端请求来使两个结点通信的情况下,每个结点不是真的需要知道是否其他的结点是可到达或是有反应的。

分布的错误检测协议使用一个简单的 gossip 型协议来使在系统中的每个结点知道其他结点的到达(或者离开)。更多关于分布式的错误探测器的信息可以参见[77]。早期的 Dynamo 设计使用分布的错误探测器来获得对错误状态的全面的一致观察。以后,它发现明显的结点加入和离开方法并不需要满足这种要求。这是因为对于明显的结点加入和离开方法很容易知道结点的增加或删除是具有永久性的,并且当结点与其他结点通信发生错误的时候,临时的错误是由结点自己检测的(当提交请求的时候)。

8.3.9 增加/删除存储结点

当一个新的结点(被称为 X)被加到系统中,它获得许多随机分散在环中的 token。对于每个被安排给结点 X 的键的范围,将会有一些这样的结点(少于或是等于 N):他们正在负责处理处于这个 token 范围内的键。由于把键的范围分配给 X,一些现存的结点将不再有他们的键并且一些结点将这些键传送给 X。考虑一个简单的结点 X 被加到图 8-2 中显示的环的 A 和 B 之间的情景。当 X 被加到系统中,它负责在范围 $(F,G]$, $(G,$

A]，$(A,X]$ 中存储键。结果是，结点 B，C 和 D 不再必须在这些各自的范围内存储键。当一个结点从系统中抹去时，键的重新分配发生在一个相反的过程中。

操作经验显示这种方法利用存储结点统一地将键分配出去，这对满足反应时间的要求是很重要的。最后，通过在源和目的之间增加一个配置，可以确保目的结点不会收到任何为一个给定的键值范围而进行的重复的传输。

8.4　小结

本章主要分 3 个部分，第 1 部分对 Amazon 的 Dynamo 技术做了一个初步的介绍，介绍了 Amazon 对 Dynamo 的设计考虑，Dynamo 与传统存储技术在设计上，技术上的不同，以及对 Dynamo 的要求。第 2 部分主要介绍了 Dynamo 的设计假设和要考虑因素，Dynamo 的面向服务的分层体系结构、服务层协议，以及相应的详细设计考虑。第 3 部分主要介绍了 Dynamo 的体系结构以及它的一些特点：使用一致散列技术的分割和复制，为保持一致性使用的对象版本技术，更新期间的多数表决技术（Quorum-Like）和复制一致性协议，基于 gossip 的分布式错误检测和成员关系的协议，以及 Dynamo 在增加和删除结点时的方法。

习题

1. Dynamo 是什么？
2. Dynamo 的设计原则。
3. Dynamo 所使用的一致性散列方法。
4. Dynamo 如何使用向量时钟来找出各个数据版本之间的因果关系？
5. 举例说明 Dynamo 采用何种方法处理临时性故障。
6. Dynamo 是如何处理永久性故障的？

第9章　IBM公司的云计算技术

在本书前面几章的介绍中,已经了解了Google、Yahoo!和Amazon等大型IT公司的云计算技术和产品,那么作为"蓝色巨人"的IBM公司,在云计算方面有哪些与众不同之处呢?

9.1　IBM公司的云计算概述

首先,IBM公司充分发挥了自身软件和硬件方面的优势,为企业用户打造了一个软件和硬件相结合的云计算模式。用户可以利用该模式进行各种实验。在这种云计算模式下,计算脱离了本地机器或远程服务器的束缚。借助资源在全球的广泛分布,计算运行的数据中心更加类似互联网的环境。

其次,IBM公司的云计算兼有了公有云和私有云的特点。拥有网络的用户都可以连接到公有云上,IBM公司的Lotus Live以及Amazon公司的Web服务都属于公有云;私有云不仅拥有公有云的优点,当数据峰值来临时,私有云还具有更快的反应速度。IBM公司在云计算上有丰富的经验,它不仅创建了许多底层的云技术,而且成功部署了许多复杂、企业级的私有云。

IBM公司云计算神奇的地方,就是最终使用资源的客户不需要关心资源的位置和部署方法。用户只要提交申请,经过一系列自动化的流程,最后拿到的就是完整的解决方案,即客户告诉云他的需求,最后云满足客户的需求,而客户不用管资源配置和流程的细节。客户提出的需求,比如说,需要多大的计算能力,需要部署什么样的软件,需要做什么样的测试。剩下的事情客户就都不用管了。云的工作完成后会给客户一个IP地址,客户可以通过这个IP地址来使用满足所需的运行环境。所有的东西已经被云做好了。这是云最吸引人的地方:客户只需要提要求,剩下的东西根据流程自动完成。

最后,IBM公司提供了一些能够满足大范围需求的云计算服务。IBM公司现在提供硬件、软件和服务来帮助以下的群体。

(1) IT企业。构建和管理自己的私有云环境。

(2) 商业和用户。直接从IBM获得独一无二的云服务。

(3) 云服务供应商。为外部客户扩展云环境。

(4) IT业界。推动云计算革新和标准的采用。

IBM公司也同时在为IT企业提供一些可能使用也可能不使用到云计算的基础能力。这是通过动态基础架构和服务管理来实现的。

(1) 动态基础架构。有一个动态的基础架构意味着随着业务环境的变化——无论是用户需求变更,竞争力变化,业务过程变化或者其他变化,在云计算技术的帮助下,都可以快速而有效的适应这样的变化。一个企业,不论任何类型、规模,在任何产业,在任何地方,都要面对变化的挑战。一个动态基础架构允许业务不仅仅在变化中生存,还要在变化过程中繁荣发展。这也是建立云计算环境的先行条件。关于动态基础架构,将在后面的章节中继续详细阐述。

(2) 服务管理。服务管理是保证技术满足业务需求的最好的方法。没有服务管理,动态基础架构和云计算环境无法存在。无论是通过云计算环境,动态基础架构或者一个更传统的技术架构提供服务,服务管理都提供了支撑性的管理过程,从原始的技术中提取出价值。

总之,IBM 公司的云计算方法,基于服务管理和动态基础架构能力,能为每家 IT 企业提供一些服务。IBM 公司的一份调查显示 30% 或更多的 IT 企业已经转向了服务管理范型,且有 50%～60% 正处在这个过程中,大部分 IT 企业能够从 IBM 公司的服务管理方法中受益,它是动态基础架构和云计算的核心。

下面详细介绍 IBM 公司的各项与云计算相关的项目和技术。

9.2　云风暴

什么是 IBM 公司的云风暴(Cloud Burst)? 从字面上理解,风暴的威力应该会给云计算带来一次大清洗,而事实上不是。通俗地讲,IBM 云风暴是一个厚实的包裹,里面装的都是货真价实的云计算部件:硬件、存储、网络、虚拟软件、服务管理软件等。而 IBM 显然为了更加吸引客户的眼球,把云风暴进行反复包装,最后只剩下简单的用户接口。

由于云风暴的内容过于庞杂,这里撷取其中的硬件和软件部分做详细介绍。基础的硬件设施包括一个标准的机架,机架配置的服务器,IBM **刀片服务器**(Blade Center),刀片服务器机架,IBM 系统存储设备和一些网络设备。软件部分就更加复杂了,云计算架构管理服务如下所示。

(1) 操作系统:Windows 2003 R2 企业版(32 位)。

(2) 数据库:SQL Server 企业版、SQL Server Express。

(3) 平台管理工具:IBM System Director。

(4) 服务管理工具:IBM Toolscenter。

(5) 存储管理工具:IBM DS Storage Manager。

(6) 虚拟管理工具:VMware vCenter Server。

云风暴软件栈主要由以下几方面组成。

(1) 操作系统:Novell SUSE Linux 企业版。

(2) 网络文件系统:NFS(Network File System)。

(3) 数据库系统:IBM DB2 企业版。

(4) 网络应用服务:IBM Web Sphere Application Server。

(5) 目录服务:IBM Tivoli Directory Server。

(6) 监视器:IBM Tivoli Monitoring。

(7) 存储管理客户端:IBM Tivoli Storage Manager Client。

(8) 供应管理:IBM Tivoli Provisioning Manager。

（9）云风暴应用：IBM Tivoli Service Management。

使用 IBM 云风暴的好处很明显，它不仅降低了配置服务器的门槛，而且简化了管理的难度。由于计算能力的增强，服务器的响应时间明显缩短，处理密集型数据的能力增强。

9.3　智能商业服务

IBM 公司的智能商业服务（Smart Business Service）旨在为客户提供快捷方便的云计算解决方案。客户获得的来自 IBM 智能商业服务咨询帮助主要有如何搭建实施一个安全可靠、具有弹性的云计算环境。IBM 可以快速部署客户的云计算方案并保证云计算运行在一个安全的环境当中。下面介绍一下智能商业服务提供的两种云计算。

（1）IBM 公司的智能商业测试云。测试云是 IBM 公司的一个私有云，在吸取 IBM 公司公有云优点的基础上又增加了企业防火墙的安全屏障。IBM 公司的云风暴帮助用户轻松部署私有云并管理私有云上复杂的拓扑结构。通过这种方式，客户节约的不仅是传统的经济开销以及版权费用，还有维护设施和雇用劳动力的费用。而且，标准化和快捷的服务也降低了软件的出错率。测试云的目标是降低客户资本和运作的费用。

测试云的特点及其优势。

① 采用自助配置方式，降低了设置、运营和监控的劳动力费用。

② 管理简易，可以有效降低风险并提高质量。

③ 减免了版权费用。

④ 采用先进的虚拟技术进行动态升级，保证资金的合理利用。

⑤ IBM 公司的云风暴支持快速、廉价的云环境搭建和基础设施管理。

（2）IBM 公司的智能商业桌面云。客户通过本地带有 Java 和网络浏览器的瘦客户端（Thin Client）或者 PC，连接到中央服务器的虚拟机操作系统上，来享受 IBM 公司的智能商业桌面云的高安全性和可升级性，桌面云提供了一个恢复性强，标准化的桌面环境和系统图像。

如果客户喜欢设计和实施自己的方案，并且可以管理处于运行状态的云，IBM 公司的智能商业桌面云可以很好地与 IBM 公司基于项目服务配合来满足客户的需求。如果用户不仅能够设计和实施自己的方案，而且能够管理中央数据，包括更新数据和保证信息安全，还可以配合 IBM 公司的管理服务。

桌面云的特点及其优势。

① 迅速升级 IT 基础结构，满足动态变化的商业需求。

② 改进财产管理和利用，灵活的运行方式，节约能源减少开支，增加投资回报。

③ 与商业经营价格相匹配的计价方式。

9.4　智慧地球计划

智慧地球（Smarter Planet）的核心是以一种更智慧的方法通过利用新一代信息技术来改变政府、公司和人们相互交互的方式，以便提高交互的明确性、效率、灵活性和响应速度。

科技的发展使人类历史上第一次出现了几乎任何系统都可以实现数字化和互联的事实,并且在此基础上做出更加智慧的判断和处理。

首先,各种创新的感应科技开始被嵌入各种物体和设施中,从而令物质世界以极大的程度被数据化。

其次,随着网络的高度发达,人、数据和各种事物都将以不同方式联入网络。

第三,先进的技术和超级计算机则可以对这些堆积如山的数据进行整理、加工和分析,将生硬的数据转化成实实在在的洞察,并帮助人们做出正确的行动决策。

事实上,地球已经越来越智慧化。两年内全球生产了 300 亿个 RFI 标记;传感器已经被包括医疗保健网络、城市甚至河流等自然系统使用;汽车、家电、数码照相机、公路、管道甚至医药品和家畜都紧密相连;超级计算机和云计算可被应用于处理、建模、预测和分析流程将产生的所有数据。

毫无疑问,世界将会是一个地球村,彼此相互依赖,交互更加智能化,这为商业发展提供了很多机会。IBM 公司的智慧地球计划正是在这个背景下提出来的。面对日新月异的市场条件,智能地球计划能够帮助客户减少资金投入,降低运营成本,增加交互协作,提高完成质量。

该计划使用动态分布的基础架构来满足需求变更,利用 IBM 公司的服务管理系统(Service Management)帮助客户创建和提交类似云计算的新服务,提高服务质量,减少资金投入和降低管理风险。而云风暴作为服务管理系统完整的硬件、软件和服务套件,简化了客户云计算的采购和部署,是企业利用服务管理系统重要的助推器。

9.5 Z 系统

在许多方面,计算已经回到中央处理机上。工作组式和部门式的计算方式已经被改变,因为人们不再愿意被坐在机房透明玻璃墙后面的 IT 主管和开发人员监控着。事实上,计算机工业的历史也表明,从单一集成电路的计算机向更庞大更分布式的计算机转移是大势所趋。

计算的集中化再次成为流行时,大型中央处理机也在发展中,它快速吸收了最新的应用和许多开放的接口(包括 CMOS 处理器,Linux 分区,Java 应用服务器,吉比特(Gbps)以太网等),也保留了传统大型中央处理机动态负载管理,系统高可靠性和处理大批量 I/O 的特点。因此,现在的 Z 系统不是 IBM 360 系统的简单继承,而是一种支持大规模计算的新模式,但是它显然也对硬件和软件向下兼容。随着技术的变革,IBM 公司也开始为它的中央处理机找寻新的名字。它们称之为"银行的安全金库"、"商业策略管理者"、"灵活商业综合者"。

在 Z 虚拟操作系统的帮助下,新的大型中央处理机也逐渐演化成一个与 Linux 系统兼容的平台。Z 虚拟机的一个卖点是作为一个为大量 Linux 用户提供服务的主机,用户之间的进程不需要相互通信。当应用持续使用标准的网络接口时,HiperSockets(机箱内网络)允许数据穿过系统相互通信,提高了可用的带宽和时间等待。

IBM 公司通过与 SUSE 合作，对 Linux 做了很多修改，以更好地兼容 Z 虚拟机使用内存的方式。CMMA 和 DCSS 是两种被采用的技术，CMMA 扩展了 Linux 和 Z 虚拟机之间页内存和其他内存使用的协调性，使其能够满足企业级的页内存。在 DCSS 帮助下，大量的内存被虚拟机共享，而那些被 Linux 虚拟机使用的执行代码被放在 DCSS 中，因此所有的虚拟机仅指向这些单一的地址空间范围。

简言之，Z 系统是各类计算的中心，它把所有其他计算牢牢捆绑在一起。随着 SOA 的新形式的出现（SOA 将成为云计算的重要部分），共同协调的重要性也会越来越突出。

云计算并不等同于 SOA。相比之下，云计算包含的范围更宽泛。跟企业级计算相比，云计算有很多相同的 IT 要求，可以采用一些相同的解决方案。

这些要求包括很多应用和基础架构的特点，例如事件驱动性、实时性、可伸缩性以及安全性并且能够处理日益庞大的增长型富数据。从某些程度上来讲，这与公有云如（Amazon 网页服务）的要求在概念上很相似。

从技术层面来讲，现在的很多应用只能在狭隘的几个系统结构中运行，相对于云计算来说，由于其运行环境的多样性，应用的转移不可避免地会造成有多问题。例如，将 Fibre Channel 连接至大的 SMP（对称多处理）服务器。除此以外，数据总是与应用程序紧密联系的，而应用程序的各个部件也需要通过优化的网络和内部通道相互通信。不仅如此，软件服务的提供商可以优化软件服务的基础架构，但是软件的标准化会是一个大麻烦。很显然，在公有云中，用户的软件不能过于特殊，不然与此配套的硬件优化会遭遇很多困难。

此外，安全性，顺应性以及易控制也会是讨论的重点问题。在很多产业中，许多公司都遵循苛刻的条例，例如如何存储数据，如何传输数据，而在云计算中，这些条例应该更加严格，但是支持条例扩展需要时间代价。毫无疑问，Z 系统走在了安全运算的最前端，这借助于长期以来在系统安全加固，精密的访问控制系统，硬件促进加密等众多领域实践开发所得出来的成果。

9.6　虚拟化的动态基础架构技术

对今天的企业来说，需要在 IT 领域有新的尝试，才能得到理想的商业结果。面对巨大的市场挑战，当年度收入受到威胁，预算减少，IT 成本应该得到严格的控制。而且 IT 服务水平——用户满意度和员工生产力的重要因素——也应该得到提高。简而言之，必须用更少的投入换取更多的产出。为了达到这样一个目标，IBM 公司提供了一个极具吸引力的全新视角——动态基础架构。

什么是动态基础架构？它不是一种销售品，不是一种具体的服务、解决方案或二者的结合。动态基础架构应该被理解为一种思想，一种革命性的策略，企业可以通过它最小化运营成本，预知和控制商业风险并提升服务水平，动态基础架构能够最好地帮助企业面对各种困难的挑战。

动态基础架构用最少的 IT 资源换取最大的商业价值。在动态基础架构中商业和技术管理为了企业的共同目标而交汇在一起，最大化 IT 灵活性和伸缩性，从而有效、便捷、迅速地解决商业需求。动态架构也使得企业可以有效、迅速地抓住机遇，将糟糕的经济环境转变为机遇。

因为每个企业的业务都是在不同的环境下运作的,使用不同的架构,面对不同的挑战,创造这样一个动态基础架构意味着在每种情况下的一个独特的转化过程。没有两个相似的企业,也不会有两个完全一样的动态基础架构。企业不需要独自面对这个过程,IBM 公司提供动态架构需要的全方位的技术、服务、解决方案和认证专家借助 IBM 公司的帮助,企业可以在最短时间内,通过精心调整的,符合其需求、目标、进度、生产和战略的基础架构来获得最佳商业回报。

9.6.1　虚拟化

虚拟化(Virtualization)是动态基础架构的关键基石,几乎在任何情况下,动态基础架构的转化工作都要涉及虚拟化。

很多 IT 专业人士只在服务器方面考虑虚拟化的问题,但是 IBM 公司视虚拟化为一种将逻辑资源和物理资源分离的方法,因此不论商业对他们有怎样的实时变化需求,那些资源总能得到更有效、更动态、更快的配置,从而满足变化的需求水平和业务需求。

虚拟化和动态基础架构之间的强烈关系是显而易见的:虚拟化帮助完成架构动态化的过程,进一步说,通过虚拟化解决方案,企业可以从 IT 或商业的视角上获得益处。

从 IT 企业角度讲:成本降低,这一般通过降低复杂度、提高资源利用率、空间有限的数据中心的空间重用以及提高耗能效率。服务水平上升,当前服务的性能和伸缩性上升,新的服务可以更快开发出来,风险也被转移,因为关键任务和产生回报系统的实时性和可用性,应用的服务会随着虚拟化提升。

从商业角度讲:虚拟化能帮助建立增长的基础。当市场情况变动要求提出新的战略时,通过每一个虚拟化的动态架构,新的战略会更易于创建和部署,通过实时处理可以更快得到可行的商务智能,帮助量化任何给定的策略的成功(或失败)的程度。操作和系统控制得以整合,减少解决问题时间,而且架构或人员中如果有冗余,它将会被更容易地分辨出来,最后,员工生产力会显著提高——这是以上的益处的合乎逻辑的结果。

多种类型的虚拟化组合产生一个更加动态的结果。

虚拟服务器可能是最有名的虚拟解决方案了。物理主机和逻辑服务器不再是一对一关系,一台物理主机(如果它的性能和可靠性特别高)可以充当多个逻辑服务器的一个平台。这重新定义了服务器的概念和实现——在字面上和实际上——将它转化为许多强大的商业利益。这些好处如下:整合减少了服务器的过分扩展,每个服务器的能耗减少,硬件利用率大幅提高,IT 服务分配资源时更高的可变性和服务可用性。虚拟化作为动态架构的关键元素,能够且应该包括除了服务器外更多其他虚拟化的元素;事实上,IBM 公司在把架构的每个主要元素都虚拟化后就会得到最佳结果。

比方说虚拟存储,它允许企业不把存储视为一个与某些硬件绑定的固定元素,而是看成一种流动的资源,可以实时分配到任何需要它的应用和服务中去,例如数据库。在数据库中心的记录在不断被创建,通过虚拟存储数据库可以按照商业需求的比例增长,而不需要考虑支持它们的某个系统的硬件规模或其他的存储设备。当应用、系统和服务可以持续使用他们需要的存储资源，整个 IT 的可用性，生产力和服务水平都会提升，从而帮助最大化所有使用存储的元素的投资回报。同时虚拟存储也使得对存储资源的中央化管理得以实现，而不再是单点控制，这减少了管理成本。

虚拟客户端可以直接解决桌面扩展（Desktop Sprawl）问题，这是一个许多企业面临的主要问题；越来越多的拥有完整操作系统和应用程序栈的桌面被布置到越来越多的用户处，这样"笨重"的客户端转化为了 IT 团队巨大的、需要大量操作的负担，而这些队伍已经在面对经费不足和极小自由时间的挑战了，尤其是大量首次展示比如新的应用或操作系统版本，会需要好几个月来完成，才能产生很大的商业影响。虚拟化的"轻巧"的客户端则代表着具有吸引力的另一种选择。"轻巧"的客户端本质上在每个单元都是相同的，终端用户数据和应用程序迁移到共享服务器，通过网络供"轻巧"客户端使用，这样一个方法意味着终端资源能够被 IT 集中统一地进行优雅的、高速的管理，极大地减少了桌面扩展和所有与之相关的成本问题。

虚拟应用程序基础也同样能带来极大的收益。试想一个企业的很多关键服务是由运行在其服务器集群上的核心 Java 虚拟机支持的，假如需求上的突发高峰要求在一个应用上有更高的性能，同时其他的仍然相对空闲。通过虚拟化应用基础架构，应用的负载可以在集群间动态分配，保证这样的突发高峰通过更多的处理能力快速有效的得到解决，无论它在何时何地发生。

虚拟化网络也同样能够在基础架构动态化方面扮演好自己的角色。一个物理结点可以被虚拟为多个虚结点从而增加网络容量。多个物理交换机也可以在逻辑上被视为一个虚拟交换机，从而减少复杂度，减轻管理负担。虚拟个人网络对远程用户提供与物理上的内部网络类似的安全机制和性能，其代价比起以前大大地降低了，同时也增加了员工在厂区外的生产力。甚至网络适配器也可以被虚拟化，从而减少构成整个基础架构的物理设备数。

9.6.2　虚拟化的云计算技术

云计算作为一个新兴服务的测试平台被广泛使用，IBM 公司自己创建并维护这样的平台，云计算也能支持许多其他强大的商业计划，比如基础架构外包，对外部用户提供 SaaS 以及下一代分布式计算。它能很好地分布并灵活驱动新模型的使用，如 Web 2.0，它能提升企业的能力，使企业可以通过一个强大的、有伸缩性的、高适应性而且极度有效的架构来更好地为员工和客户服务，这是虚拟化商业价值上革命性的一步。

云计算可以理解为一种现有方法的逻辑组合，用来产生一个对变化的策略、需求和目标的快速回应。比如服务是由虚拟服务器支持的，虚拟服务器是在云计算上被创建和支持的。进一步说，在一个基于策略的系统中，云计算可以按需创建虚拟服务器，这是逻辑抽象的另一个层次，它使得机构可以更直接专注于其需求，以及服务如何满足需求，而不是这些服务是如何创建、管理和优化的这样的技术细节。

虚拟化在实现云计算中扮演着核心角色，当用户通过一个自助 Web 入口请求一个新服务，支持服务需要的虚拟服务器自动通过支持技术被创建和提供。这通常可能包括刀片服务器或者其他高端计算平台,由它们来充当物理主机,提供高级软件,从而在主机预备好的磁盘映像上创建虚拟机,然后按客户要求依照任何一种应用程序、中间件和数据进行定制。

这样一种设计是服务创建领域前进的一大步,在普通的环境下,处理这样的服务请求通常是一个非常耗时间的过程,包括许多阶段如取得硬件设施、分配空间、手动配置支持服务的虚拟机,从而使用合适的资源并保证整个环境的安全,只允许合适的用户和群组访问。

通过云计算,各种复杂性都被抽象到了考虑范围之外,新的服务可以由用户构想,并通过基于 Web 的服务选项目录请求,最后在数小时内精确地在线运行。因为这些服务利用云计算平台,他们以一种优化的方式自动继承一个支持他们的环境,用户提交一份高质量的请求,而"云"处理剩下的创建工作。

其次,通过使用其他的工具监视和追踪服务(在网络上可供请求实体和 IT 管理员使用)从而保证目标水平和需要的特征已被提供或进行逻辑调整,从而用新的方法促进服务。如果服务要求额外的处理能力、存储或内存,通过使用大规模可伸缩的、异构的虚拟化基础架构(在该架构中这些元素全部被视作可以自动根据不可预测的需求来调整的流动资源),负载可以得到大幅的调整,从而获得更高的性能。

当服务周期结束,用户可以通过一个云端的 Web 接口取消服务——不需要任何其他具体工作。另一方面,用户在必需退订服务的时候会收到通知,除非用户证明该服务涉及企业的某些正在使用的、必须维持的资产。这意味着一种自动跟踪,控制 IT 成本的方法,它通过将服务请求的时间段限制在合理的时间片来避免一种情况,即关键资源尽管很少被使用,但还是被存储在云中(一个企业级架构的共同问题)。

云计算代表了一种极度有效和优雅的强大的新架构,适合各种不同环境并说明了虚拟化在创建动态基础架构方面是多么的有效。它具有很多技术上的好处,比如极高的服务管理水平和创建效率,同时降低了相关成本;企业可以快速统计服务的数量、类型、性能和可用性,并将它们作为一个整体来管理,这一切都无须再额外增加多少 IT 技术人员。

也许更有吸引力的是,云计算可以带来更高的企业和商业收益,比如培养革新、更快的投入市场的服务,以及更好的合作,无论是在机构内部,还是在机构外更大的客户端、客户和合作伙伴的生态系统中的合作。

9.6.3　实现虚拟化策略的关键解决方案

为了满足今天的机构面对的各式各样的需求,IBM 公司提供了业界最全面的一系列服务,即关键的服务和解决方案来实现虚拟化的中心效益——降低成本和复杂度、转移商业风险、统一管理和提高服务水平。

1. 虚拟服务器管理

一个帮助企业管理复杂虚拟化架构的重要解决方案就是 IBM System Director。这个强大的工具提供中央化控制和对虚拟服务器的每日管理——配置和搭建、发现、状态检测、监控等——无论他们是基于 IBM Power Systems、IBM System X、IBM System Z 大型机、IBM Blade Centers 还是其他第三方 x86 系统。

基于一个为了满足未来需要的扩展性而设计的插件式体系结构，IBM Systems Director 也向高层管理包提供它从硬件主机收集到的信息，比如 IBM Tivoli Monitoring、IBM Tivoli Provisioning Manager、IBM Tivoli Netcool 和其他（包括第三方包），来获得更加详细的商业分析来支持相关的过程。

2. 虚拟存储管理

IBM Total Storage Productivity Center 近似地提供一种统一的、简化的、自动化的控制虚拟存储资源的观点，解决了通常需要许多工具辅助才能解决的关键功能和任务。物理和虚拟资源都可以得到管理；这样的解决方案将与企业中通常部署的许多不同的多运营商、异构的存储解决方案实现无缝的相互协作，端到端拓扑视图清晰显示了有多少存储资源已被利用，用在何处何种目的，使管理者可以取得其需要的信息，以便采取合适的行动以取得最优结果。

那些希望将存储资源从一些特定的资源中释放，并将其视为一种可以分配给任何应用的流动资源的企业也会对 IBM SAN Volume Controller 感兴趣。通过将跨设备的存储作为一种按需提供的池资源，这种硬件解决方案有助于提升整体应用性能和可用性、用户生产力和整体存储利用率，同时整合它控制的所有存储资产的管理。它也可以用来创建一个层级存储模式，其中昂贵的存储设备基于需求分配，分配到一些更重要的应用和数据，从而达到最优结果。

3. 虚拟客户端

IBM 公司可以与企业合作开发一套由企业自主定义的虚拟客户端解决方案，它基于 IBM 公司提供的"轻巧"客户端并且得到已有的产品如 Citrix and VMware 的支持。这样，用户的程序和数据可以被存在中央系统中，在中央系统中管理员可以简单有效的管理用户，同时具有完全相同客户端硬件的终端用户们可以透明的进行访问。这样的结果使桌面扩展的成本显著降低，同时，机构的灵活性会增加，因为用户可以在任何客户端、在架构的任何地方接入他们独一无二的虚拟工作环境。

4. 虚拟应用程序基础架构

IBM Web Sphere Virtual Enterprise 是一个强大的产品，它通过按照波动情况和需求变动动态调整集群中的负载来提高关键应用的性能和可用性。整体灵活性、敏捷性和用户生产力都会得到提升，因为应用总是有足够的能源和内存来支撑，而操作和能源成本会极大的下降——优化利用的结果，通过它，空闲时间显得不再昂贵。如果程序要求升级，升级可以在不影响当前版本运作的情况下完成，升级在操作上是透明的。简化的应用程序基础架构管理和更容易的对服务水平协议的性能详情的了解是该产品的商业优势。

5. 虚拟网络

跨逻辑划分的共享物理资源对从虚拟服务器上获得最大商业价值十分重要。这些情况下,IBM Virtual I/O Server 通过共享 I/O 资源——比如 SCSI 和 Ethernet——恰恰提供了需要的功能,跨越了 AIX 和 Linux 的划分。这个工具甚至可以创建多于 I/O 端口和物理设备的划分,增加认可物理主机和它所支持的服务器的网络利用率。

至于 IBM Blade Centers,它在一个共享底层提供许多"刀片服务器",网络资源必须对服务尽快可用。IBM Blade Center Open Fabric Manager 实现了这个前提,使对上百个底层的各种 I/O 和网络互联相对简单,每个底层可以支持 14 个刀片。进一步说,由于预先设置的 LAN/SAN 链接信息,在插入新的刀片的时候,I/O 连接以极高速度自动完成。这项服务同样支持许多第三方 Ethernet 和 Fibre Channel 交换机从重要的经销商处切换,以获得极大的交互操作性和无缝整合。

6. 物理服务器

最好的虚拟服务器需要最好的物理主机,IBM 公司提供了一系列可以在任何商业环境下驱动虚拟化策略的一流服务器产品。

比如 IBM 公司 Z 系统主机,极度支持虚拟化的计划,比如在一台极度可信且高性能的,由业界最先进的伸缩性、高级安全性和完整硬件冗余支持的主机上搭建上百个 Linux 服务器。IBM Power Systems 基于 IBM 公司的 POWER 6 处理器架构,提供针对 AIX (IBM 的 UNIX 特别版),Linux 和 IBM i OS 的高移动性的动态资源配置。它们非常适合那些最具有任务关键性的应用的高可用性场景。IBM 公司的 X 系统服务器,包括许多专有的基于第四代高可靠性 X 架构的设计优化,是同类中最好的 x86 主机,它允许企业合并许多低端机,从而减少服务器扩张,大幅提高硬件利用率并最小化能耗。

7. 物理存储

IBM System Storage 产品在一个高可用性、高性能服务包中提供存储,该服务包适用于支持 SAN 和 NAS(网络连接存储)环境下的存储虚拟化。与 IBM Total Storage Productivity Center 和 IBM SAN Volume Controller 搭配,它们可以在提供随时随地地按需存储资源服务中扮演关键角色,提高应用和服务的可用性并帮助许多企业解决所面临的数据体积膨胀问题。

8. 服务管理平台

IBM Tivoli 系统和服务管理工具套装用来帮助在 IT 基础架构的所有层面,包括虚拟化的设备,通过提供高可视化业务、控制(管理业务)以及自动化来提高商业价值。有许多可以用来跟踪、提高或支持虚拟架构的关键方面的工具。一个例子是 IBM Tivoli Provisioning Manage,一种全球领先的供应工具,IBM Systems Director 能够通过使用准备好的磁盘映像和全自动的、尤其与商务需求一致的脚本来轻易完成虚拟服务器的供给。这个工具也在通过按照用户服务需求自动提供服务器来实现云计算战略的工作中扮演重要的角色。

9. 虚拟化服务

IBM 公司也提供一系列的服务，基于最佳的实践经验，并有熟练的专业人员和顶级技术帮助企业在其独特的环境中最简捷有效地实现虚拟化并从中获利。所有的服务都与一个持久参考架构绑定，该架构可以用来发现并确定在不同情况下达到需要的结果所应选择的投资领域（一个传统的 IT 转型蓝图）。

9.7　小结

IBM 公司作为 IT 企业中的"蓝色巨人"，在云计算领域具有在软件硬件以及解决方案方面的巨大优势，以服务管理方法为核心，以动态基础架构为先行条件，其"蓝云"计划从各个不同的角度针对不同类型的企业提供了丰富的服务。IBM 公司的云计算兼有公有和私有云的特点，并且通过虚拟化技术使"云"内部的部署方式对用户透明。

IBM 公司与云计算相关的项目主要有云风暴、智能商业服务、智慧地球、Z 系统以及虚拟化的动态基础架构。云风暴是一个便于用户使用和理解的云计算服务包，在简单的用户接口之下包含强大而繁复的功能；智能商业服务分为测试云和桌面云，分别通过私有云和解决方案的方式向企业提供智能商业云计算服务支持；智慧地球通过云计算的强大数据整合能力，使人们以一种更智慧的方式进行交互；Z 系统通过虚拟操作系统技术，将各类计算整合在一起，可以在用户进程间无通信的情况下为大量 Linux 用户提供服务，为云计算的移植性和灵活性提供了有力的支持；动态基础架构基于虚拟化技术，使得企业的基础架构能够动态适应任何业务上的变化。

总之，IBM 公司在云计算领域的工作的影响力十分巨大，并且在云计算的普及方面以其针对企业的云服务推动了云计算领域的发展，其必将在未来的云计算竞争中占有一席之地。

习题

1. IBM 提供的云服务的适用群体同亚马逊（Amazon）公司有什么不同？
2. IBM 云风暴软件栈主要由哪几方面的内容构成？各个软件系统的关系是什么？
3. IBM 智能商业服务中测试云和桌面云的优势各自是什么？
4. 简述 IBM 智能地球计划所包含的内容。
5. 虚拟化是 IBM 云服务的最重要的技术之一，IBM 的虚拟化包含哪些技术的内容？

第三篇　分布式云计算的程序开发

在第二篇中,重点对云计算相关内容和各大云计算平台进行介绍。本篇主要是对现有的各主要云计算平台进行实际编程应用,通过使用各个云计算服务提供商所提供的开发平台,使读者能够对云计算有更深入的理解。

本篇内容主要是这样安排的:

第10章,首先对 Apache 开源项目 Hadoop 系统进行介绍。Hadoop 是一个开源分布式计算平台,主要由 Hadoop 核心组件、MapReduce 以及 HDFS组成。本章首先对 Hadoop 系统的发展历程,自身特点及应用进行简单介绍,然后详细说明 Hadoop 生态系统所包含的项目及其自身体系结构,最后对Hadoop 集群相关安全策略进行说明。

第11章,详细介绍 MapReduce,它是 Google 提出的 MapReduce 编程模型的开源实现,被广泛应用于海量数据的处理。本章对 MapReduce 的计算模型以及工作机制进行深入分析,并结合 MapReduce API 和实例介绍如何采用MapReduce 框架编写并行程序。

第12章,详细介绍 Hadoop 的另一核心子项目 HDFS,其为 IIadoop 所采用的分布式文件系统。本章着重对 HDFS 的体系结构以及数据流在 HDFS中的执行流程进行详细介绍。

第13章,主要讨论 HBase 分布式数据库系统。HBase 的设计思想主要来源于 Google Bigtable 技术,与传统关系型数据库不同的是,其为面向列存储的分布式数据库。本章将分别对 HBase 的体系结构、数据模型、物理视图和概念视图进行介绍,并说明如何采用 HBase Java API 对 HBase 数据库进行操作。

第14章,详细介绍 Hive 数据仓库。Hive 的存储建立在 Hadoop 文件系统之上,自身没有专门的数据存储格式,部分数据还需要存储在外部关系数据库当中。它向上为用户封装了 Hive QL 编程语言,使用方法类似于 SQL 操作,这极大方便了用户的使用。

第15章,讨论 Google 提供的 Google Application Engine 云计算平台。开发人员可以通过下载相应的 SDK 开发工具包,使用 Java 或 Python 语言编写 Web 应用程序。最后,本章介绍如何将 Web 应用程序发布到 Google App Engine。

第 16 章,进行 Microsoft Azure 云计算平台应用程序开发。Windows Azure 云计算平台主要包括 Windows Azure、SQL Azure 和 .NET 服务。通过 Windows Azure 平台,可以开发应用程序,并且使用 SQL Azure 存储关系型数据,将应用程序部署到 Azure 平台,对外提供访问服务。

第 10 章 Hadoop 系统

10.1 Hadoop 简介

Hadoop 是一个开源分布式计算平台,它是 MapReduce 计算模型的一个载体。借助于 Hadoop 软件,开发者可以轻松地编写出分布式并行程序,从而在计算机集群上完成海量数据的计算。

Hadoop 作为 Apache 下的开源项目,其核心部分: MapReduce(Google MapReduce 的开源实现)负责数据的计算,提供一种全新的计算模型;HDFS(Hadoop Distributed File System,HDFS)为 Hadoop 系统提供文件存储功能,提供许多满足大型集群系统的新特性。

此外,Hadoop 还包括很多相关的 Apache 顶级项目,包括 Avro、Chukwa、Hive、HBase、ZooKeeper、Pig 等。这些项目于 HDFS 和 MapReduce 共同构成了 Hadoop 生态系统,形成了一个包括数据存储、数据挖掘、数据分析、序列化、流水线处理等功能在内的综合数据管理平台。

10.1.1 Hadoop 系统的由来

Hadoop 系统是由 Apache 开放软件基金下 Lucene 项目的创始人 Doug Cutting 创建的。Lucene 是采用 Java 实现的开源全文检索工具包,Lucene 只提供一套简易的 API。后来,Doug Cutting 在 Lucene 基础之上添加了网络爬虫和相关的 Web 功能,开创了第一个开源的 Web 搜索引擎 Nutch。

然而 Nutch 体系结构并不能有效地爬取十亿级 Web 网页,直到 2003 年 Google 发布 GFS 文件系统。GFS 可以有效地满足存储海量的 Web 爬取文件并进行索引处理,Mike Cafarella 和 Doug Cutting 于 2004 年决定构建开源的 Nutch 分布式文件系统(Nutch Distributed Filesystem,NDFS)。2004 年,Google 发布 MapReduce 计算模型。不久 Nutch 人员将 MapReduce 引入了 Nutch 系统中。由于 DNFS 和 MapReduce 在 Nutch 系统中的良好应用,2006 年 2 月 Nutch 决定将其分离出来作为 Lucene 下一个独立的子项目取名为 Hadoop。与此同时,Doug Cutting 加盟 Yahoo!。Yahoo! 宣布支持 Hadoop,并将其贡献给 Apache 软件基金。

10.1.2 Hadoop 的作用

人们为什么需要 Hadoop 呢? 众所周知,现代社会的信息量增长速度很快,这些信息里又积累着大量数据,其中包括个人数据和工业数据。预计到 2020 年,每年产生的数字信息将会有超过 1/3 的内容驻留在云平台中或借助云平台处理。人们需要对这些数据进行分析处理,以获取更多有价值的信息。那么如何高效地存储管理这些数据,如何分析这些数据呢? 可以选用 Hadoop 系统,它在处理这类问题时,采用分布式存储方式,提高读写速度和扩大存储容量;采用 MapReeduce 整合分布式文件系统上的数据,保证高速分析处理数据;与此同时它还采用存储冗余数据来保证数据的安全性。

Hadoop 中 HDFS 的高容错性特性,以及它是基于 Java 语言开发的,这使得 Hadoop 可以部署在低廉的计算机集群中,同时不限于某个操作系统。Hadoop 中 HDFS 的数据管理能力和 MapReduce 处理任务时的高效率,以及它的开源特性,使其在同类分布式系统中大放异彩,让它在社会众多行业和科研领域广泛应用起来。

10.1.3 Hadoop 的优势

Hadoop 是一种能够使用户轻松编写和运行处理大量数据的程序的软件平台。它主要有以下几个优点。

- 可计量的：Hadoop 能够令人信任地存储和处理比特位。
- 经济的：它在通常可用的计算机集簇间分配数据和处理。这些集簇可以被计入数以千计的结点当中。
- 高效的：通过分配数据,Hadoop 能够在存放数据的结点之间平行的处理它们。因此其处理速度非常快。
- 可信的：Hadoop 能够自动保存数据的多份副本,并且能够自动地将失败的任务重新分配。

Hadoop 目前取得了非常突出的成绩。2008 年 4 月,Hadoop 在 910 个结点集群上,排序 1TB 数据用时 209s,成为世界上最快的系统。2009 年 5 月,Yahoo! 网格计算团队宣布,Hadoop 在 GraySort 年度比赛中,打破了世界排序纪录,Hadoop 排序 1TB 数据用时 62s,1PB 数据用时 16.25h。

目前,已有包括 Yahoo! 在内的很多公司采用 Hadoop 实现分布式计算,如 IBM、Google、AOL、Facebook 等。

10.1.4 Hadoop 应用现状及发展趋势

由于 Hadoop 优势突出,基于 Hadoop 的应用已经遍地开花,尤其是在互联网领域。Yahoo!通过集群运行 Hadoop,以支持广告系统和 Web 搜索的研究;Facebook 借助机群运行 Hadoop,来支持其数据分析和机器学习;搜索引擎公司百度则使用 Hadoop 进行搜索日志分析和网页数据挖掘工作;淘宝的 Hadoop 系统用于存储并处理电子商务交易的相关数据;中国移动研究院基于 Hadoop 的"大云"(Big Cloud)系统对数据进行分析和并对外提供服务。

2008 年 2 月 Hadoop 最大贡献者的 Yahoo! 构建了当时最大规模的 Hadoop 应用,

在 2000 个结点上面执行了超过 1 万个 Hadoop 虚拟机器,用来处理超过 5PB 的网页内容,分析大约一百万个网络连接之间的网页索引资料。这些网页索引资料压缩后超过 300TB。Yahoo! 正是基于这些为用户提供了搜索服务。

Hadoop 目前已经取得了非常突出的成绩。随着互联网的发展,新的业务模式还将不断涌现,Hadoop 的应用也会从互联网领域向电信、电子商务、银行、生物制药等领域拓展。相信在未来,Hadoop 将会在更多的领域中扮演幕后英雄,为人们提供更加快捷优质的服务。

10.2 Hadoop 项目及其结构

现在,Hadoop 已经发展成为包含相关子项目的集合,用于分布式计算。虽然 Hadoop 的核心部分是 MapReduce 和 Hadoop 分布式文件系统,但与 Hadoop 相关的其他项目为其提供了互补性服务以及核心层之上更高的抽象。如图 10-1 所示为 Hadoop 的项目结构图

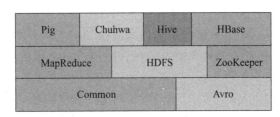

图 10-1 Hadoop 各子项目结构图

HDFS 和 MapReduce 将会在后面的章节进行较为详细的讨论,下面将对 Hadoop 的其他子项目进行简要介绍。

(1) Common:从 Hadoop 0.20 版本开始,Hadoop Core 项目更名为 Common。Common 主要是提供支持 Hadoop 其他子项目的常用工具,它主要包括 FileSystem、RPC 和串行化库,提供在廉价硬件上搭建云计算环境的基本服务和进行开发运行在该云平台软件所需的 API。

(2) MapReduce:MapReduce 是一种编程模型,用于大规模数据集(大于 1TB)的并行运算。映射(Map)、化简(Reduce)这两个概念和它们的主要思想,都是从函数式编程语言里借来的。它极大地方便了编程人员在不了解分布式并行编程的情况下,将自己的程序运行在分布式系统上。MapReduce 在执行时先指定一个 Map(映射)函数,把输入键值对映射成一组新的键值对,经过一定处理后交给 reduce,reduce 对相同 key 下的所有 value 处理后再输出键值对作为最终的结果。

图 10-2 是 MapReduce 的任务处理流程图,它展示了 MapReduce 程序将输入划分到不同的 Map 上,再将 Map 的结果合并到 Reduce,然后进行处理的输出过程。

(3) HDFS:Hadoop Distributed File System,简称 HDFS,是一个分布式文件系统。由于 HDFS 具有高容错性(fault-tolerent)的特点,所以可以设计部署在低廉(low-cost)的硬件上。它可以通过提供高吞吐率(high throughput)来访问应用程序的数据,适合那些

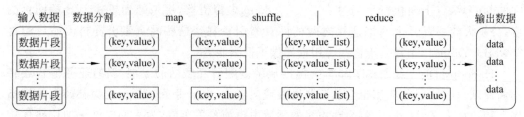

图 10-2　MapReduce 的任务处理流程图

有着超大数据集的应用程序。HDFS 放宽了可移植操作系统接口（POSIX，Portable Operating System Interface）的要求，这样可以实现以流的形式访问文件系统中的数据。HDFS 原本是开源的 Apache 项目 Nutch 的基础结构，最后它成为了 Hadoop 基础架构之一。

以下几个方面是 HDFS 的设计目标。

- 检测和快速恢复硬件故障：硬件故障是计算机常见的问题。整个 HDFS 系统由数百或数千个存储着数据文件的服务器组成。而如此多的服务器意味着高故障率，因此，故障的检测和自动快速恢复是 HDFS 的一个核心目标。
- 流式的数据访问：HDFS 使应用程序流式地访问它们的数据集。HDFS 被设计成适合批量处理，而不是用户交互式处理。所以它重视数据吞吐量，而不是数据访问的反应速度。
- 简化一致性模型：大部分的 HDFS 程序对文件操作需要一次写入，多次读取。一个文件一旦经过创建、写入、关闭之后就不需要修改了。这个假定简化了数据一致性问题和高吞吐量的数据访问问题。
- 通信协议：所有的通信协议都是在 TCP/IP 协议之上的。一个客户端和明确配置了端口的名字结点（Namenode）建立连接之后，它和名字结点（Namenode）的协议便是客户协议（Client Protocal）。数据结点（Datanode）和名字结点（Namenode）之间则用数据结点协议（Datanode Protocal）。

（4）Avro：Avro 是用于进行数据序列化的系统。它提供了丰富的数据结构类型、快速可压缩的二进制数据格式、存储持久性数据的文件集、远程过程调用 RPC 和简单的动态语言集成功能。其中代码生成器既不必需要读写文件数据，也不用使用或实现 RPC 协议，只是作为一个可选的对于静态类型语言的实现。

Avro 系统依赖于模式（Schema），Avro 数据的读和写是在模式之下完成的。这样就可以减少写入数据的开销，提高序列化的速度和减小其大小。同时，也可以方便动态的脚本语言的使用，因为数据连同其模式都是自描述的。

Avro 在 RPC（Remote Procedure Call Protocol，远程调用协议）中，客户端和服务端通过握手协议进行模式的交换。因此当客户端和服务端都拥有彼此全部的模式时，关于不同模式下相同命名字段、丢失字段和附加字段等信息的一致性问题就得到了很好的解决。

（5）Chuhwa：Chuhwa 是开源的数据收集系统，用于监控和分析大型分布式系统的数据。Chuhwa 是在 Hadoop 的 HDFS 和 MapReduce 框架之上搭建的，同时继承了

Hadoop 的可扩展性和健壮性。Chuhwa 中也附带了灵活的功能强大的工具用于显示、监视和分析数据结果,以便更好地利用这些收集的数据。

Chuhwa 通过 HDFS 来存储数据,并依赖于 MapReduce 任务处理数据。

(6) Hive:Hive 最早是由 Facebook 设计的,是一个建立在 Hadoop 基础之上的数据仓库,它提供一些工具用于数据整理、Ad Hoc 查询和分析存储在 Hadoop 文件中的数据集。Hive 提供一种结构化数据的机制,支持类似于传统 RDBMS 中的 SQL 语言来帮助那些熟悉 SQL 的用户查询 Hadoop 中的数据,该查询语言成为 Hive QL。与此同时,那些传统的 MapReduce 编程人员也可以在 Mapper 或 Reducer 中通过 Hive QL 进行数据查询。Hive 编译器将会把 Hive QL 编译成一组 MapReduce 任务,从而方便 MapReduce 编程人员进行 Hadoop 系统开发。

(7) HBase:HBase 是一个分布式的、面向列的开源数据库,该技术来源于 Google 论文“Bigtable:一个结构化数据的分布式存储系统”。如同 Bigtable 利用了 Google 文件系统(Google File System)提供的分布式数据存储方式一样,HBase 在 Hadoop 之上提供了类似于 Bigtable 的能力。HBase 是 Hadoop 项目的子项目。HBase 不同于一般的关系数据库,其一,Hbase 是一个适合于非结构化数据存储的数据库;其二,HBase 是基于列的而不是基于行的模式。HBase 和 Bigtable 使用相同的数据模型。用户将数据存储在一个表里,一个数据行拥有一个可选择的键和任意数量的列。由于 HBase 表是疏松的,用户可以给行定义各种不同的列。HBase 主要用于需要随机访问、实时读写的大数据(Big Data)。

(8) ZooKeeper:ZooKeeper 是一个为分布式应用所设计的开源协调服务。它主要为用户提供同步、配置管理、分组和命名等服务,减轻分布式应用程序所承担的协调任务。ZooKeeper 的文件系统使用了我们所熟悉的目录树结构。ZooKeeper 是使用 Java 编写的,但是它支持 Java 和 C 两种编程语言。

(9) Pig:Pig 是一个对大型数据集进行分析、评估的平台。Pig 最突出的优势是它的结构能够经受住高度并行化的检验,这个特性让它能够处理大型的数据集。目前,Pig 的底层由一个编译器组成,它在运行的时候会产生一些 Map-Reduce 程序序列,Pig 的语言层由一个叫作 Pig Latin 的正文型语言组成。

10.3　Hadoop 体系结构

HDFS 和 MapReduce 是 Hadoop 的两大核心,而整个 Hadoop 的体系结构主要是通过 HDFS 来实现分布式存储的底层支持的,并且它会通过 MapReduce 来实现分布式并行任务处理的程序支持。

1. HDFS 体系结构

下面,首先介绍 HDFS 的体系结构,HDFS 采用了主从(Master/Slave)结构模型,一个 HDFS 集群是由一个 Namenode 和若干个 Datanode 组成的。其中 Namenode 作为主服务器,管理文件系统的命名空间和客户端对文件的访问操作。集群中的 Datanode 管理存储的数据。HDFS 允许用户以文件的形式存储数据。从内部来看,文件被分成若干个数据块,而且这若干个数据块存放在一组 Datanode 上。Namenode 执行文件系统命名空间操作,比如打开、关闭、重命名文件或目录等,它也负责数据块到具体 Datanode 的映射。Datanode 负责处理文件系统客户端的文件读写请求,并在 Namenode 的统一调度下进行数据块的创建、删除和复制工作。图 10-3 给出了 HDFS 的体系结构。

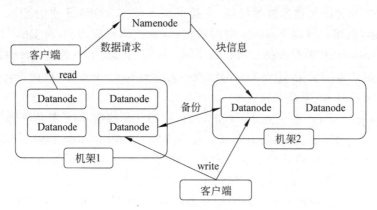

图 10-3　HDFS 体系结构图

　　Namenode 和 Datanode 都被设计成可以在普通商用计算机上运行。这些计算机通常运行的是 GNU/Linux 操作系统。HDFS 采用 Java 语言开发,因此任何支持 Java 的机器都可以部署 Namenode 和 Datanode。一个典型的部署场景是集群中一台计算机运行一个 Namenode 实例,其他计算机分别运行一个 Datanode 实例。当然,并不排除一个计算机运行多个 Datanode 实例的情况。集群中单一 Namenode 大大简化了系统的架构。Namenode 是所有 HDFS 的元数据的管理者,用户需要保存的数据不会经过 Namenode,而是直接流向存储数据的 Datanode。

2. MapReduce 体系结构

　　接下来介绍 MapReduce 的体系结构,MapReduce 是一种并行编程模式,这种模式使得软件开发者可以轻松地编写出分布式并行程序。在 Hadoop 的体系结构中,MapReduce 是一个简单易用的软件框架,基于它可以将任务分发到由上千个商用机器组成的集群上,并以一种可靠容错的方式并行处理大量的数据集,实现 Hadoop 的并行任务处理功能。MapReduce 框架是由一个单独运行在主结点的 JobTracker 和运行在每个集群从结点的 TaskTracker 共同组成的。主结点负责调度构成一个作业的所有任务,这些任务分布在不同的从结点上。主结点监控它们的执行情况,并且重新执行之前失败的任务。从结点仅负责由主结点指派的任务。当一个 Job 被提交时,JobTracker 接受到提交作业和其配置信息之后,就会将配置信息等分发给从结点,同时调度任务并监控 TaskTracker 的执行。

　　从上面的介绍可以看出,HDFS 和 MapReduce 共同组成了 Hadoop 分布式系统体系结构的核心。HDFS 在集群上实现了分布式文件系统,MapReduce 在集群上实现了分布式计算和任务处理。HDFS 在 MapReduce 任务处理过程中提供了文件操作存储等支持,

MapReduce 在 HDFS 的基础上实现任务的分发、跟踪、执行、收集结果等,二者相互作用,完成了 Hadoop 分布式集群的主要任务。

3. 分布式开发

人们通常指的分布式系统其实是分布式软件系统,即支持分布式处理的软件系统,是在通信网络互联的多处理机体系结构上执行任务的系统。它包括分布式操作系统、分布式程序设计语言及其编译(解释)系统、分布式文件系统和分布式数据库系统等。Hadoop 是分布式软件系统中文件系统层的软件,它实现了分布式文件系统和部分分布式数据库的功能。Hadoop 中的分布式文件系统 HDFS 能够实现数据在计算机集群组成的云上高效的存储和管理功能,Hadoop 中的并行编程框架 MapReduce 能够让用户编写的应用于 Hadoop 的并行应用程序运行简化。

在 Hadoop 上开发并行应用程序是基于 MapReduce 编程框架的。MapReduce 编程模型的原理是,利用一个输入 key/value 对集合来产生一个输出的 key/value 对集合。MapReduce 库的用户用 Map 和 Reduce 两个函数表达这个计算。

用户自定义的 Map 函数接受一个输入的 key/value 对,然后产生一个中间 key/value 对的集合。MapReduce 把所有具有相同 key 值的 value 集合在一起,然后传递给 Reduce 函数。

用户自定义的 Reduce 函数接受 key 和相关的 value 集合。Reduce 函数合并这些 value 值,形成一个较小的 value 集合。一般来说,每次 Reduce 函数调用只产生 0 或 1 个输出的 value 值。通常人们通过一个迭代器把中间 value 值提供给 Reduce 函数,这样就可以处理无法全部放入内存中的大量的 value 值集合。

图 10-4 是 MapReduce 处理大数据集的过程,这个 MapReduce 的计算过程简而言之,就是将大数据集分解为成百上千个小数据集,每个(或若干个)数据集分别由集群中的一个结点(一般就是一台普通的计算机)进行处理并生成中间结果,然后这些中间结果又由大量的结点合并,形成最终结果。图 1-5 也说明了 MapReduce 框架下并行程序中的 3 个主要函数:Map、Reduce 和 Main。在这个结构中需要用户完成的工作仅仅是根据任务编写 Map 和 Reduce 两个函数。

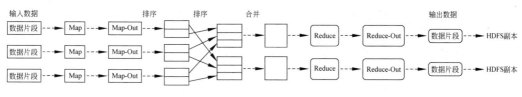

图 10-4　MapReduce 数据流图

10.4　Hadoop 集群安全策略

众所周知,Hadoop 的优势在于其能够将廉价的普通 PC 组织成能够高效稳定处理事务的大集群,企业也正是利用这一特点,来构架 Hadoop 集群,获取海量数据高效的处理能力。但是，Hadoop 集群搭建起来了，那么它是如何安全稳定的运行呢？在旧版本的 Hadoop 中，并没有完善的安全策略，导致 Hadoop 集群面临很多风险。比如，用户可以以任何身份访问 HDFS 或者 MapReduce 集群，用户可以通过自己代码在 Hadoop 集群上的运行来冒充 Hadoop 集群的服务，任何未被授权的用户都可以访问 Datanode 结点的数据块等。经过 Hadoop 安全小组的努力，在 Hadoop 1.0.0 版本中已经加入最新的安全机制和授权机制（Simple 和 Kerberos），使得 Hadoop 集群更加安全和稳定，下面从用户认证和授权、HDFS 安全策略和 MapReduce 安全策略这 3 个方面简要介绍 Hadoop 的集群安全策略。有关安全方面的基础知识如 Kerberos 认证等请读者自行查阅了解。

（1）用户权限管理

Hadoop 上的用户权限管理主要涉及用户分组管理，为更高层的 HDFS 访问、服务访问、Job 提交和配置 Job 等操作提供认证和控制基础。

Hadoop 上的用户和用户组名均由用户自己指定，如果用户没有指定，则 hadoop 会调用 Linux 的 whoami 命令获取当前 Linux 系统的用户名和用户组名，作为当前用户的对应名，并保存在 Job 的 user.name 和 group.name 两个属性中。这样用户所提交 Job 后续的认证和授权以及集群服务的访问都将基于此用户和用户组的权限及认证信息。例如在用户提交 Job 到 JobTracker 时，JobTracker 会读取保存在 Job 路径下的用户信息，并进行认证，认证成功获取令牌之后，JobTracker 会根据用户和组权限信息，将 Job 提交到 Job 队列（具体细节参见本小节 HDFS 安全策略和 MapReduce 安全策略）。

Hadoop 集群的管理员是创建和配置 Hadoop 集群的用户，它可以配置集群使用 Kerberos 机制进行认证和授权。同时管理员可以向集群的服务（集群的服务主要包括 Namenode、Datanode、JobTracker、TaskTracker）授权列表中添加或者更改某确定用户和组，系统管理用同时负责 Job 队列的创建和队列的访问控制矩阵。

（2）HDFS 安全策略

用户和 HDFS 服务之间的交互主要有两种情况：用户机和 Namenode 之间的 RPC 交互获取待通信 Datanode 位置、客户机和 Datanode 交互传输数据块。

RPC 交互可以通过 Kerberos 或者授权令牌来认证。在认证与 Namenode 的连接时，用户需要使用 Kerberos 证书来通过初试认证，获取授权令牌。授权令牌可以用在后续用户 Job 与 Namenode 的连接的认证，而不必再次访问 Kerberos Key Server。授权令牌实际上是用户机与 Namenode 之间共享的密钥。授权令牌在不安全的网络上传输时，应给予足够的保护，防止被恶意用户窃取，因为获取授权令牌的任何人都可以假扮成认证的用户，与 Namenode 进行不安全的交互。需要注意的是，每个用户只能通过 Kerberos 认证获取唯一一个新的授权令牌。用户从 Namenode 获取授权令牌之后，需要告诉 Namenode 谁是指定的令牌更新者。指定的更新者在为用户更新令牌时应通过认证确定自己就是 Namenode。更新令牌意味着延长令牌在 Namenode 上的有效期。为了使 MapReduce Job 使用一个授权令牌，用户应将 JobTracker 指定为令牌更新者。这样同一个 Job 的所有 Task 都会使用同一个令牌。JobTracker 需要保证这一令牌在整个任务的执行过程中都是可用的。任务结束之后，它可以选择取消令牌。

数据块的传输可以通过块访问令牌来认证，每一个块访问令牌都有 Namenode 生成，它们都是特定的。块访问令牌代表着数据访问容量，一个块访问令牌保证用户可以访问指定的数据块。它由 Namenode 签发被用在 Datanode 上，其传输过程就是将 Namenode 上的认证信息传输到 Datanode 上。块访问令牌是基于对称加密模式生成的，Namenode 和 Datanode 共享了密钥。对于每个令牌，Namenode 基于共享密钥计算一个消息认证码（Message Authentication Code，MAC）。接下来，这个消息认证码就会作为令牌验证器，形成令牌的主要组成部分。当一个 Datanode 接收到一个令牌时，它使用自己的共享密钥重新计算一个消息认证码，如果这个认证码同令牌中的认证码匹配，那么就认证成功。

（3）MapReduce 安全策略

MapReduce 的安全策略主要涉及 Job Submission、Task 和 Shuffle 这 3 个方面。

对于 Job 提交，用户需要将 Job 配置、输入文件和输入文件的元数据等写入用户 home 文件夹下。这个文件夹只能由该用户读、写和执行。接下来用户将 home 文件夹位置和认证信息发送给 JobTracker。在 Job 执行过程中，它可能需要访问多个 HDFS 结点或者其他服务。因此，Job 的安全凭证将以<String key，binary value>形式保存在一个 Map 数据结构中，在物理上将保存在 JobTracker 在 HDFS 上的系统目录下并分发给每个 TaskTracker。Job 的授权令牌将 Namenode 的 URL 作为其关键信息。为了防止授权令牌过期，JobTracker 会定期更新授权令牌。Job 结束之后所有的令牌都会失效。为了获取保存在 HDFS 上的配置信息，JobTracker 需要使用用户的授权令牌访问 HDFS，读取必需的配置信息。

任务（Task）的用户信息沿用生成 Task 的 Job 的用户信息。因为通过这个方式能保证一个用户的 Job 不会向 TaskTracker 或者其他用户 Job 的 Task 发送系统信号。这种方式还保证了本地文件权限高效的保存私有信息。在用户提交 Job 后，TaskTracker 会接收到 JobTracker 分发的 Job 安全凭证，并保存在本地仅对该用户可见的 Job 文件夹下。在与 TaskTracker 通信的时候，Task 会用到这个凭证。

当一个 Map 任务完成时，它的输出被发送给管理此任务的 TaskTracker。每一个 reduce 将会与 TaskTracker 通信以获取自己的那部分输出。此时，就需要 MapReduce 框架保证其他用户不会获取这些 Map 的输出。Reduce 任务会根据 job 凭证计算请求的 URL 和当前时间戳的消息认证码。这个消息认证码会和请求一起发到 TaskTracker，TaskTracker 只会在消息认证码正确和在封装时间戳的 N 分钟之内提供服务。在 TaskTracker 返回数据时，为了防止数据被木马替换，应答消息的头部将会封装从请求中的消息认证码计算而来的新消息认证码和 Job 凭证，从而保证 Reduce 能否验证应答消息是由正确的 TaskTracker 发送而来。

10.5　小结

本章首先介绍了 Hadoop 分布式计算平台是由 Apache 软件基金会开发的一个开源分布式计算平台。以 HDFS 和 MapReduce 为核心的 Hadoop 为用户提供了系统底层细节透明的分布式基础架构。由于 Hadoop 拥有可计量、成本低、高效、可信等突出特点，基于 Hadoop 的应用已经遍地开花，尤其是在互联网领域。

接下来本章介绍了 Hadoop 项目及其结构，现在 Hadoop 已经发展成为一个包含子项目的集合，被用于分布式计算，虽然 Hadoop 的核心是 Common 以及 HDFS 和 MapReduce，但与 Hadoop 相关的 Avro、Chukwa、Hive、HBase、ZooKeeper、Pig 等项目为其提供了互补性服务或在核心层之上提供了更高层的服务。紧接着，简要介绍了以 HDFS 和 MapReduce 为核心的 Hadoop 体系结构。

本章最后从分布式系统的角度介绍了 Hadoop 如何做到并行计算和数据管理。分布式计算平台 Hadoop 实现了分布式文件系统和分布式数据库。Hadoop 中的分布式文件系统 HDFS 能够实现数据在计算机集群组成的云上高效的存储和管理功能，Hadoop 中的并行编程框架 MapReduce 基于 HDFS 来保证用户可以编写应用于 Hadoop 的并行应用程序。接下来还介绍了 Hadoop 一些基本的安全策略，包括用户权限管理、HDFS 安全策略和 MapReduce 安全策略，为用户的实际使用提供参考。

第 11 章　MapReduce 详解

2004 年，Google 发表了一篇论文，向全世界的人们介绍了它的 MapReduce。现在世界各地已经到处有人在谈论 MapReduce 了（微软、Yahoo! 等大公司也不例外）。在 Google 发表论文时，MapReduce 的最大成就是重写了 Google 的索引文件系统。而现在，相信谁也不知道它还会取得多大的成就。MapReduce 被广泛地应用于日志分析、海量数据的排序、在海量数据中查找特定模式等场景中。Hadoop 也根据 Google 的论文实现了 MapReduce 这个编程框架，并将源代码完全贡献了出来。本章就是要向读者介绍这个目前世界上最流行的编程框架。

11.1　MapReduce 简介

MapReduce 的流行是有理由的。它是一个并行编程框架，非常简单，易于实现，且扩展性强，具有很好的健壮性和容错性。读者可以通过它轻易地编写出同时在多台主机上运行的程序，也可以使用 Ruby、Python、PHP 和 C ++ 等非 Java 的语言编写 Map 或 Reduce 程序，还可以在任何安装 Hadoop 的集群中运行同样的程序，不论这个集群有多少台主机。MapReduce 适合于处理大量的数据集，因为会同时被多台主机一起处理，这样通常会取得较快的速度。

下面来看一个例子。

引文分析是评价论文好坏的一个非常重要的方面，本例中只对其中最简单的一部分，即论文的被引用次数进行了统计。如果读者有很多篇论文（百万级）。每篇论文的引文形式如下所示：

```
References
David M. Blei, Andrew Y. Ng, and Michael I. Jordan.
2003. Latent dirichlet allocation. Journal of Machine
Learning Research, 3:993 1022.
Samuel Brody and Noemie Elhadad. 2010. An unsupervised
aspect-sentiment model for online reviews. In
NAACL '10.
Jaime Carbonell and Jade Goldstein. 1998. The use of
mmr, diversity-based reranking for reordering documents
and producing summaries. In SIGIR '98, pages
335 336.
Dennis Chong and James N. Druckman. 2010. Identifying
frames in political news. In Erik P. Bucy and
R. Lance Holbert, editors, Sourcebook for Political
```

Communication Research: Methods, Measures, and
Analytical Techniques. Routledge.

Cindy Chung and James W. Pennebaker. 2007. The psychological
function of function words. Social Communication:
Frontiers of Social Psychology, pages 343
359.

G unes Erkan and Dragomir R. Radev. 2004. Lexrank:
graph-based lexical centrality as salience in text summarization.
J. Artif. Int. Res., 22(1): 457 479.

Stephan Greene and Philip Resnik. 2009. More than
words: syntactic packaging and implicit sentiment. In
NAACL '09, pages 503 511.

Aria Haghighi and Lucy Vanderwende. 2009. Exploring
content models for multi-document summarization. In
NAACL '09, pages 362 370.

Sanda Harabagiu, Andrew Hickl, and Finley Lacatusu.
2006. Negation, contrast and contradiction in text processing.

在单机运行时，想要完成这个任务，需要先切分出所有论文的名字存入一个 Hash 表中，然后遍历所有论文，查看引文信息，一一计数。因为文章数量很多，需要进行很多内外存交换，这无疑会延长程序的执行时间。

但在 MapReduce 中，这是一个 WordCount 就能解决的问题。

11.2　MapReduce 计算模型

要了解 MapReduce，首先需要了解 MapReduce 的载体是什么。在 Hadoop 中，用于执行 MapReduce 任务的机器角色有两个，一个是 JobTracker，另一个是 TaskTracker。JobTracker 是用于调度工作的，TaskTracker 是用于执行工作的。一个 Hadoop 集群中只有一台 JobTracker。

11.2.1　MapReduce Job

在 Hadoop 中，每个 MapReduce 任务都被初始化为一个 Job。每个 Job 又可以分为两个阶段：Map 阶段和 Reduce 阶段。这两个阶段分别用两个函数来表示，即 Map 函数和 Reduce 函数。Map 函数接受一个<key，value>形式的输入，然后同样产生一个<key，value>形式的中间输出，Hadoop 会负责将所有具有相同中间 key 值的 value 集合到一起传递给 Reduce 函数，Reduce 函数接收一个如<key，(list of values)>形式的输入，然后对这个 value 集合进行处理，每个 Reduce 产生 0 或 1 个输出，Reduce 的输出也是<key，value>形式的。

为了方便理解，分别将 3 个<key，value>对标记为<k1，v1>、<k2，v2>、<k3，v3>，那么上面的所述的过程就可以用图 11-1 来表示了。

图 11-1 MapReduce 程序数据变化的基本模型

11.2.2 Hadoop 中 hello world 程序

上面的过程是 MapReduce 的核心，所有的 MapReduce 程序都具有如上的结构。下面再举一个例子详述 MapReduce 的执行过程。

相信不论读者初次接触编程时学习的是哪种语言，第一个示例程序可能都是"hello world"。在 Hadoop 中也有一个类似于 hello world 地位的程序。这就是 WordCount。这节会结合这个程序具体讲解与 MapReduce 程序有关的所有类，这个程序的内容如下：

```java
import java.io.IOException;
import java.util.* ;

import org.apache.hadoop.fs.Path;
import org.apache.hadoop.conf.* ;
import org.apache.hadoop.io.* ;
import org.apache.hadoop.mapred.* ;
import org.apache.hadoop.util.* ;

public class WordCount {

    public static class Map extends MapReduceBase implements Mapper < LongWritable,
    Text, Text, IntWritable>{
     private final static IntWritable one =new IntWritable(1);
     private Text word =new Text();

        public void map (LongWritable key, Text value, OutputCollector < Text,
        IntWritable>output, Reporter reporter) throws IOException {
        String line =value.toString();
        StringTokenizer tokenizer =new StringTokenizer(line);
        while (tokenizer.hasMoreTokens()) {
          word.set(tokenizer.nextToken());
          output.collect(word, one);
        }
      }
    }

    public static class Reduce extends MapReduceBase implements Reducer < Text,
    IntWritable, Text, IntWritable>{
     public void reduce(Text key, Iterator<IntWritable>values, OutputCollector
```

```
            <Text, IntWritable> output, Reporter reporter) throws IOException {
              int sum = 0;
              while (values.hasNext()) {
                sum += values.next().get();
              }
              output.collect(key, new IntWritable(sum));
            }
          }

          public static void main(String[] args) throws Exception {
            JobConf conf = new JobConf(WordCount.class);
            conf.setJobName("wordcount");

            conf.setOutputKeyClass(Text.class);
            conf.setOutputValueClass(IntWritable.class);

            conf.setMapperClass(Map.class);
            conf.setReducerClass(Reduce.class);

            conf.setInputFormat(TextInputFormat.class);
            conf.setOutputFormat(TextOutputFormat.class);

            FileInputFormat.setInputPaths(conf, new Path(args[0]));
            FileOutputFormat.setOutputPath(conf, new Path(args[1]));

            JobClient.runJob(conf);
          }
        }
```

同时，为了叙述方便，设定两个输入文件，如下：

```
echo "Hello World Bye World" > file01
echo "Hello Hadoop Goodbye Hadoop" > file02
```

看到这个程序，相信很多读者会对众多的预定义类感到很迷惑。其实这些类非常简单明了。首先，WordCount 程序的代码虽多，但是执行过程却很简单，在本例中，首先它将输入文件读进来，然后交由 Map 程序处理，Map 程序将输入读入后切出其中的单词，并标记它的数目为 1，形成＜word，1＞的形式，然后交由 Reduce 处理，Reduce 将相同 key值（也就是 word）的 value 值搜集起来，形成＜word，list of 1＞的形式，之后将这些 1 值加起来，即为单词的个数，最后将这个＜key，value＞对以 TextOutputFormat 的形式输出到 hdfs 中。

针对这个数据流动过程，在此挑出了如下几句代码以表述它的执行过程：

```
JobConf conf = new JobConf(MyMapre.class);
conf.setJobName("wordcount");
```

```
conf.setInputFormat(TextInputFormat.class);
conf.setOutputFormat(TextOutputFormat.class);

conf.setMapperClass(Map.class);
conf.setReducerClass(Reduce.class);

FileInputFormat.setInputPaths(conf, new Path(args[0]));
FileOutputFormat.setOutputPath(conf, new Path(args[1]));
```

首先讲解一下 Job 的初始化过程。Main 函数调用 Jobconf 类来对 MapReduce Job 进行初始化，然后调用 setJobName()方法命名这个 Job。对 Job 进行合理的命名有助于更快地找到 Job，以方便在 JobTracker 和 TaskTracker 的页面中对其进行监视。接着就会调用 setInputPath()和 setOutputPath()设置输入输出路径。

1. Map

Map 方法和 Reduce 方法是本章的重点，从前文知道，Map 函数接受经过 InputFormat 处理所产生的<k1, v1>。然后输出<k2, v2>。WordCount 的 Map 函数如下：

```
public class MyMapre {
    public static class Map extends MapReduceBase implements Mapper<LongWritable, Text,
    Text, IntWritable>{
        private final static IntWritable one = new IntWritable(1);
        private Text word = new Text();

            public void map (LongWritable key, Text value, OutputCollector < Text,
            IntWritable>output, Reporter reporter) throws IOException {
            String line = value.toString();
            StringTokenizer tokenizer = new StringTokenizer(line);
            while (tokenizer.hasMoreTokens()) {
              word.set(tokenizer.nextToken());
              output.collect(word, one);
            }
        }
    }
```

Map 函数继承自 MapReduceBase，并且它实现了 Mapper 接口，此接口是一个范型类型，它有 4 种形式的参数，分别用来指定 map 的输入 key 值类型、输入 value 值类型、输出 key 值类型和输出 value 值类型。在本例中，因为使用的是 TextInputFormat，它的输出 key 值是 LongWritable 类型，输出 value 值是 Text 类型，所以 map 的输入类型即为<LongWritable，Text>。如前文所述，在本例中需要输出<word，1>这样的形式，因此输出 key 值类型是 Text，输出 value 值类型是 IntWritable。

实现此接口类还需要实现 Map 方法，Map 方法会负责具体对输入进行操作，在本例中，Map 方法对输入的行以空格为单位进行切分，然后使用 OutputCollect 搜集输出的 ＜word，1＞，即＜k2，v2＞。

2. reduce

下面来看 reduce：

```
public static class Reduce extends MapReduceBase implements Reducer < Text,
IntWritable, Text, IntWritable>{
    public void reduce(Text key, Iterator<IntWritable>values, OutputCollector<
    Text, IntWritable>output, Reporter reporter) throws IOException {
        int sum=0;
        while (values.hasNext()) {
        sum+=values.next().get();
        }
        output.collect(key, new IntWritable(sum));
        }
    }
```

与 Map 类似，Reduce 函数也是继承自 MapReduceBase，需要实现 Reducer 接口。Reduce 函数以 Map 的输出作为输入，因此 Reduce 的输入类型是＜Text，IneWritable＞。而 Reduce 的输出是单词和它的数目，因此，它的输出类型是＜Text，IntWritable＞。Reduce 函数也要实现 Reduce 方法，在此方法中，Reduce 函数将输入的 key 值作为输出的 key 值，然后将获得的多个 value 值加起来，作为输出的 value 值。

11.2.3 运行 MapReduce 应用程序

读者可以在 eclipse 里运行 MapReduce 程序，也可以在命令行中运行 MapReduce 程序，但是在实际应用中，还是推荐到命令行中运行程序。按照第 2 章内容所述，首先安装 Hadoop。然后以输入编译打包生成的 jar 程序，如下所示（以 hadoop-0.20.2 为例，安装路径是～/hadoop）。

```
mkdir FirstJar
javac -classpath ~/hadoop/hadoop-0.20.2-core.jar -d  FirstJar
WordCount.java
jar -cvf wordcount.jar -C FirstJar/.
```

首先建立 FirstJar，然后编译文件生成 .class，存放到文件夹 FirstJar 中，并将 FirstJar 中的文件打包生成 wordcount.jar 文件。

接着上传输入文件（输入文件是 file01，file02，存放在～/input）：

```
~/hadoop/bin/hadoop dfs -mkdir input
~/hadoop/bin/hadoop dfs -put ~/input/file0* input
```

在此上传过程中,先建立文件夹 input,然后上传文件 file01、file02 到 input 中。

最后运行生成的 JAR 文件,为了叙述方便,先将生成的 JAR 文件放入 Hadoop 的安装文件夹中(HADOOP_HOME),然后运行如下命令。

```
~/hadoop/bin/hadoop jar wordcount.jar WordCount input output
11/01/21 20:02:38 WARN mapred.JobClient: Use GenericOptionsParser for parsing the
arguments. Applications should implement Tool for the same.
11/01/21 20:02:38 INFO mapred.FileInputFormat: Total input paths to process : 2
11/01/21 20:02:38 INFO mapred.JobClient: Running job: job_201101111819_0002
11/01/21 20:02:39 INFO mapred.JobClient: map 0%reduce 0%
11/01/21 20:02:49 INFO mapred.JobClient: map 100%reduce 0%
11/01/21 20:03:01 INFO mapred.JobClient: map 100%reduce 100%
11/01/21 20:03:03 INFO mapred.JobClient: Job complete: job_201101111819_0002
11/01/21 20:03:03 INFO mapred.JobClient: Counters: 18
11/01/21 20:03:03 INFO mapred.JobClient: Job Counters
11/01/21 20:03:03 INFO mapred.JobClient: Launched reduce tasks=1
11/01/21 20:03:03 INFO mapred.JobClient: Launched map tasks=2
11/01/21 20:03:03 INFO mapred.JobClient: Data-local map tasks=2
11/01/21 20:03:03 INFO mapred.JobClient: FileSystemCounters
11/01/21 20:03:03 INFO mapred.JobClient: FILE_BYTES_READ=100
11/01/21 20:03:03 INFO mapred.JobClient: HDFS_BYTES_READ=46
11/01/21 20:03:03 INFO mapred.JobClient: FILE_BYTES_WRITTEN=270
11/01/21 20:03:03 INFO mapred.JobClient: HDFS_BYTES_WRITTEN=31
11/01/21 20:03:03 INFO mapred.JobClient: Map-Reduce Framework
11/01/21 20:03:04 INFO mapred.JobClient: Reduce input groups=4
11/01/21 20:03:04 INFO mapred.JobClient: Combine output records=0
11/01/21 20:03:04 INFO mapred.JobClient: Map input records=2
11/01/21 20:03:04 INFO mapred.JobClient: Reduce shuffle bytes=106
11/01/21 20:03:04 INFO mapred.JobClient: Reduce output records=4
11/01/21 20:03:04 INFO mapred.JobClient: Spilled Records=16
11/01/21 20:03:04 INFO mapred.JobClient: Map output bytes=78
11/01/21 20:03:04 INFO mapred.JobClient: Map input bytes=46
11/01/21 20:03:04 INFO mapred.JobClient: Combine input records=0
11/01/21 20:03:04 INFO mapred.JobClient: Map output records=8
11/01/21 20:03:04 INFO mapred.JobClient: Reduce input records=8
```

Hadoop 命令(注意不是 Hadoop 本身)会启动一个 JVM 来运行这个 MapReduce 程序,并自动获得 Hadoop 的配置,同时把类的路径(及其依赖关系)加入到 Hadoop 的库中。以上就是 Hadoop Job 的运行记录,从这里面可以看到,这个 Job 被赋予了一个 ID 号:job_201101111819_0002,而且得知输入文件是两个(Total input paths to process: 2),同时还可以了解 Map 的输入输出记录(Record 数及字节数),Reduce 的输入输出记录。比如说,在本例中,Map 的 task 数量是两个,Reduce 的 task 数量是一个。Map 的输入 record 数是两个,输出 record 是 8 个等信息。可以通过命令查看输出文件为:

```
bye 2
hadoop 2
hello 2
world 2
```

11.2.4 新的 API

从 0.20.2 开始，Hadoop 提供了一个新的 API，新的 API 是在 org. apache. hadoop.
mapreduce 中的，旧版的 API 则在 org. apache. hadoop. mapred 中。新的 API 不兼容旧
的 API，WordCount 程序用新的 API 重写如下：

```
import java.io.IOException;
import java.util. * ;

import org.apache.hadoop.fs.Path;
import org.apache.hadoop.conf. * ;
import org.apache.hadoop.io. * ;
import org.apache.hadoop.mapreduce. * ;
import org.apache.hadoop.mapreduce.lib.input. * ;
import org.apache.hadoop.mapreduce.lib.output. * ;
import org.apache.hadoop.util. * ;

public class WordCount extends Configured implements Tool {
public static class Map extends Mapper<LongWritable, Text, Text, IntWritable>{
    private final static IntWritable one=new IntWritable(1);
    private Text word=new Text();
     public void map(LongWritable key, Text value, Context context) throws
     IOException, InterruptedException {
      String line=value.toString();
      StringTokenizer tokenizer=new StringTokenizer(line);
      while (tokenizer.hasMoreTokens()) {
        word.set(tokenizer.nextToken());
        context.write(word, one);
      }
    }
  }

public static class Reduce extends Reducer<Text, IntWritable, Text, IntWritable>{
    public void reduce(Text key, Iterable<IntWritable>values, Context context)
    throws IOException, InterruptedException {
      int sum=0;
      for (IntWritable val : values) {
        sum+=val.get();
```

```
        }
        context.write(key, new IntWritable(sum));
    }
}

public int run(String [] args) throws Exception {
    Job job=new Job(getConf());
    job.setJarByClass(WordCount.class);
    job.setJobName("wordcount");

    job.setOutputKeyClass(Text.class);
    job.setOutputValueClass(IntWritable.class);

    job.setMapperClass(Map.class);
    job.setReducerClass(Reduce.class);

    job.setInputFormatClass(TextInputFormat.class);
    job.setOutputFormatClass(TextOutputFormat.class);

    FileInputFormat.setInputPaths(job, new Path(args[0]));
    FileOutputFormat.setOutputPath(job, new Path(args[1]));

    boolean success=job.waitForCompletion(true);
    return success ?0 : 1;
}

    public static void main(String[] args) throws Exception {
        int ret=ToolRunner.run(new WordCount(), args);
        System.exit(ret);
    }
}
```

从这个程序,可以看到新旧 API 的几个区别:

(1) 在新的 API 中,Mapper 与 Reducer 已经不是接口而是抽象类。而且 Map 函数与 Reduce 函数也已经不再实现 Mapper 和 Reducer 接口,而是继承 Mapper 和 Reducer 抽象类。这样做更容易扩张,因为添加方法到抽象类中更容易。

(2) 新的 API 中更广泛地使用了 context 对象,并使用 MapContext 进行 MapReduce 间的通信。MapContext 同时充当 OutputCollector 和 Reporter 的角色。

(3) Job 的配置统一由 Configurartion 来完成,而不必额外地使用 JobConf 对守护进程进行配置。

(4) Job 类负责 Job 的控制,而不是 JobClient,JobClient 在新的 API 中已经被删除。这些区别,都可以在上面的程序中看出。

(5) 此外,新的 API 同时支持"推"和"拉"式的迭代方式,在以往的操作中,<key,

value＞对是被推入到 Map 中的，但是在新的 API 中，允许程序将数据拉入 Map 中，Reduce 也一样。这样做更加方便程序分批处理数据。

11.2.5 MapReduce 的数据流和控制流

前面已经提到了一些 MapReduce 的数据流和控制流的关系，本节将结合 WordCount 实例具体解释它们的含义。图 11-2 是上例中 WordCount 程序的执行流程。

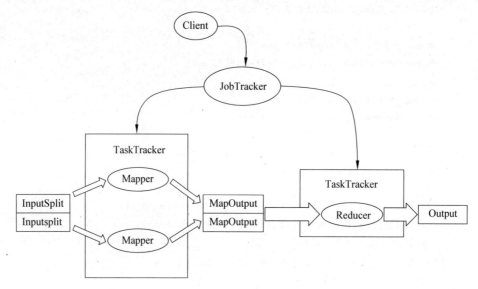

图 11-2　MapReduce 工作的简易图

由前文知道，负责控制及调度 MapReduce 的 Job 的是 Jobtracker，负责运行 MapReduce 的 Job 的是 Tasktracker。当然，MapReduce 在运行时是分成 Map task 和 Reduce task 来处理的，而不是完整的 Job。简单的控制流大概是这样的：Jobtracker 调度任务给 Tasktracker，Tasktracker 执行任务时，会返回进度报告。Jobtracker 则会记录进度的进行状况，如果某个 Tasktracker 上的任务执行失败，那么 Jobtracker 会把这个任务分配给另一台 Tasktracker，直到任务执行完成。

这里更详细地解释一下数据流。上例中有两个 Map 任务及一个 Reduce 任务。数据首先按照 TextInputFormat 形式被处理成两个 InputSplit。然后输入到两个 Map 中，Map 程序会读取 InputSplit 指明位置的数据，然后按照设定的方式处理，最后写入到本地磁盘中。注意，这里并不是写到 HDFS 上，这应该很好理解，因为 Map 的输出在 Job 完成后既可删除了，因此不需要存储到 HDFS 上，虽然存到 HDFS 上会更安全。但是因为网络传输会降低 MapReduce 任务的执行效率，因此 Map 的输出文件是写在本地磁盘上的。如果 Map 程序在没来得及将数据传送给 Reduce 时就崩溃了（程序出错或机器崩溃），那么 Jobtracker 只需要另选一台计算机重新执行这个 task 就可以了。

Reduce 会读取 Map 的输出数据，合并 value 然后将它们输出到 HDFS 上。Reduce 的输出会占用很多的网络带宽，不过这与上传数据一样，是不可避免的。如果读者还是不能很好地理解数据流的话，下面有一个更具体的图（wordcount 执行时的数据流），如图 11-3 所示。

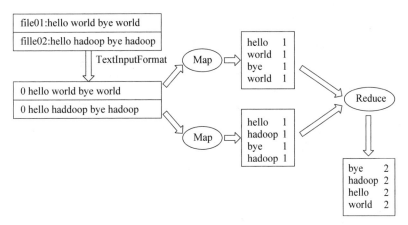

图 11-3　wordcount 数据流程图

相信看到这个图，读者就能对 MapReduce 的执行过程有更深刻的了解了。

除此之外，还有两个情况需要注意一下：

MapReduce 的执行过程中往往不只一个 Reduce task，Reduce task 的数量是可以程序指定的，存在多个 Reduce task 时，每个 Reduce 会搜集一个或多个 key 值。需要注意的是，当出现多个 Reduce task 时，每个 Reduce task 都会生成一个输出文件。

另外，没有 Reduce 任务的时候，系统会直接将 Map 的输出结果作为最终结果，同时 Map task 的数量既可以看成是 Reduce task 的数量，即有多少个 Map task 就有多少个输出文件。

11.3　MapReduce 工作机制

从 wordcount 编程实例中可以看出，只要在 main（）函数中调用 Job 的启动接口，然后将程序提交到 Hadoop 上，MapReduce 作业就可以 Hadoop 上运行。这中间实际上还涉及很多其他细节。那么 Hadoop 运行 MapReduce 作业的完整步骤是什么？每一步又是如何具体实现的呢？下面将详细介绍。

11.3.1　MapReduce 作业的执行流程

通过前面的知识可知，一个 MapReduce 作业的执行流程如下：代码编写→作业配置→作业提交→Map 任务的分配和执行→处理中间结果→Reduce 任务的分配和执行→作业完成，而在每个任务的执行过程中，又包含输入准备→任务执行→输出结果。

图 11-4 给出了 MapReduce 作业详细的执行流程图。从图中可以看出 MapReduce 作业的执行可以分为 11 个步骤，涉及 4 个独立的实体。它们在 MapReduce 执行过程中的主要作用如下：

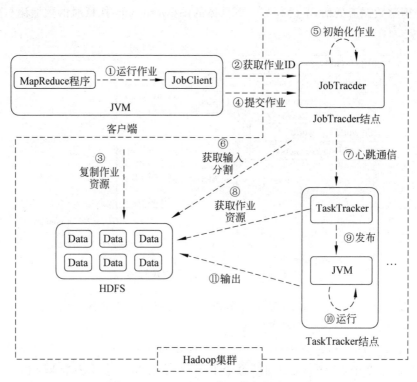

图 11-4　MapReduce 作业执行的流程图

（1）客户端（Client）：编写 MapReduce 代码，配置作业，提交作业；

（2）JobTracker：初始化作业，分配作业，与 TaskTracker 通信，协调整个作业的执行；

（3）TaskTracker：保持 JobTracker 的通信，在分配的数据片段上执行 Map 或 Reduce 任务。需要注意的是图 11-4 中 TaskTracker 结点后的省略号表示 Hadoop 集群中可以包含多个 TaskTracker；

（4）HDFS：保存作业的数据、配置信息等，保存作业结果。

下面按照图 11-4 中 MapReduce 作业的执行流程结合代码详细介绍各个步骤。

11.3.2　提交作业

一个 MapReduce 作业在提交到 Hadoop 上之后，会进入完全地自动化执行过程。在这个过程中，用户除了监控程序的执行和强制中止作业之外，不能对作业的执行过程进行任何干扰。所以在作业提交之前，用户需要将所有应该配置的参数按照自己的意愿配置完毕。需要配置的主要内容如下。

（1）程序代码：这里主要是指 Map 和 Reduce 函数的具体代码，这是一个 MapReduce 作业对应的程序必不可少的部分，并且这部分代码逻辑的正确与否与运行结果直接相关。

（2）Map 和 Reduce 接口的配置：在 MapReduce 中，Map 接口需要派生自 Mapper<k1，v1，k2，v2>接口，Reduce 接口则要派生自 Reducer<k2，v2，k3，v3>。它们都对应唯一一个方法，分别是 Map 函数和 Reduce 函数，也就是在上一点中所写的代码。这两个方法在调用时需要配置它们的 4 个参数，分别是输入 key 的数据类型、输入 value 的数据类型、输出 key-value 对的数据类型和 context 实例，其中输入输出的数据类型要与继承时所设置的数据类型相同，还有一个要求是 Map 接口的输出 key-value 类型和 Reduce 接口的输入 key-value 类型要对应，因为 Map 输出组合 value 之后，它们会成为 Reduce 的输入内容（入门者请特别注意，很多入门者编写的 MapReduce 程序会犯这样的错误）。

（3）输入输出路径：作业提交之前还需要在主函数中配置 MapReduce 作业在 Hadoop 集群上的输入路径和输出路径（必须保证输出路径不存在，如果存在程序会报错，这也是初学者经常犯的错误）。具体的代码如下：

```
FileInputFormat.addInputPath(job, new Path(otherArgs[0]));
FileOutputFormat.setOutputPath(job, new Path(otherArgs[1]));
```

（4）其他类型设置：比如调用 runJob 方法。先要在主函数中配置比如 Output 的 key 和 value 类型、作业名称、InputFormat 和 OutputFormat 等，最后再调用 JobClient 的 runJob 方法。

配置完作业的所有内容并确认无误之后就可以提交作业了，也就是执行图 11-4 中的步骤①。

用户程序调用 JobClient 的 runJob 方法，在提交 JobConf 对象之后，runJob 方法会先行调用 JobSubmissionProtocol 接口所定义的 submitJob 方法，并将作业提交给 JobTracker。紧接着，runJob 不断循环，并在循环中调用 JobSubmissionProtocol 的 getTaskCompletionEvents 方法，获取 TaskCompletionEvent 类的对象实例，了解作业的实时执行情况。如果发现作业运行状态有更新，就将状态报告给 JobTracker。作业完成后，如果成功就显示作业计数器，否则，将导致作业失败的错误记录到控制台。

上面介绍了作业提交的过程，可以看出最关键的是 JobClient 对象中 submitJobInternal(final JobConf job)方法的调用执行（submitJob()方法调用此方法真正执行 Job），那么 submitJobInternal 方法具体是怎么做的？下面从 submitJobInternal 的代码出发介绍作业提交的详细过程（只列举关键代码）。

```
public RunningJob submitJob (JobConf job) throws FileNotFoundException,
ClassNotFoundException, InvalidJobConfException, IOException {
...
    //从 JobTracker 得到当前任务的 id
    JobID jobId=jobSubmitClient.getNewJobId();
    //获取 HDFS 路径：
    Path submitJobDir=new Path(jobStagingArea, jobId.toString());
    jobCopy.set("mapreduce.job.dir", submitJobDir.toString());
    //获取路径令牌
     TokenCache.obtainTokensForNamenodes (jobCopy.getCredentials (), new Path [ ]
```

```
    {submitJobDir}, jobCopy);
    //为作业生成 splits
    FileSystem fs=submitJobDir.getFileSystem(jobCopy);
    LOG.debug("Creating splits at "+fs.makeQualified(submitJobDir));
int maps=writeSplits(context, submitJobDir);
    jobCopy.setNumMapTasks(maps);
    //将 job 的配置信息写入 JobTracker 的作业缓存文件中
    FSDataOutputStream out = FileSystem. create (fs, submitSplitFile, new
    FsPermission(JobSubmissionFiles.JOB_FILE_PERMISSION));
    try {
    jobCopy.writeXml(out);
    } finally {
    out.close();
    }
    //真正地调用 JobTracker 来提交任务
    JobStatus status= jobSubmitClient. submitJob (jobId, submitJobDir. toString (),
    jobCopy.getCredentials());
    ...
    }
```

从上面的代码可以看出，整个提交过程包含以下步骤：

（1）通过调用 JobTracker 对象的 getNewJobId() 从 JobTracker 处获取当前作业的 ID 号（见图 11-4 中的步骤②）。

（2）检查作业相关路径。在代码中获取各个路径信息的时候会对作业的对应路径进行检查。比如，如果没有指定输出目录或它已经存在，作业就不会被提交，并且会给 MapReduce 程序返回错误信息，再比如输入目录不存或没有对应令牌也会返回错误等。

（3）计算作业的输入划分，并将划分信息写入 Job. split 文件，如果写入失败就会返回错误。split 文件的信息主要包括：split 文件头、split 文件版本号、split 的个数。这些信息中每一条都会包括以下内容：split 类型名（默认 FileSplit）、split 的大小、split 的内容（对于 FileSplit 来说是写入的文件名，此 split 在文件中的起始位置上）、split 的 location 信息（即在哪个 DataNode 上）。

（4）将运行作业所需要的资源——包括作业 JAR 文件、配置文件和计算所得的输入划分等——复制到作业对应的 HDFS 上（见图 11-4 的步骤③）。

（5）调用 JobTracker 对象的 submitJob() 方法来真正提交作业，告诉 JobTracker 作业准备执行（见图 11-4 的步骤④）。

11.3.3 初始化作业

在客户端用户作业调用 JobTracker 对象的 submitJob 方法后，JobTracker 会把此调用放入内部的 taskScheduler 变量中，然后进行调度，默认的调度方法是 JobQueueTaskScheduler，也就是 FIFO 调度方式。当客户作业被调度执行时，JobTracker 会创建一个代表这个作业的 JobInProgress 对象,并将任务和记录信息封装到这个对象中,以便跟踪任务的状态和进程(见图 11-4 的步骤⑤)。接下来 JobInProgress 对象的 initTasks 函数会对任务进行初始化操作。下面仍然从 initTasks 函数的代码出发详细讲解初始化过程。

```java
public synchronized void initTasks() throws IOException {
    ...
    //从 HDFS 中作业对应的路径读取 job.split 文件,生成 input splits 为下面 map 的划分做
      好准备
TaskSplitMetaInfo[] splits=createSplits(jobId);
    //根据 input split 设置 map task 个数
    numMapTasks=splits.length;
    for (TaskSplitMetaInfo split : splits) {
        NetUtils.verifyHostnames(split.getLocations()); }
    //为每个 map tasks 生成一个 TaskInProgress 来处理一个 input split maps = new
      TaskInProgress[numMapTasks];
    for(int i=0; i<numMapTasks;++i) {
        inputLength+=splits[i].getInputDataLength();
        maps[i]= new TaskInProgress(jobId, jobFile,splits[i], jobtracker, conf,
          this, i, numSlotsPerMap); }
    if (numMapTasks >0) {
    //map task 放入 nonRunningMapCache,其将在 JobTracker 向 TaskTracker 分配 map task
      的时候使用。
    nonRunningMapCache=createCache(splits, maxLevel);
        }
    //创建 reduce task
    this.reduces=new TaskInProgress[numReduceTasks];
    for (int i=0; i<numReduceTasks; i++) {
        reduces[i]= new TaskInProgress(jobId, jobFile, numMapTasks, i, jobtracker,
          conf, this, numSlotsPerReduce);
    //reduce task 放入 nonRunningReduces,其将在 JobTracker 向 TaskTracker 分配 reduce
      task 的时候使用。
        nonRunningReduces.add(reduces[i]);
    }

    //清理 map 和 reduce.
    cleanup=new TaskInProgress[2];
    TaskSplitMetaInfo emptySplit=JobSplit.EMPTY_TASK_SPLIT;
    cleanup[0]= new TaskInProgress(jobId, jobFile, emptySplit, jobtracker, conf,
    this, numMapTasks);
    cleanup[0].setJobCleanupTask();
    cleanup[1]= new TaskInProgress(jobId, jobFile, numMapTasks, numReduceTasks,
    jobtracker, conf, this, 1);
    cleanup[1].setJobCleanupTask();
    //创建两个初始化 task,一个初始化 map,一个初始化 reduce.
```

```
setup=new TaskInProgress[2];
setup[0] = new TaskInProgress(jobId, jobFile, emptySplit, jobtracker, conf,
this, numMapTasks+1, 1);
setup[0].setJobSetupTask();
setup[1] = new TaskInProgress(jobId, jobFile, numMapTasks, numReduceTasks+1,
jobtracker, conf, this, 1);
setup[1].setJobSetupTask();
tasksInited=true;                          //初始化完毕
...

}
```

从上面的代码可以看出初始化过程主要有以下步骤。

（1）从 HDFS 中读取作业对应的 job. split（见图 11-4 的步骤⑥）。JobTracker 从 HDFS 中作业对应的路径获取 JobClient 在步骤③中写入的 job. split 文件,得到输入数据的划分信息。为后面初始化过程中 Map 任务的分配做好准备。

（2）创建并初始化 Map 任务和 Reduce 任务。initTasks 先根据输入数据划分信息中的个数设定 Map task 的个数,然后为每个 Map tasks 生成一个 TaskInProgress 来处理 input split,并将 Map task 放入 nonRunningMapCache,以便在 JobTracker 向 TaskTracker 分配 Map task 的时候使用。接下来根据 JobConf 中的 mapred. reduce. tasks 属性利用 setNumReduceTasks（）方法设置 reduce task 的个数,然后采用类似 Map task 的方式将 reduce task 放入 nonRunningReduces,以便在向 TaskTracker 分配 Reduce task 的时候使用。

（3）最后就是创建两个初始化 task,根据个数和输入划分已经配置的信息,并分别初始化 Map 和 Reduce。

11.3.4　分配任务

在前面的介绍中已经知道,TaskTracker 和 JobTracker 之间的通信和任务的分配是通过心跳机制完成的。TaskTracker 作为一个单独的 JVM 执行一个简单的循环,主要实现每隔一段时间向 JobTracker 发送心跳（heartbeat）：告诉 JobTracker,此 TaskTracker 是否存活,是否准备执行新的任务。在 JobTracker 接收到心跳信息后,如果有待分配任务,它就会为 TaskTracker 分配一个任务,并将分配信息封装在心跳通信的返回值中返回给 TaskTracker,TaskTracker 从心跳方法的 Response 中得知此 TaskTracker 需要做的事情,如果是一个新的 task 则将 task 加入本机的任务队列中（见图 11-4 的步骤⑦）。

下面从 TaskTracker 中的 transmitHeartBeat 方法和 JobTracker 中的 heartbeat 方法的主要代码出发,介绍任务分配的详细过程,以及在此过程中 TaskTracker 和 JobTracker 的通信。

TaskTracker 中 transmitHeartBeat 方法的主要代码：

```
//向 JobTracker 报告 TaskTracker 的当前状态
if (status==null) {
    synchronized (this) {
```

```
        status = new TaskTrackerStatus (taskTrackerName, localHostname, httpPort,
        cloneAndResetRunningTaskStatuses (sendCounters), failures, maxMapSlots,
        maxReduceSlots);
    }
}
...
//根据条件是否满足来确定此 TaskTracker 是否请求 JobTracker 为其分配新的 Task
boolean askForNewTask;
long localMinSpaceStart;
synchronized (this) {
        askForNewTask = (status. countMapTasks () < maxCurrentMapTasks || status.
        countReduceTasks ()<maxCurrentReduceTasks) && acceptNewTasks;
    localMinSpaceStart=minSpaceStart;
}
...
//向 JobTracker 发送 heartbeat
 HeartbeatResponse heartbeatResponse = jobClient. heartbeat (status, justStarted,
 justInited, askForNewTask, heartbeatResponseId);
...
```

JobTracker 中 heartbeat 方法的主要代码：

```
...
String trackerName=status.getTrackerName();
...
//如果 TaskTracker 向 JobTracker 请求一个 task 运行
    if (recoveryManager.shouldSchedule() && acceptNewTasks && !isBlacklisted) {
      TaskTrackerStatus taskTrackerStatus=getTaskTracker(trackerName);
      if (taskTrackerStatus==null) {
        LOG.warn("Unknown task tracker polling; ignoring: "+trackerName);
      } else {
        List<Task>tasks=getSetupAndCleanupTasks(taskTrackerStatus);
        if (tasks==null ) {
            //任务调度器分配任务
            tasks=taskScheduler.assignTasks(taskTrackers.get(trackerName));
        }
        if (tasks!=null) {
            for (Task task : tasks) {
                //将任务返回给 TaskTracker
                expireLaunchingTasks.addNewTask(task.getTaskID());
                actions.add(new LaunchTaskAction(task));
    }}}}...
```

上面两段代码展示了 TaskTracker 和 JobTracker 之间通过心跳通信汇报状态和分

配任务的详细过程。TaskTracker 首先发送自己的状态（主要是 Map 任务和 Reduce 任务的个数是否小于上限），并根据自身条件选择是否向 JobTracker 请求新的 task，最后发送心跳。JobTracker 接收到 TaskTracker 的心跳之后首先分析心跳信息，如果发现 TaskTracker 在请求一个 task，那么任务调度器就会将任务和任务信息封装起来返回给 TaskTracker。

针对 map 任务和 reduce 任务，tasktracker 有固定数量的任务槽（Map 任务和 Reduce 任务的个数都有上限）。当 TaskTracker 从 JobTracker 返回的心跳信息中获取新的任务信息时，它会将 Map 任务或者 Reduce 任务加入对应的任务槽中。需要注意的是在 JobTracker 为 TaskTracker 分配 Map 任务的时候，为了减小网络带宽会考虑将 Map 任务数据本地化。它会根据 TaskTracker 的网络位置，选取一个距离此 TaskTracker Map 任务最近的输入划分文件分配给此 TaskTracker。最好情况是，划分文件就在 TaskTracker 本地（TaskTracker 往往是 HDFS 的 DataNode 中，所以这种情况是存在的）。

11.3.5　执行任务

在 TaskTracker 申请到新的任务之后，就要在本地运行任务了。运行任务的第一步是将任务本地化（将任务运行所必需的数据、配置信息、程序代码从 HDFS 复制到 TaskTracker 本地，见图 11-4 的步骤⑧）。这主要是通过调用 localizeJob() 方法来完成的（此方法的具体代码并不复杂，不再列出）。这个方法主要通过下面几个步骤来完成任务的本地化：

（1）将 job. split 复制到本地；

（2）将 job. jar 复制到本地；

（3）将 job 的配置信息写入 job. xml；

（4）创建本地任务目录，解压 job. jar；

（5）调用 launchTaskForJob() 方法发布任务（见图 11-4 的步骤⑨）。

任务本地化之后，就会通过调用 launchTaskForJob 真正启动起来。接下来 launchTaskForJob 又会调用 launchTask 方法启动任务。launchTask 方法的主要代码如下：

```
...
//创建 task 本地运行目录
localizeTask(task);
if (this.taskStatus.getRunState()==TaskStatus.State.UNASSIGNED) {
    this.taskStatus.setRunState(TaskStatus.State.RUNNING);
}
//创建并启动 TaskRunner
this.runner=task.createRunner(TaskTracker.this, this);
this.runner.start();
this.taskStatus.setStartTime(System.currentTimeMillis());
...
```

从代码中可以看出 launchTask 方法先会为任务创建本地目录,然后启动 TaskRunner。在启动 TaskRunner 后,对于 Map 任务,会启动 MapTaskRunner;对于 Reduce 任务则启动 ReduceTaskRunner。

这之后,TaskRunner 又会启动新的 Java 虚拟机来运行每个任务(见图 11-4 的步骤⑩)。以 Map 任务为例,任务执行的简单流程如下:

(1)配置任务执行参数(获取 Java 程序的执行环境和配置参数等);

(2)在 Child 临时文件表中添加 Map 任务信息(运行 Map 和 Reduce 任务的主进程是 Child 类);

(3)配置 log 文件夹,然后配置 Map 任务的通信和输出参数;

(4)读取 input split,生成 RecordReader 读取数据;

(5)为 Map 任务生成 MapRunnable,依次从 RecordReader 中接收数据,并调用 Mapper 的 Map 函数进行处理。

最后将 Map 函数的输出调用 collect 收集到 MapOutputBuffer 中(见图 11-4 的步骤⑪)。

11.3.6　更新任务执行进度和状态

在本章的作业提交过程中曾介绍:一个 MapReduce 作业在提交到 Hadoop 上之后,会进入完全地自动化执行过程,用户只能监控程序的执行状态和强制中止作业。但是 MapReduce 作业是一个长时间运行的批量作业,有时候可能需要运行数小时。所以对于用户而言,能够得知作业的运行状态是非常重要的。在 Linux 终端运行 MapReduce 作业时,可以看到在作业执行过程中有一些简单的作业执行状态报告,这能让用户大致了解作业的运行情况,并通过与预期运行情况的对比来确定作业是否按照预定方式运行。

在 MapReduce 作业中,作业的进度主要由一些可衡量可计数的小操作组成。比如在 Map 任务中,其任务进度就是已处理输入的百分比,比如完成 100 条记录中的 50 条,那么 Map 任务的进度就是 50%(这里只是针对一个 Map 任务举例,并不是在 Linux 终端中执行 MapReduce 任务时出现的 Map 50%,在终端中出现的 50% 是总体 Map 任务的进度,这将所有 Map 任务的进度组合起来的结果)。总体来讲,MapReduce 作业的进度由下面几项组成:Mapper(或 Reducer)读入或写出一条记录,在报告中设置状态描述,增加计数器,调用 Reporter 对象的 progess 方法。

由 MapReduce 作业分割成的每个任务中都有一组计数器,它们对任务执行过程中的进度组成事件进行计数。如果任务要报告进度,它便会设置一个标志以表明状态变化将会发送到 TaskTracker 上。另一个监听线程检查到这标志后,会告知 TaskTracker 当前的任务状态。具体代码如下(这是 MapTask 中 run 函数的部分代码):

```
//同 TaskTracker 通信,汇报任务执行进度
    TaskReporter reporter=new TaskReporter(getProgress(), umbilical,jvmContext);
    startCommunicationThread(umbilical);
```

```
        initialize(job, getJobID(), reporter, useNewApi);
```

同时，TaskTracker 在每隔 5s 发送给 JobTracker 的心跳中封装任务状态，报告自己的任务执行状态。具体代码如下（这是 TaskTracker 中 transmitHeartBeat 方法的部分代码）：

```
//每隔一段时间,向 JobTracker 返回一些统计信息
boolean sendCounters;
if (now > (previousUpdate+COUNTER_UPDATE_INTERVAL)) {
    sendCounters=true;  previousUpdate=now;
}
else {
    sendCounters=false;
}
```

通过心跳通信机制，所有 TaskTracker 的统计信息都会汇总到 JobTracker 处。JobTracker 将这些统计信息合并起来，产生一个全局作业进度统计信息，表明正在运行的所有作业，以及其中所含任务的状态。最后，JobClient 通过每秒查看 JobTracker 来接收作业进度的最新状态。具体代码如下（这是 JobClient 中用来提交作业的 runJob 方法的部分代码）：

```
//首先生成一个 JobClient 对象
JobClient jc=new JobClient(job);
//调用 submitJob 来提交一个任务
running=jc.submitJob(job);
...
//使用 monitorAndPrintJob 方法不断监控作业进度
if (!jc.monitorAndPrintJob(job, rj)) {
    LOG.info("Job Failed: "+rj.getFailureInfo());
    throw new IOException("Job failed!");
}
```

11.3.7 完成作业

所有 TaskTracker 任务的执行进度信息都会汇总到 JobTracker 处，当 JobTracker 接收到最后一个任务的已完成通知后，便把作业的状态设置为"成功"。然后，JobClient 也将及时得知任务已成功完成，它便会显示一条信息告知用户作业已完成，最后从 runJob()方法处返回（在返回后 JobTracker 会清空作业的工作状态，并指示 TaskTracker 也清空作业的工作状态，比如删除中间输出等）。

11.4 开发 MapReduce 应用程序

下面将介绍如何在 Hadoop 中开发 MapReduce 的应用程序。在编写 MapReduce 程序之前，需要安装和配置开发环境。因此，首先得学习如何进行配置。

11.4.1 系统参数的配置

1. 通过 API 对相关组件的参数进行配置

Hadoop 的 API[1] 被分成了以下几个部分(也就是几个不同的包)。

(1) org.apache.hadoop.conf:定义了系统参数的配置文件处理 API;

(2) org.apache.hadoop.fs:定义了抽象的文件系统 API;

(3) org.apache.hadoop.dfs:Hadoop 分布式文件系统(HDFS)模块的实现;

(4) org.apache.hadoop.mapred:Hadoop 分布式计算系统(MapReduce)模块的实现,包括任务的分发调度等;

(5) org.apache.hadoop.ipc:用于网络服务端和客户端的工具,封装了网络异步 I/O 的基础模块;

(6) org.apache.hadoop.io:定义了通用的 I/O API,用于针对网络、数据库、文件等数据对象进行读写操作等。

在此需要用到的是 org.apache.hadoop.conf,用它来定义系统参数的配置。Configurations 类由源来设置,每个源包含以 XML 形式出现的一系列属性/值对。每个源以一个字符串或一个路径来命名。如果是以字符串命名,则类路径检查该字符串代表的路径存在与否;如果是以路径命名的,则直接通过本地文件系统进行检查,而用不着类路径。

下面举一个配置文件的例子,如下所示:

configuration-default.xml

```
<?xml version="1.0"?>
<configuration>
  <property>
    <name>hadoop.tmp.dir</name>
    <value>/tmp/hadoop-$ {usr.name}</value>
    <description>A base for other temporary directories.</description>
  </property>
  <property>
    <name>io.file.buffer.size</name>
    <value>4096</value>
    <description>the size of buffer for use in sequence file.</description>
  </property>
  <property>
    <name>height</name>
    <value>tall</value>
    <final>true</final>
```

---

[1] 可以参考 http://hadoop.apache.org/common/docs/current/api。

```
    </property>
</configuration>
```

这个文件里的信息可以通过以下的方式进行抽取：

```
Configuration conf=new Configuration();
Conf.addResource("configuration-default.xml");
aasertThat(conf.get("hadoop.tmp.dir"),is("/tmp/hadoop-$ {usr.name}"));
assertThat(conf.get("io.file.buffer.size"),is("4096"));
assertThat(conf.get("height"),is("tall"));
```

2. 多个配置文件的整合

现在假设还有另外一个配置文件 configuration-site. xml，它的具体代码细节如下面的内容所示。

configuration-site. xml

```
<?xml version="1.0"?>
<configuration>
  <property>
      <name>io.file.buffer.size</name>
      <value>5000</value>
      <description>the size of buffer for use in sequence file.</description>
  </property>
  <property>
      <name>height</name>
      <value>short</value>
    <final>true</final>
  </property>
</configuration>
```

现在使用两个资源 configuation-default. xml 和 configuration-site. xml 来定义配置。将资源按顺序添加到 Configuration 之中，如下所示：

```
Configuration conf=new Configuration();
conf.addResource("configuration-default.xml");
conf.addResource("|configuration-site.xml");
```

现在不同的资源当中有了相同属性，但是它们的取值却不一样，此时这些属性的取值应该如何确定呢？可以遵循这样一个原则：后添加进来的属性取值将覆盖掉前面所添加资源中的属性取值。因此，此处的属性 io. file. buffer. size 取值应该是 5000 而不是先前的 4096，即

```
assertThat(conf.get("io.file.buffer.size"),is("5000"));
```

但是，有一个特例，被标记为 final 的属性不能被后面定义的属性覆盖。Configuration-default. xml 中的属性 height 被标记为 final，因此在 configuration-site. xml 中重写 height

并不会成功,它依然会从 configuration-default. xml 中取值:

```
assertThat(conf.get("height"),is("tall"));
```

重写标记为 final 的属性通常情况下会报告配置错误,同时会有警告信息被记录下来以便诊断所用。管理员将守护进程地址文件之中的属性标记为 final,可防止用户在客户端配置文件中或在作业提交参数中改变其取值。

Hadoop 默认使用两个源进行配置,按顺序加载 core-fefault. xml 和 core-site. xml。实际应用中可能会添加其他的源,应按照它们添加的顺序进行加载。其中 core-default. xml 定义系统默认的属性,core-site. xml 定义在特定的地方重写。

11.4.2 配置开发环境

首先下载准备使用的 Hadoop 版本,然后将其解压到开发计算机上面。接下来,在集成开发环境中创建一个新的工程,然后将解压后的文件夹根目录下的 JAR 文件和 lib 目录之下的 JAR 文件加入到 classpath 中。之后就可以编译 Hadoop 程序,并且可以在集成开发环境中以本地模式运行。

Hadoop 有 3 种不同的运行方式:本地模式、伪分布模式、完全分布模式。3 种不同的运行方式各有各的好处与不足之处:本地模式安装与配置比较简单,运行在本地文件系统上,便于程序的调试,可及时查看程序运行的效果,但是当数据量比较大时,运行的速度会比较慢,并且没有体现出 Hadoop 分布式的优点;伪分布模式同样是在本地文件系统运行,与本地模式的不同之处在于它运行的文件系统为 HDFS,好处是能够模仿完全分布模式,看到一些分布式处理的效果;完全分布式则运行在多台计算机的 HDFS 之上,完全地体现出了分布式的优点,但是调试程序会比较麻烦。

所以在实际运用中,可以结合这 3 种不同模式的优点,编写和调试程序在本地模式和伪分布模式上进行,而实际处理大数据,则运行在完全分布模式下。因此,这就会涉及 3 种不同模式的配置与管理,相关配置和管理会有相应的章节重点讲解,下面只分别简单介绍 3 种不同模式的配置。3 种不同模式的配置文件分别取名叫 hadoop-local. xml(对应本地模式),hadoop-localhost(对应伪分布模式),hadoop-cluster. xml(对应完全分布模式)。

hadoop-local 中包含 hadoop 默认的文件系统和 Jobtracker,如下所示:

```
<?xml version="1.0">
<configuration>
    <property>
        <name>fs.default.name</name>
        <value>file:///</value>
    </property>
    <property>
        <name>mapred.job.tracker</name>
        <value>local</value>
    </property>
```

```
</configuration>
```

Hadoop-localhost.xml 指出 namenode 和 Jobtracker 都在本地文件系统上，如下所示：

```
<?xml version="1.0">
<configuration>
    <property>
    <name>fs.default.name</name>
    <value>hdfs://localhost:9000</value>
    </property>
    <property>
        <name>mapred.job.tracker</name>
        <value>localhost:9001</value>
    </property>
    <property>
        <name>dfs.replication</name>
        <value>1</value>
    </property>
</configuration>
```

Hadoop-cluster 包含了集群中 namenode 和 Jobtracker 的详细地址，这个应该根据实际的环境而定。

11.4.3　编写 MapReduce 程序

下面将举一个计算学生平均成绩的例子，来讲解开发 MapReduce 程序的流程。程序主要包括两部分的内容：Map 部分和 Reduce 部分，分别实现 Map 和 Reduce 的功能。

11.4.3.1　Map 处理

Map 处理的是一个纯文本文件，文件中存放的数据是每一行表示一个学生的姓名和他相应的一科的成绩，如果有多门学科的话，则每个学生就存在多行数据。

```
public static class Map extends Mapper<LongWritable, Text, Text, IntWritable>{
    public void map(LongWritable key, Text value, Context context)
        throws IOException, InterruptedException {
        //将输入的纯文本文件的数据转化成 String
        String line=value.toString();
        System.out.println(line);
        //将输入的数据首先按行进行分割
        StringTokenizer tokenizerArticle=new StringTokenizer(line,"\n");
        //分别对每一行进行处理
        while(tokenizerArticle.hasMoreTokens()){
            //每行按空格划分
```

```
        StringTokenizer tokenizerLine = new StringTokenizer (tokenizerArticle.
        nextToken ());
    String strName=tokenizerLine.nextToken ();              //姓名部分
    String strScore=tokenizerLine.nextToken ();             //成绩部分
    Text name=new Text (strName);
    int scoreInt=Integer.parseInt (strScore);
    context.write (name, new IntWritable (scoreInt));
        }
    }
}
```

通过数据集进行测试,结果显示完全可以将文件中的姓名和相应的成绩提取出来。需要解释的是,Mapper 处理的数据是由 InputFormat 分解过的数据集,其中 InputFormat 的作用是将数据集切割成小数据集 InputSplits,每一个 InputSplit 将由一个 Mapper 负责处理。此外,InputFormat 中还提供了一个 RecordReader 的实现,并将一个 InputSplit 解析成<key,value>对提供给 map 函数。InputFormat 的默认值是 TextInputFormat,它针对文本文件,按行将文本切割成 InputSplits,并用 LineRecordReader 将 InputSplit 解析成<key,value>对,key 是行在文本中的位置,value 是文件中的一行。

本程序中的 InputFormat 使用的是默认值 TextInputFormat,因此结合上述程序的注释部分不难理解整个程序的处理流程和正确性。

11.4.3.2　Reduce 处理

Map 的结果会通过 partition 分发到 Reducer,Reducer 做完 Reduce 操作后,将通过 OutputFormat 输出,代码如下所示。

```
public static class Reduce extends Reducer<Text, IntWritable, Text, IntWritable>{
    public void reduce (Text key, Iterable< IntWritable> values, Context context)
    throws IOException, InterruptedException {
        int sum=0;
        int count=0;
        Iterator<IntWritable>iterator=values.iterator ();
        while (iterator.hasNext ()) {
            sum+=iterator.next ().get ();                   //计算总分
            count++;                                        //统计总的科目数
        }
        int average= (int) sum/count;                       //计算平均成绩
        context.write (key, new IntWritable (average));
    }
}
```

Mapper 最终处理的结果对<key,value>,会送到 Reducer 中进行合并,合并的时候,有相同 key 的键/值对则送到同一个 Reducer 上。Reducer 是所有用户定制 Reducer 类的基类,它的输入是 key 和这个 key 对应的所有 value 的一个迭代器,同时还有

Reducer 的上下文。Reduce 的结果，Reducer.Context 的 write 方法将输出到文件中。

11.4.4　本地测试

Score_Process 类继承于 Configured 的实现接口 Tool，上述的 Map 和 Reduce 是 Score_Process 的内部类，它们分别实现了 Map 和 Reduce 功能。主函数存在于 Score_Process 中，下面创建一个 Score_Process 实例对程序进行测试。

Score_process 的 run()方法实现如下：

```
public int run(String [] args) throws Exception {
    Job job=new Job(getConf());
    job.setJarByClass(Score_Process.class);
    job.setJobName("Score_Process");
    job.setOutputKeyClass(Text.class);
    job.setOutputValueClass(IntWritable.class);
    job.setMapperClass(Map.class);
    job.setCombinerClass(Reduce.class);
    job.setReducerClass(Reduce.class);
    job.setInputFormatClass(TextInputFormat.class);
    job.setOutputFormatClass(TextOutputFormat.class);

    FileInputFormat.setInputPaths(job, new Path(args[0]));
    FileOutputFormat.setOutputPath(job, new Path(args[1]));
    boolean success=job.waitForCompletion(true);
    return success ? 0 : 1;
}
```

下面给出 main()函数，对程序进行测试：

```
public static void main(String[] args) throws Exception {
    int ret=ToolRunner.run(new Score_Process(), args);
    System.exit(ret);
}
```

如果程序需要在 Eclipse 中执行，那么需要用户在 run congfiguration 中设置好参数，输入的文件夹名为 input，输出的文件夹名为 output。

11.4.5　在集群上运行

想要测试人体的健康状况，先要知道很多组织的健康状况，然后再综合评价人体的健康状况。假设每个组织的健康指标是一个 0~100 的数字，得到综合身体健康状况的方法是计算所有组织健康指标的平均数。由于测试的人数众多，因此存储数据的格式为：姓名＋得分＋♯（代表一个人单个组织的健康状况），每个组织的健康状况分别用一个文件存储。现在一共有 1000 个组织参与了评估,即用 1000 个文件分别存储。

由于现在对数据所要进行的处理与前面简单地对学生成绩进行处理有一些区别,所以先将程序的主要部分列举出来。

Mapper 部分的代码如下:

```
public static class Map extends Mapper<LongWritable, Text, Text, IntWritable>{
    public void map (LongWritable key, Text value, Context context) throws
IOException, InterruptedException {
        String line=value.toString();
        //以"#"为分隔符,将输入的文件分割成单个记录
        StringTokenizer tokenizerArticle=new StringTokenizer(line,"#");
        //对每个记录进行处理
        while(tokenizerArticle.hasMoreTokens()){
            //将每个记录分成姓名和分数两个部分
            StringTokenizer tokenizerLine = new StringTokenizer (tokenizerArticle.
            nextToken());
            while(tokenizerLine.hasMoreTokens()){
                String strName=tokenizerLine.nextToken();
                if(tokenizerLine.hasMoreTokens()){
                String strScore=tokenizerLine.nextToken();
                Text name=new Text(strName);                    //姓名
                int scoreInt=Integer.parseInt(strScore);
                context.write(name, new IntWritable(scoreInt));
                }
            }
        }
    }
}
```

由于上述程序比较简单并且和单节点上的很相似,配合注释就能够很好的理解,因此就不再多讲解了。

下面是 Reducer 部分的代码:

```
public static class Reduce extends Reducer<Text, IntWritable, Text, IntWritable>{
    public void reduce (Text key, Iterable< IntWritable> values, Context context)
    throws IOException, InterruptedException {
        int sum=0;
        int count=0;
        Iterator< IntWritable>iterator=values.iterator();
        while (iterator.hasNext()) {
            sum+=iterator.next().get();
            count++;
        }
        int average= (int) sum/count;
```

```
            context.write(key, new IntWritable(average));
        }
    }
```

由于其主函数部分和上一部分的主函数完全一样，在此处就不列举了。

1. 打包

为了能够在命令行中运行，首先需要对程序进行编译和打包，下面就分别展示编译和打包的过程。

编译代码如下所示：

```
Javac - classpath/usr/local/hadoop/hadoop - 1.0.1/hadoop - core - 1.0.1.jar - d
ScoreProcessFinal_classes ScoreProcessFinal.java
```

上述命令会将 ScoreProcessFinal.java 编译后的所有 class 文件放入到 ScoreProcessFinal_classes 文件夹下。下面打包所有的 class 文件：

```
jar - cvf/usr/local/hadoop/hadoop - 1.0.1/bin/ScoreProcessFinal.jar - C
ScoreProcessFinal_classes/ .
标明清单(manifest)
增加：ScoreProcessFinal$ Map.class(读入=1899) (写出=806)(压缩了 57%)
增加：ScoreProcessFinal$ Reduce.class(读入=1671) (写出=707)(压缩了 57%)
增加：ScoreProcessFinal.class(读入=2374) (写出=1183)(压缩了 50%)
```

2. 在本地模式下运行

接着使用下面的命令以本地模式运行打包后的程序：

```
hadoop jar ScoreProcessFinal.jar inputOfScoreProcessFinal outputOfScoreProcessFinal
```

上面的命令以 inputOfScoreProcessFinal 为输入，同时以 outputOfScoreProcessFinal 为输出的文件。

到此，已经将编译打包和在本地模式下运行的情况讲解完了。

3. 在集群上运行

接下来会讲解程序如何在集群上运行。在笔者的实验环境中，一共有 4 台计算机，其中一台同时担当 Jobtracker 和 NameNode 的角色，但不担当 Tasktracker 和 DataNode 的角色，另外 3 台计算机则同时担当 Tasktracker 和 DataNode 的角色。

首先，将输入的文件复制到 HDFS 中，用以下命令完成该功能：

```
hadoop dfs - copyFromLocal/home/u/Desktop/inputOfScoreProcessFinal inputOfScore
- ProcessFinal
```

下面，在命令行中运行程序：

```
~/hadoop-0.20.2/bin$ hadoop jar/home/u/TG/ScoreProcessFinal.jar
```

```
ScoreProcessFinal inputOfScoreProcessFinal outputOfScoreProcessFinal
```

上述命令运行 ScoreProcessFinal.jar 中的 ScoreProcessFinal 类，并且将 inputOfScoreProcessFinal 作为输入，outputOfScoreProcessFinal 作为输出。

11.5 小结

本章 MapReduce 并行计算编程框架，该框架具有易于实现、扩展性强、健壮性良好等特点。开发人员能够轻松利用该框架开发并行计算程序。本章所涉及的内容包括 MapReduce 计算模型、MapReduce 工作机制以及如何开发 MapReduce 应用程序。

MapReduce 作业由一个 JobTracker 和多个 TaskTracker 调度。该模型主要包括 Map 和 Reduce 两个部分。数据首先按照 TextInputFormat 形式被处理成两个 InputSplit。然后 Map 程序会读取 InputSplit 指明位置的数据，进而按照设定的方式处理，最后写入到本地磁盘中。Reduce 会读取 Map 的输出数据，合并 value 然后将它们输出到 HDFS 上。

MapReduce 作业的执行流程包括：代码编写→作业配置→作业提交→Map 任务的分配和执行→处理中间结果→Reduce 任务的分配和执行→作业完成，而在每个任务的执行过程中，又包含输入准备→任务执行→输出结果。

接下来，本章介绍了如何配置 MapReduce 开发环境，编写 MapReduce 应用程序，以及如何在本地和集群上运行 MapReduce 程序。

在了解完本章的内容之后，读者将会对 MapReduce 的处理流程以及框架的使用有一个整体的认识。从传统编程习惯到并行程序的转变需要一个独立思考的过程，希望读者通过多多联系能够熟练使用 MapReduce。

第 12 章　HDFS 详解

HDFS(Hadoop Distributed File System)是 Hadoop 项目的核心子项目,是 Hadoop 主要应用的一个分布式文件系统,本章将对它进行详细介绍。实际上,在 Hadoop 中有一个综合性的文件系统抽象,它提供了文件系统实现的各类接口,HDFS 只是这个抽象文件系统的一个实例。

Hadoop 整合了众多文件系统,它首先提供了一个高层的文件系统抽象 org. apache. hadoop. fs. FileSystem,这个抽象类展示了一个分布式文件系统,并有几个具体实现,见表 12-1。

表 12-1　Hadoop 的文件系统

文件系统	URI 方案	Java 实现 (org. apache. hadoop)	定　义
Local	file	fs. LocalFileSystem	支持有客户端校验和的本地文件系统。带有校验和的本地文件系统在 fs. RawLocalFileSystem 中实现
HDFS	hdfs	hdfs. DistributedFileSystem	Hadoop 的分布式文件系统
HFTP	hftp	hdfs. HftpFileSystem	支持通过 HTTP 方式以只读的方式访问 HDFS,distcp 经常用在不同的 HDFS 集群间复制数据
HSFTP	hsftp	hdfs. HsftpFileSystem	支持通过 HTTPS 方式以只读的方式访问 HDFS
HAR	har	fs. HarFileSystem	构建在其他文件系统上进行归档文件的文件系统。Hadoop 归档文件主要用来减少 Namenode 的内存使用
KFS	kfs	fs. kfs. KosmosFileSystem	Cloudstroe(其前身是 Kosmos 文件系统)文件系统是类似于 HDFS 和 Google 的 GFS 的文件系统,使用 C++ 编写
FTP	ftp	fs. ftp. FtpFileSystem	由 FTP 服务器支持的文件系统
S3(本地)	s3n	fs. s3native. NativeS3FileSystem	基于 Amazon S3 的文件系统
S3(基于块)	s3	fs. s3. NativeS3FileSystem	基于 Amazon S3 的文件系统,以块格式存储解决了 S3 的 5GB 的文件大小的限制

Hadoop 提供了许多文件系统的接口,用户可使用 URI 方案选取合适的文件系统来实现交互。

在本章内容包括 HDFS 的特点、基本操作、常用 API 及读写数据流等。

12.1　HDFS 简介

HDFS 是基于流数据模式访问和处理超大文件的需求开发的，它可以运行于廉价的商用服务器上。总的来说，可以将 HDFS 的主要特点概括为以下几点。

1. 处理超大文件

这里的超大文件通常是指数百兆字节、甚至数百太字节大小的文件。目前在实际应用中，HDFS 已经能用来存储管理皮字节（PeteBytes）级的数据了。在雅虎，Hadoop 集群也已经扩展到了 4 000 个结点。

2. 流式地访问数据

HDFS 的设计建立在更多地响应"一次写入、多次读取"任务的基础之上。这意味着一个数据集一旦由数据源生成，就会被复制分到不同的存储结点中，然后响应各种各样的数据分析任务请求。多数情况下，分析任务都会涉及数据集中的大部分数据，也就是说，对 HDFS 来说，请求读取整个数据集要比读取一条记录更加高效。

3. 运行于廉价的商用机器集群

Hadoop 设计对硬件需求比较低，只须运行在廉价的商用硬件集群上，而无须昂贵的高可用性计算机上。廉价的商用机也就意味着大型集群中出现结点故障情况的概率非常高。这就要求在设计 HDFS 时要充分考虑数据的可靠性、安全性及高可用性。

正是由于以上的考虑，才会发现现在的 HDFS 在处理一些特定问题时不但没有优势，而且有一定的局限性，主要表现在以下几方面。

4. 低延迟数据访问

如果要处理一些用户要求时间比较短的低延迟应用请求，则 HDFS 不适合。HDFS 是为了处理大型数据集分析任务，主要为达到高的数据吞吐量而进行的设计，这就要求可能以高延迟作为代价。目前有一些补充的方案，比如使用 HBase，通过上层数据管理项目来尽可能地弥补这个不足。

5. 无法高效存储大量小文件

在 Hadoop 中需要用 Namenode 名称结点来管理文件系统的元数据，以响应客户端请求返回文件位置等，因此文件数量大小的限制要由 Namenode 来决定。例如，每个文件、索引目录及块大约占 100B，如果有一百万个文件，每个文件占一个块，那么至少要消耗 200MB 内存，这似乎还可以接受。但如果有更多文件，那么 Namenode 的工作压力更大，检索处理元数据的时间就会不可接受。

6. 不支持多用户写入，任意修改文件

在 HDFS 的一个文件中只有一个写入者，而且写操作只能在文件末尾完成，即只能执行追加操作。目前 HDFS 还不支持多个用户对同一文件的写操作以及在文件任意位置修改。

当然，以上几点都是当前的问题，相信随着研究者的努力，HDFS 会更加成熟，以满足更多的应用需要。

12.2　HDFS 的相关概念

在了解 HDFS 的体系结构之前，下面介绍 HDFS 中的几个重要概念。

1. 块（Block）

在操作系统研究领域中有文件块的概念，文件以块的形式存储在磁盘中，此处块的大小代表系统读写可操作的最小文件大小。也就是说，文件系统每次只能操作磁盘块大小的整数倍数据。通常来说，一个文件系统块大小为几千字节，而磁盘块大小为 512B。文件的操作都由系统完成，这些对用户来说都是透明的。

在此要介绍的 HDFS 中的块是一个抽象的概念，它比上面操作系统中所说的块要大得多。在配置 Hadoop 系统时会看到，它的默认块大小为 64MB。和单机上的文件系统相同，HDFS 分布式文件系统中的文件也被分成块进行存储，它是文件存储处理的逻辑单元（后文中所描述的块如果没有特别指出，都是指 HDFS 中的块）。

HDFS 作为一个分布式文件系统，设计用来处理大文件，使用抽象的块会带来很多好处。一个好处是可以存储任意大的文件，而又不会受到网络中任一单个结点磁盘大小的限制。想象一下，单个结点存储 100TB 的数据是不可能的，但是由于逻辑块的设计，HDFS 可以将这个超大的文件分成众多块，分别存储在集群的各个计算机上。另外一个好处是使用抽象块作为操作的单元可以简化存储子系统。这里之所以提到简化，是因为简单化是所有系统的追求，而对故障出现频繁和种类繁多的分布式系统来说，简化就显得尤为重要。在 HDFS 中块的大小固定，这样它就简化了存储系统的管理，特别是元数据信息可以和文件块内容分开存储。不仅如此，块更有利于分布式文件系统中复制容错的实现。在 HDFS 中为了处理结点故障，默认将文件块副本数设定为 3 份，分别存储在集群的不同结点上。当一个块损坏时，系统会通过 Namenode 获取元数据信息，在另外的计算机上读取一个副本并进行存储，这个过程对用户来说都是透明的。当然，这里的文件块副本冗余量可以通过文件进行配置，比如在有些应用中，可能会为操作频率较高的文件块设置较高的副本数量以提高集群的吞吐量。

在 HDFS 中，可以通过终端命令直接获得文件和块信息，比如以下命令可以列出文件系统中组成各个文件的块（有关 HDFS 的命令，在本书第 12.4 节详细讲解）：

```
hadoop fsck/-files -blocks
```

2. Namenode 和 Datanode

HDFS 体系结构中有两类结点，一类是 Namenode，另一类是 Datanode。这两类结点分别承担 Master 和 Worker 的任务。Namenode 就是 Master 管理集群中的执行调度，Datanode 就是 Worker 具体任务的执行结点。Namenode 管理文件系统的命名空间，维护整个文件系统的文件目录树及这些文件的索引目录。这些信息以两种形式存储在本地文件系统中，一种是命名空间镜像（namespace image），一种是编辑日志（edit log）。从 Namenode 中可以获得每个文件的每个块所在的 Datanode。有一点需要注意的是，这些信息不是永久保存的，Namenode 会在每次系统启动时动态地重建这些信息。当运行任务时，客户端通过 Namenode 获取元数据信息，和 Datanode 进行交互以访问整个文件系统。系统会提供一个类似于 POSIX 的文件接口，这样用户在编程时无须考虑 Namenode 和 Datanode 的具体功能。

Datanode 是文件系统 Worker 中的结点，用来执行具体的任务：存储文件块，被客户端和 Namenode 调用。同时，它会通过心跳（Heartbeat）定时向 Namenode 发送所存储的文件块信息。

12.3　HDFS 的体系结构

如图 12-1 所示，HDFS 采用 Master/Slave 架构对文件系统进行管理。一个 HDFS 集群是由一个 Namenode 和一定数目的 Datanodes 组成的。Namenode 是一个中心服务器，负责管理文件系统的名字空间（Namespace）以及客户端对文件的访问。集群中的 Datanode 一般是一个结点运行一个 Datanode 进程，负责管理它所在结点上的存储。HDFS 展示了文件系统的名字空间，用户能够以文件的形式在上面存储数据。从内部看，一个文件其实被分成一个或多个数据块，这些块存储在一组 Datanode 上。Namenode 执行文件系统的名字空间操作，比如打开、关闭、重命名文件或目录。它也负责确定数据块到具体 Datanode 结点的映射。Datanode 负责处理文件系统客户端的读写请求。在 Namenode 的统一调度下进行数据块的创建、删除和复制。

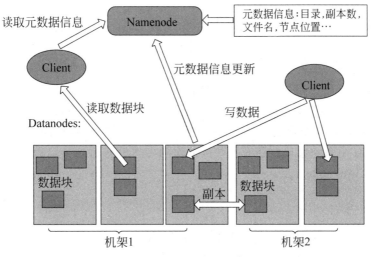

图 12-1　HDFS 的体系结构

1. 副本存放与读取策略

副本的存放是 HDFS 可靠性和性能的关键，优化的副本存放策略也正是 HDFS 区分于其他大部分分布式文件系统的重要特性。HDFS 采用一种称为机架感知（rack-aware）的策略来改进数据的可靠性、可用性和网络带宽的利用率。大型 HDFS 实例一般运行在跨越多个机架的计算机组成的集群上，不同机架上的两台计算机之间的通信需要经过交换机，这样会增加数据传输的成本。在大多数情况下，同一个机架内的两台计算机间的带宽会比不同机架的两台计算机间的带宽大。

一方面，通过一个机架感知的过程，Namenode 可以确定每个 Datanode 所属的机架 ID。目前 HDFS 采用的策略就是将副本存放在不同的机架上。这样可以有效防止当整个机架失效时数据的丢失，并且允许读数据的时候充分利用多个机架的带宽。这种策略设置可以将副本均匀地分布在集群中，有利于当组件失效情况下的负载均衡。但是，因为这种策略的一个写操作需要传输数据块到多个机架，这增加了写操作的成本。

举例来看，在大多数情况下，副本系数是 3，HDFS 的存放策略是将一个副本存放在本地机架的结点上，一个副本放在同一机架的另一个结点上，最后一个副本放在不同机架的结点上。这种策略减少了机架间的数据传输，这就提高了写操作的效率。机架的错误远远比结点的错误少，所以这个策略不会影响数据的可靠性和可用性。同时，因为数据块只放在两个不同的机架上，所以此策略减少了读取数据时需要的网络传输总带宽。这一策略在不损害数据可靠性和读取性能的情况下改进了写的性能。

另一方面，在读取数据时，为了减少整体的带宽消耗和降低整体的带宽延时，HDFS 会尽量让读取程序读取离客户端最近的副本。如果在读取程序的同一个机架上有一个副本，那么就读取该副本。如果一个 HDFS 集群跨越多个数据中心，那么客户端也将首先读取本地数据中心的副本。

2. 安全模式

Namenode 启动后会进入一个称为安全模式的特殊状态。处于安全模式的 Namenode 是不会进行数据块的复制的。Namenode 从所有的 Datanode 接收心跳信号和块状态报告。块状态报告包括了某个 Datanode 所有的数据块列表。每个数据块都有一个指定的最小副本数。当 Namenode 检测确认某个数据块的副本数目达到最小值时，那么该数据块就会被认为是副本安全的；在一定百分比（这个参数可配置）的数据块被 Namenode 检测确认是安全之后（加上一个额外的 30 秒等待时间），Namenode 将退出安全模式状态。接下来它会确定还有哪些数据块的副本没有达到指定数目，并将这些数据块复制到其他 Datanode 上。

3. 文件安全

很显然，Namenode 的重要性是显而易见的，没有它客户端将无法获得文件块的位置。在实际应用中，如果集群的 Namenode 出现故障，就意味着整个文件系统中全部的文件会丢失，因为无法再通过 Datanode 上的文件块来重构文件。下面简单介绍 Hadoop 是采用哪种机制来确保 Namenode 的安全的。

第一种方法是，备份 Namenode 上持久化存储的元数据文件，然后将其转储到其他文件系统中，这种转储是同步的、原子的操作。通常的实现方法是，将 Namenode 中的元数据转储到远程的 NFS 文件系统中。

第二种方法是，系统中同步运行一个 Secondary Namenode（二级 Namenode）。这个结点的主要作用就是周期性地合并编辑日志中的命名空间镜像，以避免编辑日志过大。Secondary Namenode 的运行通常需要大量的 CPU 和内存去做合并操作，这就要求其运行在一个单独的计算机上。而在这台计算机上会存储合并过的命名空间镜像，这些镜像文件会在 Namenode 宕机后做替补使用，以最大限度地减少文件的损失。但是，需要注意的是，Secondary Namenode 的同步备份总会滞后于 Namenode，所以损失是必然的。

12.4　HDFS 的基本操作

本节中，将对 HDFS 的命令行操作及其 Web 界面进行介绍。

12.4.1　HDFS 的命令行操作

可以通过命令行接口来和 HDFS 进行交互。当然，命令行接口只是 HDFS 的访问接口之一，它的特点是更加简单直观，便于使用，可以进行一些基本操作。

下面就具体介绍如何通过命令行访问 HDFS 文件系统。本节主要讨论一些基本的文件操作，比如读文件、创建文件存储路径、转移文件、删除文件、列出文件列表等操作。在终端中你可以通过输入 fs － help 获得 HDFS 操作的详细帮助信息。

首先，将本地的一个文件复制到 HDFS 中，操作命令如下：

```
hadoop fs - copyFromLocal testInput/hello.txt hdfs://localhost/user/ubuntu/In/
hello.txt
```

这条命令调用了 Hadoop 的终端命令 fs。fs 支持很多子命令，这里使用-copyFromLocal 命令将本地的文件 hello.txt 复制到 HDFS 中的/user/ ubuntu/In/hello.txt 下。事实上，使用 fs 命令可以直接省略 URI 中的访问协议和主机名，而直接使用配置文件 core-site.xml 中的默认属性值 hdfs://localhost，即改为如下命令：

```
hadoop fs - copyFromLocal testInput/hello.txt/user/ubuntu/In/hello.txt
```

其次，看如何将 HDFS 中的文件拷贝到本机，操作命令如下：

```
hadoop fs - copyToLocal/user/ubuntu/In/hello.txt testInput/hello.copy.txt
```

命令执行后，用户可查看根目录 testInput 文件夹下的 hello.copy.txt 文件即可验证完成从 HDFS 到本机的文件拷贝。

下面查看创建文件夹的方法：

```
hadoop fs -mkdir testDir
```

最后，用命令行查看 HDFS 文件列表：

```
hadoop fs - lsr In

- rw- r- - r- -    1 ubuntu supergroup      348624 2012- 03- 11 11:34/user/ ubuntu/In/CHANGES.
txt
- rw- r- - r- -    1 ubuntu supergroup       13366 2012- 03- 11 11:34/user/ ubuntu/In/
LICENSE.txt
- rw- r- - r- -    1 ubuntu supergroup         101 2012- 03- 11 11:34/user/ ubuntu/In/
NOTICE.txt- rw- r- - r- -    1 ubuntu supergroup       1366 2012- 03- 11 11:34/user/
ubuntu/In/README.txt
- rw- r- - r- -    1 ubuntu supergroup          13 2012- 03- 17 15:14/user/ ubuntu/In/
hello.txt
```

从以上文件列表可以看到，命令返回的结果和 Linux 下 ls - l 命令返回的结果很相似。返回结果第一列是文件属性，第二列是文件的副本因子，而这是传统的 Linux 系统没有的。为了方便，配置环境中的副本因子设置为 1，所以这里显示为 1，同时也看到了从本地复制到 In 文件夹下的 hello. txt 文件。

12.4.2 HDFS 的 Web 界面

可以通过 http://NamenodeIP:50070 访问 HDFS 的 Web 界面。HDFS 的 Web 界面提供了基本的文件系统信息，其中包括集群启动时间、版本号、编译时间及是否又升级。

HDFS 的 Web 界面还提供了文件系统的几个基本功能：Browse the filesystem（浏览文件系统），单击链接即可看到，它将 HDFS 的文件结构通过目录的形式展现出来了，增加了对文件系统的可读性。此外，可以直接通过 Web 界面访问文件内容。同时，HDFS 的 Web 界面还将该文件块所在的结点位置展现出来了。可以通过设置 Chunk size to view 来设置一次读取并展示的文件块大小。

除了在本节中展示的信息之外，HDFS 的 Web 界面还提供了 Namenode 的日志列表、运行中的结点列表及宕机的结点列表等信息。

12.5 HDFS 中的读写数据流

在本节中，将对 HDFS 的读写数据流进行详细介绍，以帮助读者理解 HDFS 具体是如何工作的。

12.5.1 文件的读取

本节将详细介绍在读操作时客户端和 HDFS 交互过程的实现，以及 Namenode 和各 Datanode 之间的数据流是什么。下面将围绕图 12-2 做具体介绍。

首先，客户端通过调用 FileSystem 对象中的 open（）函数来读取它希望的数据。

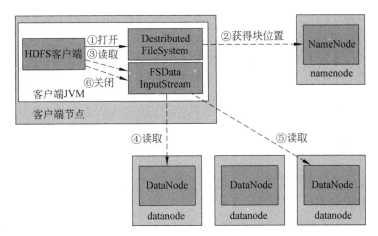

图 12-2　客户端从 HDFS 中读取数据

FileSystem 是 HDFS 中 DistributedFileSystem 的一个实例（参见图 12-2 第①步）。DistributedFileSystem 会通过 RPC 协议调用 Namenode 来确定请求文件块所在的位置。这里需要注意的是，Namenode 只会返回所调用文件中开始的几个块而不是全部返回（参见第②步）。对于每个返回的块，都包含块所在的 Datanode 地址。随后，这些返回的 Datanode 会按照 Hadoop 定义的集群拓扑结构得出客户端的距离后再进行排序。如果客户端本身就是一个 Datanode，那么它将从本地读取文件。

其次，DistributedFileSystem 会向客户端返回一个支持文件定位的输入流对象 FSDataInputStream，用于给客户端读取数据。FSDataInputStream 包含一个 DFSInputStream 对象，这个对象用来管理 Datanode 和 Namenode 之间的 I/O。

当以上步骤完成时，客户端便会在这个输入流之上调用 read() 函数（参见第③步）。DFSInputStream 对象中包含文件开头部分数据块所在的 Datanode 地址，首先它会链接包含文件第一个块最近的 Datanode。随后，在数据流中重复调用 read() 直到这个块全部读完为止（参见第④步）。当最后一个块读取完毕时，DFSInputStream 会关闭连接，并查找存储下一个数据块距离客户端最近的 Datanode（参见第⑤步）。以上这些步骤对客户端来说都是透明的。

客户端按照 DFSInpuStream 打开和 Datanode 链接返回的数据流的顺序读取该块，它也会调用 Namenode 来检索下一组块所在的 Datanode 的位置信息。当客户端完成所有文件的读取时，则会在 FSDataInputStream 中调用 close() 函数（参见第⑥步）。

当然，HDFS 会考虑在读取中结点出现故障的情况。目前 HDFS 是这样处理的，如果在读取时，客户端和所连接的 Datanode 出现故障，那么它就会去尝试连接存储这个块的下一个最近的 Datanode，同时它会记录这个结点的故障，这样它就不会再去尝试连接读取块。客户端还会验证从 Datanode 传送过来的数据校验和。如果发现一个损坏的块，那么客户端将会再尝试从别的 Datanode 读取数据块，向 Namenode 报告这个信息，Namenode 也会更新保存的文件信息。

这里要关注的一个设计要点是，客户端通过 Namenode 引导获取最合适的 Datanode

地址，然后直接连接 Datanode 读取数据。这种设计的好处是，可以使 HDFS 扩展到更大规模的客户端并行处理，这是因为数据的流动是在所有 Datanode 之间分散进行的。同时 Namenode 的压力也变小了，使得 Namenode 只用提供请求块所在的位置信息就可以了，而不用通过它提供数据，这样就避免了 Namenode 随着客户端数量的增长而成为系统瓶颈。

12.5.2　文件的写入

本小节将对 HDFS 中文件的写入过程进行详细介绍。图 12-3 就是在 HDFS 中写入一个新文件的数据流图。

第一，客户端通过调用 DistributedFileSystem 对象中的 creat()函数创建一个文件（参见图 12-3）。DistributedFileSystem 通过 RPC 调用在 Namenode 的文件系统命名空间中创建一个新文件，此时还没有相关的 Datanode 与之关联。

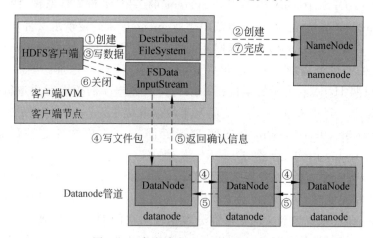

图 12-3　客户端在 HDFS 中写入数据

第二，Namenode 会通过多种验证保证新的文件不存在文件系统中，并且确保请求客户端拥有创建文件的权限。当所有验证通过时，Namenode 会创建一个新文件的记录，如果创建失败，则抛出一个 IOException 异常；如果成功，则 DistributedFileSystem 返回一个 FSDataOutputStream 给客户端用来写入数据。这里 FSDataOutputStream 和读取数据时的 FSDataInputStream 一样都包含一个数据流对象 DFSOutputStream，客户端将使用它来处理和 Datanode 及 Namenode 之间的通信。

第三，当客户端写入数据时，DFSOutputStream 会将文件分割成包，然后放入一个内部队列，人们称为"数据队列"。DataStreamer 会将这些小的文件包放入数据流中，DataStreamer 的作用是请求 Namenode 为新的文件包分配合适的 Datanodes 存放副本。返回的 Datanodes 列表形成一个"管道"，假设这里的副本数是 3，那么这个管道中就会有 3 个 Datanodes。DataStreamer 将文件包流式传送给队列中的第一个 Datanode。第一个 Datanode 会存储这个包然后将它推送到第二个 Datanode 中，随后照这样进行，直到管道中最后一个 Datanode。

　　第四,DFSOutputStream 同时也会保存一个包的内部队列,用来等待管道中的 Datanodes 返回确认信息,这个队列被称为确认队列(ack queue)。只有当所有管道中的 Datanodes 都返回了写入成功的返回信息文件包,才会从确认队列中删除。

　　当然 HDFS 会考虑写入失败的情况,当数据写入结点失败时,HDFS 会做出以下反应。首先管道会被关闭,任何在确认通知队列中的文件包都会被添加到数据队列的前端,这样管道中失败的 Datanodes 都不会丢失数据。当前存放于正常工作 Datanode 之上的文件块被赋予一个新的身份,并且和 Namenode 进行关联,这样,如果失败的 Datanode 过段时间后从故障中恢复出来,其中的部分数据块就会被删除。然后管道会把失败的 Datanode 删除,文件会继续被写到管道中的另外两个 Datanode。最后 Namenode 会注意到现在的文件块副本数没有达到配置属性要求,会在另外的 Datanode 上重新安排创建一个副本。随后的文件会正常执行写入操作。

　　当然,在文件块写入期间,多个 Datanodes 同时出现故障的可能性存在,但是很小。只要 dfs. replication. min 的属性值(默认为 1)成功写入,这个文件块就会被异步复制到集群的其他 Datanode 中,直到满足 dfs. replication 属性值(默认为 3)。

　　客户端成功完成数据写入后,就会调用 6 种 close()函数关闭数据流(第⑥步)。这步操作会在连接 Namenode 确认文件写入完全之前将所有剩下的文件包放入 Datanodes 管道,等待通知确认信息。Namenode 会知道哪些块组成一个文件(通过 DataStreamer 获得块位置信息),这样 Namenode 只要在返回成功前等待块被最小量(dfs. replication. min)复制即可。

12.5.3　一致性模型

　　文件系统的一致性模型描述了文件读写的可见性。HDFS 牺牲了一些 POSIX 的需求来补偿性能,所以有些操作可能会和传统的文件系统不同。

　　当创建一个文件时,它在文件系统的命名空间中是可见的,代码如下:

```
Path p=new Path("p");
fs.create(p);
assertThat(fs.exists(p), is(true));
```

　　但是对这个文件的任何写操作不保证是可见的,即使在数据流已经刷新的情况下,文件的长度很长时间也会显示为 0:

```
Path p=new Path("p");
OutputStream out=fs.create(p);
out.write("content".getBytes("UTF-8"));
out.flush();
assertThat(fs.getFileStatus(p).getLen(), is(0L));
```

一旦一个数据块写入成功，那么读者提出的新的请求就可以看到这个块，而对当前写入的块，读者是看不见的。HDFS 提供了方法强制执行所有缓存和 Datanodes 之间的数据同步，这个方法是 FSDataOutputStream 中的 sync()。当 sync() 返回成功时，HDFS 就可以保证此时写入的文件数据是一致的并且对于所有新的读者都是可见的。即使 HDFS 客户端之间发生冲突，也会发生数据丢失，代码如下：

```
Path p=new Path("p");
FSDataOutputStream out=fs.create(p);
out.write("content".getBytes("UTF-8"));
out.flush();
out.sync();
assertThat(fs.getFileStatus(p).getLen(), is(((long) "content".length())));
```

这个操作类似于 UNIX 系统中的 fsync 系统调用，为一个文件描述符提交缓存数据，利用 Java API 写入本地数据，这样就可以保证看到刷新流并且同步之后的数据，代码如下：

```
FileOutputStream out=new FileOutputStream(localFile);
out.write("content".getBytes("UTF-8"));
out.flush();                                    //flush to operating system
out.getFD().sync();                             //sync to disk
assertThat(localFile.length(), is(((long) "content".length())));
```

在 HDFS 中关闭一个文件也隐式地执行了 sync() 函数，代码如下：

```
Path p=new Path("p");
OutputStream out=fs.create(p);
out.write("content".getBytes("UTF-8"));
out.close();
assertThat(fs.getFileStatus(p).getLen(), is(((long) "content".length())));
```

下面来了解一致性模型对应用设计的重要性。文件系统的一致性和设计应用程序的方法有关。如果不调用 sync()，那么需要做好一旦客户端或者系统发生故障丢失部分数据的准备。对大多数应用程序来说，这是不可接受的，所以需要在合适的点调用 sync()，比如在写入一定量的数据之后。尽管 sync() 被设计用来最大限度地减少 HDFS 的负担，但是它仍然有不可忽视的开销，所以以需要在数据健壮性和吞吐量之间做好权衡。其中一个好的参考平衡点就是通过测试应用程序在不同 sync() 频率间选择性能的最佳平衡点。

12.6　小结

在本章中，深入介绍了 Hadoop 中一个关键的分布式文件系统 HDFS。HDFS 是 Hadoop 的一个核心子项目，是 Hadoop 进行大数据存储管理的基础，它支持 MapReduce 分布式计算。

首先，对 Hadoop 的文件系统进行了总体的概括，随后针对 HDFS 进行了简单介绍，分析了它的研究背景和设计基础。有了这样的背景知识，就可以在随后的章节中更好地理解 HDFS 的功能实现。

其次，本章还从结构上对 HDFS 进行了描述，给出了 HDFS 的相关概念，包括块、Namenode、Datanode 等。通过对 HDFS 概念的学习，可以了解 HDFS 的体系结构。

最后，在掌握基本概念的基础上，我们介绍了 HDFS 的基本操作，包括命令行操作和通过 Web 界面进行操作。不仅如此，我们还对 HDFS 中的读写文件流进行了详细介绍。这对更深入地了解 HDFS 有很大帮助。

第 13 章 基于 HBase 系统的开发

本章将重点介绍 HBase 系统，它是一个功能强大的分布式数据存储系统。HBase 系统在设计时参照了 Bigtable 提出的很多理念，所以在学习本章之前建议先认真阅读 Bigtable 技术的具体内容。希望通过本章的学习，能够使用 HBase 云计算数据库系统。

本章内容主要进行以下几个方面的讨论。第 13.1 节给出了 HBase 的简单介绍。13.2 节介绍了 HBase 的体系结构和每个部分的主要功能。第 13.3 节详细介绍了 HBase 的数据模型，包括数据模型、物理视图和概念视图。第 13.4 节，给出了 Java 环境下如何操作 HBase 进行数据管理。最后在第 13.5 节给出了本章的小结。

13.1 HBase 简介

HBase 是 Apache Hadoop 的数据库，提供了大数据的随机、实时读写访问，具有开源、分布式、可扩展及面向列存储的特点。HBase 是由 Chang 等人基于 Google 的 Bigtable[①] 开发而成的。HBase 的目标是存储并处理大型的数据，使用普通的硬件即可处理由成千上万的行和列所组成的大数据。

HBase 是一个开源的、分布式的、多版本的、面向列的存储模型。它可以直接使用本地文件系统，也可以使用 Hadoop 的 HDFS 文件存储系统。不过，为了提高数据的可靠性和系统的健壮性，并且发挥 HBase 处理大数据的能力，应使用 HDFS 作为文件存储系统。

另外，HBase 存储的是松散型数据。具体来说，HBase 存储的数据介于映射（Key/Value）和关系型数据之间。HBase 存储的数据可以理解为一种 Key 和 Value 的映射关系，但又不是简简单单的映射关系。除此之外它还具有许多其他的特性，在本章后面将详细讲述。HBase 存储的数据从逻辑上来看就像一张很大的表，并且它的数据列可以根据需要动态地增加。除此之外，每个单元（cell，由行和列所确定的位置）中的数据又可以具有多个版本（通过时间戳来区别）。从图 13-1 中可以看出，HBase 还具有这样的特点：它向下提供了存储，向上提供了运算。另外，在 HBase 之上还可

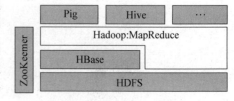

图 13-1　HBase 关系图

以使用 Hadoop 的 MapReduce 计算模型来并行处理大规模数据，这也是它具有强大性能的核心所在。它将数据存储与并行计算完美地结合在一起。

---

① Google 论文：Bigtable：A Distributed Storage System for Structured Data。

如下所示为 HBase 所具有的特性：

（1）线性及模块可扩展性；

（2）严格一致性读写；

（3）可配置的表自动分割策略；

（4）RegionServer 自动故障恢复；

（5）便利的备份 MapReduce 作业的基类；

（6）便于客户端访问的 Java API；

（7）为实时查询提供了块缓存和 Bloom Filter；

（8）可通过服务器端的过滤器进行查询下推预测；

（9）提供了支持 XML、Protobuf 及二进制编码的 Thrift 网管和 REST-ful 网络服务；

（10）可扩展的 JIRB(jruby-based) shell；

（11）支持通过 Hadoop 或 JMX 将度量标准倒出到文件或 Ganglia 中。

13.2　HBase 体系结构

HBase 的服务器体系结构遵从简单的主从服务器架构，它由 HRegion 服务器（HRegion Server）群和 HBase Master 服务器（HBase Master Server）构成。HBase Master 服务器负责管理所有的 HRegion 服务器，而 HBase 中所有的服务器都是通过 ZooKeeper 来进行协调，并处理 HBase 服务器运行期间可能遇到的错误的。HBase Master Server 本身并不存储 HBase 中的任何数据，HBase 逻辑上的表可能会被划分成

多个 HRegion，然后存储到 HRegion Server 群中。HBase Master Server 中存储的是从数据到 HRegion Server 的映射。因此，HBase 体系结构如图 13-2 所示。

13.2.1　HRegion

当表的大小超过设置值的时候，HBase 会自动地将表划分为不同的区域，每个区域包含所有行的一个子集。对用户来说，每个表是一堆数据的集合，靠主键来区分。从物理上来说，一张表是被拆分成了多块，每一块就是一个 HRegion。人们用表名＋开始/结束主键来区分每一个 HRegion，一个 HRegion 会保存一个表里面某段连续的数据，从开始主键到结束主键，一张完整的表格是保存在多个 HRegion 上面的。

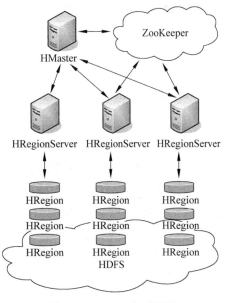

图 13-2　HBase 体系结构

13.2.2　HRegion Server

所有的数据库数据一般是保存在 Hadoop 分布式文件系统上面的，用户通过一系列 HRegion 服务器获取这些数据，而且一台计算机上面一般只运行一个 HRegion 服务器，而每一个区段的 HRegion 也只会被一个 HRegion 服务器维护。

如图 13-3 所示为 HRegion 服务器体系结构。

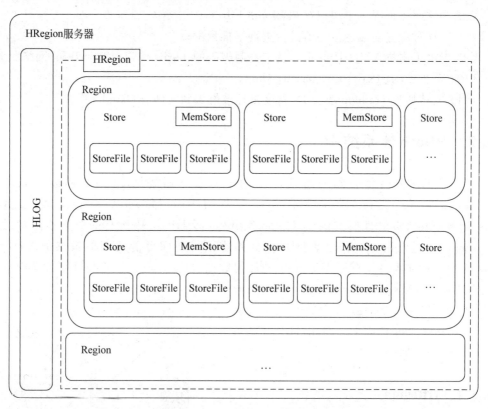

图 13-3　HRegion 服务器体系结构

如图所示，HRegion 服务器包含两大部分：HLOG 部分和 HRegion 部分。其中 HLOG 用来存储数据日志，采用的而是先写日志的方式（Write-ahead log）。HRegion 部分由很多的 Region 组成，存储的是实际的数据。每一个 Region 又由很多的 Stroe 组成，每一个 Sotre 存储的实际上是一个列族（ColumnFamily）下的数据。此外，在每一个 Store 中有包含一块 MemStore。MemStore 驻留在内存，数据到来的时候首先更新到 MemStore 中，当到达阈值之后再更新到对应的 StoreFile（又名 HFile）中。每一个 Store 包含了多个 StoreFile，负责的是实际数据存储，为 HBase 中最小的存储单元。

HBase 中不涉及数据的直接删除和更新操作，所有的数据均通过追加的方式进行更新。数据的删除和更新在 HBase 进行合并（Compact）的时候进行。当 Store 中 StoreFile 的数量超过设定的阈值的时候将触发合并操作，该操作将把多个 StoreFile 文件合并成一个 StoreFile。

当用户需要更新数据的时候,会被分配到对应的 HRegion 服务器上提交修改。数据首先被提交到 HLog 文件里面,在操作写入 HLog 之后,commit()调用才会将其返回给客户端。HLog 文件用于故障恢复。当系统发生故障时,例如某一台 RegionServer 发生故障。那么它所维护的 Region 会被重新分配到新的计算机上。这时 HLog 会按照 Region 进行划分。新的计算机在加载 Region 的时候可以通过 HLog 对数据进行恢复。

当某个 Region 变得太过巨大,超过了设定的阈值时,HRegion 服务器会调用 HRegion. closeAndSplit(),这时此 Region 会被拆分为两个,并且报告给主服务器让它决定由哪个 HRegion 服务器来存放新的 Region。这个拆分过程十分迅速,因为两个新的 Region 最初只是保留原来 Region 文件的引用,这个时候旧的 Region 会处于停止服务的状态,当新的 Region 拆分完成并且把引用删除了以后,旧的 Region 才会删除。另外,两个 Region 可以通过调用 HRegion. closeAndMerge()合并成一个新的 Region。

13.2.3　HBase Master

每个 HRegion 服务器都会和 HMaster 服务器通信,HMaster 的主要任务就是要告诉每个 HRegion 服务器它要维护哪些 Region。

当一个新的 HRegion 服务器登录到 HMaster 服务器时,HMaster 会告诉它先等待分配数据。而当一个 HRegion 服务器死机时,HMaster 会把它负责的 Region 标记为未分配,然后把它们分配到其他 HRegion 服务器中。

若当前 HBase 已经解决了之前存在的 SPOF(Single Point of Failure,单点故障),并且 HBase 中可以启动多个 HMaster,它能够通过 Zookeeper 来保证系统中总有一个 Master 在运行。HMaster 在功能上主要负责 Table 和 Region 的管理工作,具体包括:

(1) 管理用户对 Table 的增、删、改、查操作;

(2) 管理 HRegionServer 的负载均衡,调整 Region 分布;

(3) 在 Region Split 后,负责新 Region 的分配。

在 HRegionServer 停机后,负责失效 HRegionServer 上的 Regions 迁移。

13.2.4　ROOT 表和 META 表

在开始这部分内容之前,先来看一下 HBase 中相关的机制是怎样的。之前说过 Region 是按照表名和主键范围来区分的,由于主键范围是连续的,所以一般用开始主键就可以表示相应的 Region 了。

不过,因为有合并和分割操作,如果正好在执行这些操作的过程中出现死机,那么就可能存在多份表名和开始主键一样的数据,这样的话只要开始主键就不够了,这就要通过 HBase 的元数据信息来区分哪一份才是正确的数据文件,为了区分这样的情况,每个 Region 都有一个'regionId'来标识它的唯一性。

所以一个 Region 的表达符最后是:表名+开始主键+唯一 ID(Tablename+Startkey+

RegionID）。我们可以用这个识别符来区分不同的 Region，这些数据就是元数据（META），而元数据本身也是被保存在 HRegion 里面的，所以称这个表为元数据表（META Table），里面保存的就是 HRegion 标识符和实际 HRegion 服务器的映射关系。

元数据表也会增长，并且可能被分割为几个 Region，为了定位这些 Region，有一个根数据表（ROOT table），它保存了所有元数据表的位置，而根数据表是不能被分割的，永远只存在一个 Region。

在 HBase 启动的时候，主服务器先去扫描根数据表，因为这个表只会有一个 Region，所以这个 Region 的名字是被写死的。当然要把根数据表分配到一个 HRegion 服务器中需要一定的时间。

当根数据表被分配好之后，主服务器就会去扫描根数据表，获取元数据表的名字和位置，然后把元数据表分配到不同的 HRegion 服务器中。最后就是扫描元数据表，找到所有 HRegion 区域的信息，然后把它们分配给不同的 HRegion 服务器。

主服务器在内存中保存着当前活跃的 HRegion 服务器的数据，因此如果主服务器死机的话，整个系统也就无法访问了，这时服务器的信息也就没有必要保存到文件里面。

元数据表和根数据表的每一行都包含一个列族（info 列族）。

(1) info：regionInfo 包含了一个串行化的 RegionInfo 对象。

(2) info：server 保存了一个字符串，是服务器的地址 HServerAddress.toString()。

(3) info：startcode 是一个长整型的数字的字符串，它是在 HRegion 服务器启动的时候传给主服务器的，让主服务器确定这个 HRegion 服务器的信息有没有更改。

因此，当一个客户端拿到根数据表地址以后，就没有必要再连接主服务器了。主服务器的负载相对就小了很多，它只会处理超时的 HRegion 服务器，并在启动的时候扫描根数据表和元数据表，以及返回根数据表的 HRegion 服务器地址。

注意：ROOT 表包含 META 表所在的区域列表，META 表包含所有的用户空间区域列表，以及 Region 服务器地址。客户端能够缓存所有已知的 ROOT 表和 META 表，从而提高访问的效率。

13.2.5　HBase 与 ZooKeeper

ZooKeeper 存储的是 HBase 中 ROOT 表和 META 表的位置。此外，ZooKeeper 还负责监控各个计算机的状态（每台计算机到 ZooKeeper 中注册一个实例）。当某台计算机发生故障的时候，Zookeeper 会第一时间感知到，并通知 HBase Master 进行相应的处理。同时，当 HBase Master 发生故障的时候，ZooKeeper 还负责 HBase Master 的恢复工作，它能够保证在同一时刻系统中只有一台 HBase Master 提供服务。

13.3　HBase 数据模型

13.3.1　数据模型

HBase 是一个类似 Bigtable 的分布式数据库，它是一个稀疏的长期存储的（存在硬盘上）、多维度的、排序的映射表。这张表的索引是行关键字、列关键字和时间戳。HBase中的数据都是字符串，没有类型。

用户在表格中存储数据，每一行都有一个可排序的主键和任意多的列。由于是稀疏存储，所以同一张表里面的每一行数据都可以有截然不同的列。

列名字的格式是"＜family＞:＜qualifier＞"，都是由字符串组成的。每一张表有一个列族（family）集合，这个集合是固定不变的，只能通过改变表结构来改变。但是qualifier 值相对于每一行来说都是可以改变的。

HBase 把同一个列族里面的数据存储在同一个目录底下，并且 HBase 的写操作是锁行的，每一行都是一个原子元素，都可以加锁。

HBase 所有数据库的更新都有一个时间戳标记，每个更新都是一个新的版本，HBase会保留一定数量的版本，这个值是可以设定的。客户端可以选择获取距离某个时间点最近的版本单元的值，或者一次获取所有版本单元的值。

13.3.2 概念视图

可以将一个表想象成一个大的映射关系，通过行键，行键＋时间戳或行键＋列（列族：列修饰符），就可以定位特定数据。由于 HBase 是稀疏存储数据的，所以某些列可以是空白的，表 13-1 为 Test 表的数据概念视图。

表 13-1 Test 表的的概念视图

Row Key	Time Stamp	Column Family：c1		Column Family：c2	
		列	值	列	值
r1	t7	c1：1	value1-1/1		
	t6	c1：2	value1-1/2		
	t5	c1：3	value1-1/3		
	t4			c2：1	value1-2/1
	t3			c2：2	value1-2/2
r2	t2	c1：1	value2-1/1		
	t1			c2：1	value2-1/1

从上表中可以看出，Test 表有两行数据：r1 和 r2，并且有两个列族：c1 和 c2。在第一行 r1 中，列族 c1 有 3 条数据，列族 c2 有两条数据；在第二行 r2 中，列族 c1 有一条数据，列族 c2 有一条数据。每一条数据对应的时间戳都用数字来表示，编号越大表示数据越旧，反之表示数据越新。

13.3.3 物理视图

虽然从概念视图来看每个表格是由很多行组成的，但是在物理存储上面，它是按照列来保存的,这点在进行数据设计和程序开发的时候必须牢记。

上面的概念视图在物理存储的时候应该表现成如表 13-2 所示。

表 13-2　Test 表的物理视图

Row Key	Time Stamp	Column Family：c1	
		列	值
r1	t7	c1：1	value1-1/1
	t6	c1：2	value1-1/2
	t5	c1：3	value1-1/3

Row Key	Time Stamp	Column Family：c2	
		列	值
r1	t4	c2：1	value1-1/1
	t3	c2：2	value1-1/1

需要注意的是,在概念视图上面有些列是空白的,这样的列实际上并不会被存储,当请求这些空白的单元格时,会返回 null 值。

如果在查询的时候不提供时间戳,那么会返回距离现在最近的那一个版本的数据。因为在存储的时候,数据会按照时间戳来排序。

13.4　HBase 与 HDFS

伪分布和全分布模式下的 HBase 运行基于 HDFS 文件系统。使用 HDFS 文件系统需要设置"conf/hbase－site. xml"文件,修改 hbase. rootdir 的值,并将其指向 HDFS 文件系统的位置。此外,HBase 也可以使用其他的文件系统,不过此时需要重新设置 hbase. rootdir 参数的值。

13.5　Java API 与 HBase 编程

13.5.1　Java API 简介

HBase 作为云环境中的数据库,与传统数据库相比拥有不同的特点。当前 HBase 的 Java API 已经比较完善了,从其所涉及内容来讲,大体包括:关于 HBase 自身的配置管理部分,关于 AVRO 部分,关于 HBase 客户端部分,关于 MapReduce 部分,关于 Rest 部分,关于 Thrift 部分,关于 ZooKeeper 等。其中关于 HBase 自身的配置管理部分又包括 HBase 配置、日志、IO、Master、Regionserver、replication,以及安全性。

限于篇幅本书重点介绍与 HBase 数据存储管理相关的内容,其所涉及的主要类包括 HBaseAdmin、HBaseConfiguration、HTable、HTableDescriptor、HColumnDescriptor、Put、Get、

以及 Scanner。关于 Java API 的详细内容，读者可以查看 HBase 官方网站的相关资料：
http://hbase.apache.org/apidocs/index.html

表 13-3 描述了这几个相关类与对应的 HBase 数据模型之间的关系。

表 13-3　Java API 与 HBase 数据模型的关系

Java 类	HBase 数据模型
HBaseAdmin	数据库（database）
HBaseConfiguration	
HTable	表（table）
HTableDescriptor	
HColumnDescriptor	列族（column family）
Put	行列操作
Get	
Scanner	

下面将详细讲述这些类的功能，以及它们之间的相互关系。

1．HBaseConfiguration

关系：org.apache.hadoop.hbase.HBaseConfiguration
作用：通过此类可以对 HBase 进行配置。
主要方法如表 13-4 所示。

表 13-4　HbaseConfiguration 类包含的主要方法

回　传　值	函　　数	描　　述
org.apache.hadoop.conf.Configuration	create()	使用默认的 HBase 配置文件来创建 Configuration
void	merge（org.apache.hadoop.conf.Configuration destConf，org.apache.hadoop.conf.Configuration srcConf）	合并两个 Configuration

用法示例：

```
Configuration config=HBaseConfiguration.create();
```

此方法使用默认的 HBase 资源来创建 Configuration。程序默认会从 classpath 中查找 hbase-site.xml 的位置从而初始化 Configuration。

2．HBaseAdmin

关系：org.apache.hadoop.hbase.client.HBaseAdmin
作用：提供了一个接口来管理 HBase 数据库的表信息。它提供的方法包括：创建表、删除表、列出表项、使表有效或无效，以及添加或删除表列族成员等。
主要方法如表 13-5 所示。

表 13-5　HbaseAdmin 类包含的主要方法

回传值	函　　数	描　　述
void	addColumn（String tableName, HColumnDescriptor column)	向一个已存在的表添加列
	checkHBaseAvailable（HBaseConfiguration conf)	静态函数,查看 HBase 是否处于运行状态
	createTable（HTableDescriptor desc)	创建一个新表,同步操作
	deleteTable（byte[] tableName)	删除一个已存在的表
	enableTable（byte[] tableName)	使表处于有效状态
	disableTable（String tableName)	使表处于无效状态
HtableDescriptor[]	listTables()	列出所有用户空间表项
void	modifyTable（byte[] tableName, HTableDescriptor htd)	修改表的模式,是异步的操作,可能需要花费一定时间
boolean	tableExists（String tableName)	检查表是否存在,存在则返回 true

用法示例：

```
HBaseAdmin admin=new HBaseAdmin(config);
admin.disableTable("tablename");
```

上述例子通过一个 HbaseAdmin 实例 admin 调用 disableTable 方法来使表处于无效状态。

3. HTableDescriptor

关系：org. apache. hadoop. hbase. HTableDescriptor

作用：HTableDescriptor 类包含了表的名字及其对应表的列族。

主要方法如表 13-6 所示。

表 13-6　HTableDescriptor 类包含的主要方法

回传值	函　　数	描　　述
void	addFamily（HcolumnDescriptor)	添加一个列族
HcolumnDescriptor	removeFamily（byte[] column)	移除一个列族
byte[]	getName()	获取表的名字
byte[]	getValue（byte[] key)	获取属性的值
void	setValue（String key,String value)	设置属性的值

用法示例：

```
HTableDescriptor htd=new HTableDescriptor(tablename);
htd.addFamily(new HcolumnDescriptor("Family"));
```

在上述例子中,通过一个 HColumnDescriptor 实例,为 HTableDescriptor 添加了一个列族：Family。

4. HColumnDescriptor

关系：org. apache. hadoop. hbase. HColumnDescriptor

作用：HColumnDescriptor 维护着关于列族的信息，例如版本号、压缩设置等。它通常在创建表或为表添加列族的时候使用。列族被创建后不能直接修改，只能通过删除然后重建的方式来"修改"。并且，当列族被删除的时候，对应列族中所保存的数据也将被同时删除。

主要方法如表 13-7 所示。

表 13-7　HColumnDescriptor 类包含的方法

回传值	函　　数	描　　述
byte[]	getName()	获取列族的名字
byte[]	getValue(byte[] key)	获取对应属性的值
void	setValue(String key,String value)	设置对应属性的值

用法示例：

```
HTableDescriptor htd=new HTableDescriptor(tablename);
HColumnDescriptor col=new HColumnDescriptor("content");
htd.addFamily(col);
```

此示例添加了一个名为 content 的列族。

5．HTable

关系：org. apache. hadoop. hbase. client. HTable

作用：此表可以用来与 HBase 表进行通信。此方法对于更新操作来说是非线程安全的，也就是说，如果有过多的线程尝试与单个 HTable 实例进行通信，那么写缓冲器可能会崩溃。这时，建议使用 HTablePool 类进行操作。

该类所包含的主要方法如表 13-8 所示。

表 13-8　HTable 类包含的主要方法

回传值	函　　数	描　　述
void	checkAndPut(byte[] row,byte[] family, byte[] qualifier, byte[] value,Put put)	自动地检查 row/family/qualifier 是否与给定的值匹配
void	close()	释放线程拥有的资源或挂起内部缓冲区中的更新
Boolean	exists(Get[1] get)	检查 Get 实例所指定的值是否存在于 HTable 的列中
Result	get(Get get)	取出指定行的某些单元格对应的值
byte[][]	getEndKeys()	获取当前已打开的表每个区域的结束键值
ResultScanner	getScanner(byte[] family)	获取当前表的给定列族的 scanner 实例
HTableDescriptor	getTableDescriptor()	获取当前表的 HtableDescriptor 实例
byte[]	getTableName()	获取表名
void	put(Put[2] put)	向表中添加值

----

①　org. apache. hadoop. hbase. client. Get 类。

②　org. apache. hadoop. hbase. client. Put 类。

用法示例：

```
HTable table=new HTable(conf,Bytes.toBytes(tablename));
ResultScanner scanner=table.getScanner(Bytes.toBytes("cf"));
```

上述函数将获取表内所有列族为"cf"的记录。

6. Put

关系：org. apache. hadoop. hbase. client. Put

作用：用来对单个行执行添加操作。

主要方法如表 13-9 所示。

表 13-9　Put 类包含的方法

回传值	函　　数	描　　述
Put	add(byte[] family,byte[] qualifier,byte[] value)	将指定的列和对应的值添加到 Put 实例中
Put	add(byte[] family, byte[] qualifier, long ts, byte[] value)	将指定的列和对应的值及时间戳（版本号）添加到 Put 实例中
List<KeyValue>	get(byte[] family, byte[] qualifier)	返回与指定的"列族：列"匹配的项
boolean	has(byte[] family, byte[] qualifier)	检查是否包含指定的"列族：列"

用法示例：

```
HTable table=new HTable(conf,Bytes.toBytes(tablename));
Put p=new Put(row);              //为指定行(row)创建一个 Put 操作
p.add(family,qualifier,value);
table.put(p);
```

上述函数将表"tablename"添加"family,qualifier,value"指定的值。

7. Get

关系：org. apache. hadoop. hbase. client. Get

作用：用来获取单个行的相关信息。

主要方法如表 13-10 所示。

表 13-10　Get 类包含的方法

回传值	函　　数	描　　述
Get	addColumn(byte[] family,byte[] qualifier)	获取指定列族和列修饰符对应的列
Get	addFamily(byte[] family)	通过指定的列族获取其对应的所有列
Get	setTimeRange(long minStamp,long maxStamp)	获取指定区间的列的版本号
Get	setFilter(Filter filter)	当执行 Get 操作时设置服务器端的过滤器

用法示例：

```
HTable table=new HTable(conf,Bytes.toBytes(tablename));
Get g=new Get(Bytes.toBytes(row));
Result result=table.get(g);
```

上述函数将获取 tablename 表中 row 行对应的记录。

8．Result

关系：org. apache. hadoop. hbase. client. Result

作用：存储 Get 或 Scan 操作后获取的表的单行值。使用此类提供的方法能够直接方便地获取值或获取各种 Map 结构（Key-Value 对）。

主要方法如表 13-11 所示。

表 13-11　Result 类包含的方法

回传值	函　　数	描　　述
Boolean	containsColumn（byte［］ family，byte［］ qualifier)	检查指定的列是否存在
NavigableMap＜byte［］，byte［]＞	getFamilyMap(byte［］ family)	返回值格式为：Map＜qualifier，value＞，获取对应列族所包含的修饰符与值的键值对
byte［］	getValue(byte［］ family，byte［］ qualifier)	获取对应列的最新值

用法示例：

```
HTable table=new HTable(conf, Bytes.toBytes(tablename));
Get g=new Get(Bytes.toBytes(row));
Result rowResult=table.get(g);
Bytes[] value=rowResult.getValue( (family+":"+column ) );
```

9．ResultScanner

关系：Interface

作用：客户端获取值的接口。

主要方法如表 13-12 所示。

表 13-12　ResultScanner 类包含的方法

回传值	函数	描　　述
Void	close()	关闭 scanner 并释放分配给它的所有资源
Result	next()	获取下一行的值

用法示例：

```
ResultScanner scanner=table.getScanner (Bytes.toBytes(family));
for (Result rowResult : scanner) {
```

```
Bytes[] str= rowResult.getValue (family, column);
```

如果读者想要对 HBase 的原理、运行机制，以及编程有更深入的了解，建议阅读 HBase 的源码。通过对 HBase 源码的深入探究，相信读者一定能够对 HBase 有更深层次的理解。

13.5.2　HBase 编程

在前面，已经对常用的 HBase API 进行了简单的介绍。下面给出一个简单的例子，希望读者能够学习能对其使用方法及特点有一个更深入的认识。见代码清单 13-1：

代码清单 13-1　HBase Java API 简单用例

```java
1. package org.linlinzhang.examples;
2.
3. import java.io.IOException;
4.
5. import org.apache.hadoop.conf.Configuration;
6. import org.apache.hadoop.hbase.HBaseConfiguration;
7. import org.apache.hadoop.hbase.HColumnDescriptor;
8. import org.apache.hadoop.hbase.HTableDescriptor;
9. import org.apache.hadoop.hbase.client.Get;
10.import org.apache.hadoop.hbase.client.HBaseAdmin;
11.import org.apache.hadoop.hbase.client.HTable;
12.import org.apache.hadoop.hbase.client.Put;
13.import org.apache.hadoop.hbase.client.Result;
14.import org.apache.hadoop.hbase.client.ResultScanner;
15.import org.apache.hadoop.hbase.client.Scan;
16.import org.apache.hadoop.hbase.util.Bytes;
17.
18.
19.public class HBaseTestCase {
20.    //声明静态配置 HBaseConfiguration
21.    static Configuration cfg=HBaseConfiguration.create();
22.
23.    //创建一张表,通过 HBaseAdmin HTableDescriptor 来创建
24.    public static void creat (String tablename, String columnFamily) throws
        Exception {
25.        HBaseAdmin admin=new HBaseAdmin(cfg);
26.        if (admin.tableExists(tablename)) {
27.            System.out.println("table Exists!");
28.            System.exit(0);
29.        }
30.        else{
31.            HTableDescriptor tableDesc=new HTableDescriptor(tablename);
```

```
32.            tableDesc.addFamily(new HColumnDescriptor(columnFamily));
33.            admin.createTable(tableDesc);
34.            System.out.println("create table success!");
35.        }
36.    }
37.
38.    //添加一条数据,通过 HTable Put 为已经存在的表来添加数据
39.    public static void put(String tablename, String row, String columnFamily,
       String column,String data) throws Exception {
40.        HTable table=new HTable(cfg, tablename);
41.        Put p1=new Put(Bytes.toBytes(row));
42.        p1.add(Bytes.toBytes(columnFamily), Bytes.toBytes(column), Bytes.
           toBytes(data));
43.        table.put(p1);
44.        System.out.println("put '"+row+"','"+columnFamily+":"+column+"','"+
           data+"'");
45.    }
46.
47.    public static void get(String tablename,String row) throws IOException{
48.        HTable table=new HTable(cfg,tablename);
49.        Get g=new Get(Bytes.toBytes(row));
50.        Result result=table.get(g);
51.        System.out.println("Get: "+result);
52.    }
53.    //显示所有数据,通过 HTable Scan 来获取已有表的信息
54.    public static void scan(String tablename) throws Exception{
55.        HTable table=new HTable(cfg, tablename);
56.        Scan s=new Scan();
57.        ResultScanner rs=table.getScanner(s);
58.        for(Result r:rs){
59.            System.out.println("Scan: "+r);
60.        }
61.    }
62.
63.    public static boolean delete(String tablename) throws IOException{
64.
65.        HBaseAdmin admin=new HBaseAdmin(cfg);
66.        if(admin.tableExists(tablename)){
67.            try
68.            {
69.                admin.disableTable(tablename);
70.                admin.deleteTable(tablename);
71.            }catch(Exception ex){
72.                ex.printStackTrace();
```

```
73.              return false;
74.          }
75.
76.      }
77.      return true;
78. }
79.
80. public static void main (String [] agrs) {
81.      String tablename="hbase_tb";
82.    String columnFamily="cf";
83.
84.      try {
85.          HBaseTestCase.creat(tablename, columnFamily);
86.          HBaseTestCase.put(tablename, "row1", columnFamily, "cl1", "data");
87.          HBaseTestCase.get(tablename, "row1");
88.          HBaseTestCase.scan(tablename);
89.          if(true==HBaseTestCase.delete(tablename))
90.              System.out.println("Delete table:"+tablename+"success!");
91.
92.      }
93.      catch (Exception e) {
94.          e.printStackTrace();
95.      }
96.  }
97.}
```

在该类中，共实现了类似 HBase Shell 的表创建（creat（String tablename，String columnFamily））操作，以及 Put、Get、Scan 和 delete 操作。

代码清单 13-1 中，首先通过第 21 行加载 HBase 的默认配置：cfg；然后，通过 HbaseAdmin 接口来管理现有数据库，见第 25 行；第 26~36 行通过 HTableDescriptor（指定表相关信息）和 HColumnDescriptor（指定表内列族相关信息）来创建一个 HBase 数据库，并设置其拥有的列族成员；put 函数通过 HTable 和 Put 类为该表添加值，见第 38~44 行；get 函数通过 HTable 和 Get 读取刚刚添加的值，见第 47~52 行；Scan 函数通过 HTable 和 Scan 类读取表中的所有记录，见第 54 ~ 61 行；delete 函数，通过 HBaseAdmin 首先将表置为无效（第 69 行），然后将其删除（第 70 行）。

如下所示为该程序的运行结果：

```
...
create table success!
put 'row1','cf:cl1','data'
Get: keyvalues={row1/cf:cl1/1336632861769/Put/vlen=4}
Scan: keyvalues={row1/cf:cl1/1336632861769/Put/vlen=4}
```

...

```
12/05/09 23:54:21 INFO client.HBaseAdmin: Started disable of hbase_tb
12/05/09 23:54:23 INFO client.HBaseAdmin: Disabled hbase_tb
12/05/09 23:54:24 INFO client.HBaseAdmin: Deleted hbase_tb
Delete table:hbase_tb success!
```

13.6　小结

本章向读者介绍了 HBase 的丰富内容,包括 HBase 的特点、体系结构、数据模型,以及如何使用 HBase 编程等内容。

通过本章的内容,读者可以了解到,HBase 是一个开源的、分布式的、多版本的、面向列的存储模型。它与传统的关系型数据库有着本质的不同,并且在某些场合中,HBase 拥有其他数据库所不具有的优势。它为大型数据的存储和某些特殊应用提供了很好的解决方案。在本章中,笔者为大家介绍了 HBase 开发所使用的 Java API,并给出了一个简单的编程实例。

希望通过本章的学习,能够让读者对 HBase 有一个全面、综合的了解。限于篇幅,本章不能深入地讲解 HBase 相关的知识,更多的内容,读者可以到 HBase 官方网站查阅:http://hbase.apache.org/。另外,还希望读者能够阅读 HBase 的源码,这样会对 HBase 的深层机制有更深入的理解。

第 14 章　基于 Hive 系统的开发

Hive 是 Hadoop 中的一个重要子项目，它利用 MapReduce 编程技术，实现了部分 SQL 语句，提供了类 SQL 的编程接口。Hive 的出现极大地推进了 Hadoop 在数据仓库方面的发展。事实上，目前业界对大规模数据分析最佳方法的辩论仍在进行着。由于传统应用的惯性，业界保守派依然青睐于关系型数据库和 SQL 语言。而学术界、互联网阵营则更集中于支持 MapReduce 的开发模式。本章将对基于 Hive 的数据仓库解决方案进行介绍。

14.1　Hive 简介

Hive 是一个基于 Hadoop 文件系统之上的数据仓库架构。它为数据仓库的管理提供了许多功能：数据 ETL(抽取、转换和加载)工具、数据存储管理和大型数据集的查询和分析能力。同时 Hive 定义了类 SQL 的语言——Hive QL，Hive QL 允许用户进行和 SQL 相似的操作。Hive QL 还允许开发人员方便使用 Mapper 和 Reducer 操作，这样对 MapReduce 框架是一个强有力的支持。

由于 Hadoop 是批量处理系统的、任务是高延迟性的，所以在任务提交和处理过程中会消耗一些时间成本。同样，即使 Hive 处理的数据集非常小(比如几百兆字节)，在执行时也会出现长延迟。这样，Hive 的性能就不可能很好地和传统的 Oracle 数据库进行比较。Hive 不能提供数据排序和查询 cache 功能，也不提供在线事务处理，不提供实时的查询和记录级的更新，但 Hive 能更好地处理不变的大规模数据集(例如网络日志)上的批量任务。所以，Hive 最大的价值是可扩展性(基于 Hadoop 平台之上，可以自动适应机器数目和数据量的动态变化)、可延展性(结合 MapReduce 和用户定义的函数库)、良好的容错性和低约束的数据输入格式。

Hive 本身建立在 Hadoop 的体系架构上，提供一个 SQL 的解析过程，并从外部接口中获取命令，对用户指令进行解析。Hive 可将外部命令解析出一个 Map/Reduce 可执行计划，按照该计划生成 Map/Reduce 任务后交给 Hadoop 集群进行处理，Hive 的体系结构如图 14-1 所示。

14.1.1　Hive 的数据存储

Hive 的存储是建立在 Hadoop 文件系统之上的。Hive 本身没有专门的数据存储格式，也不能为数据建立索引，用户可以非常自由地组织 Hive 中的表，只需要在创建表的时候告诉 Hive 数据中的列分隔符和行分隔符就可以解析数据。

Hive 中主要包含 4 类数据模型：表(Table)、外部表(External Table)、分区(Partition)和

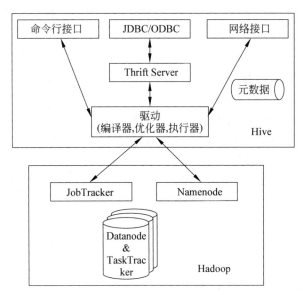

图 14-1　Hive 的体系结构

桶(Bucket)。

Hive 中的表和数据库中的表在概念上是类似的,每个表在 Hive 中都有一个对应的存储目录。例如,一个表 htable 在 HDFS 中的路径为/datawarehouse/htable,其中,/datawarehouse 是 hive-site. xml 配置文件中由 $\{$hive. metastore. warehouse. dir$\}$ 指定的数据仓库的目录,所有的表数据(除了外部表)都保存在这个目录中。

每个分区都对应数据库中相应分区列的一个索引,但是 Hive 中分区的组织方式和传统关系型数据库中的组织方式不同。在 Hive 中,表中的一个分区对应 Hive 表下的一个目录,所有分区的数据都存储在对应的目录中。例如,htable 表中包含的 ds 和 city 两个分区,分别对应两个目录对应于 ds ＝20100301,city ＝Beijing 的 HDFS 子目录为:/datawarehouse/htable/ds ＝ 20100301/city ＝ Beijing;对 应 于 ds ＝ 20100301,city ＝Shanghai 的 HDFS 子目录为:/datawarehouse/htable/ds＝20100301/city＝Shanghai。

桶对指定列进行哈希(Hash)计算时,根据哈希值切分数据,每个桶对应一个文件。例如,将属性列 user 列分散至 32 个桶中,首先要对 user 列的值进行 Hash 计算,对应哈希值为 0 的桶写入 HDFS 的目录为:/datawarehouse/htable/ds ＝ 20100301/city ＝Beijing/part-00000;对应哈希值为 10 的 HDFS 目录为:/datawarehouse/htable/ds＝20100301/city＝Beijing/part-00010,依此类推。

外部表指向已经在 HDFS 中存在的数据,也可以创建分区。它和表在元数据的组织上是相同的,而实际数据的存储则存在较大差异,主要表现在以下两点。

(1) 创建表的操作(CREATE Table)操作包含两个步骤:表创建过程和数据加载步骤(这两个过程可以在同一语句中完成),在数据加载过程中,实际数据会移动到数据仓库目录中;之后的数据访问将会直接在数据仓库目录中完成。删除表时,表中的数据和元数据将会被同时删除。

(2) 外部表的创建只有一个步骤,加载数据和创建表同时完成,实际数据存储在创建语句 LOCATION 指定的 HDFS 路径中，并不会移动到数据仓库目录中。当删除一个外部表时，仅删除元数据，表中的数据不会被删除。

14.1.2　Hive 的元数据存储

由于 Hive 的元数据可能要面临不断的更新、修改和读取，所以它显然不适合使用 Hadoop 文件系统进行存储。目前 Hive 将元数据存储在 RDBMS 中，比如 Mysql、Derby，Hive 有 3 种模式可以连接到 Derby 数据库：

（1）Single User Mode，此模式连接到一个 In—memory（内存）数据库 Derby，一般用于单元测试；

（2）Multi User Mode，通过网络连接到一个数据库中，是最常使用的模式；

（3）Remote Server Mode，用于非 Java 客户端访问元数据库，在服务器端启动一个 MetaStoreServ— er，客户端利用 Thrift 协议通过 MetaStoreServer 访问元数据库。

关于 Hive 元数据的使用配置，本书将在 14.4 节进行详细介绍。

14.2　Hive QL

14.2.1　数据定义（DDL）操作

数据定义语句主要包括以下功能：

1. 创建表

下面是 Hive 创建表 CREATE 的语法：

```
CREATE [EXTERNAL] TABLE [IF NOT EXISTS] table_name
[(col_name data_type [COMMENT col_comment], ...)]
[COMMENT table_comment]
[PARTITIONED BY (col_name data_type [col_comment], col_name data_type [COMMENT col_
comment], ...)]
[CLUSTERED BY (col_name, col_name, ...) [SORTED BY (col_name, ...)] INTO num_buckets
BUCKETS]
[ROW FORMAT row_format]
[STORED AS file_format]
[LOCATION hdfs_path]
[AS select_statement] (Note: this feature is only available on the latest trunk or
versions higher than 0.4.0.)
CREATE [EXTERNAL] TABLE [IF NOT EXISTS] table_name
LIKE existing_table_name
[LOCATION hdfs_path]
data_type
: primitive_type
```

```
| array_type
| map_type
primitive_type
: TINYINT
| SMALLINT
| INT
| BIGINT
| BOOLEAN
| FLOAT
| DOUBLE
| STRING
array_type
: ARRAY<primitive_type >
map_type
: MAP<primitive_type, primitive_type >
row_format
: DELIMITED [FIELDS TERMINATED BY char] [COLLECTION ITEMS TERMINATED BY char]
[MAP KEYS TERMINATED BY char]
| SERDE serde_name [WITH SERDEPROPERTIES property_name=property_value, property_
name=property_value, ...]
file_format:
: SEQUENCEFILE
| TEXTFILE
| INPUTFORMAT input_format_classname OUTPUTFORMAT output_format_classname
```

下面是相关的说明：

(1) CREATE TABLE 为创建一个指定名字的表。如果相同名字的表已经存在,则抛出异常,用户可以用 IF NOT EXIST 选项来忽略这个异常。

(2) EXTERNAL 关键字可以让用户创建一个外部表,在创建表的同时指定一个指向实际数据的路径(LOCATION),Hive 创建内部表时,会将数据移动到数据仓库指向的路径;若创建外部表,仅记录数据所在的路径,不对数据的位置做任何改变。当删除表时,内部表的元数据和数据会被一起删除,而外部表只删除元数据,不删除数据。

(3) LIKE 格式修饰的 CREATE TABLE 命令允许复制一个已存在表的定义,而不复制它的数据内容。

这里还需要说明的是,用户可以使用自定制的 SerDe 或自带的 SerDe 创建表。SerDe 是 Serialize/ Deserilize 的简称,目的是用于序列化和反序列化。在 Hive 中,序列化和反序列化即是在 key/value 和 hive table 的每个列的值之间的转化。如果没有指定 ROW FORMAT 或 ROW FORMAT DELIMITE- D,创建表就使用自带的 SerDe。如果使用自带的 SerDe,则必须指定字段列表。字段类型,请参考用户指南的类型部分。定制的 SerDe 字段列表可以是指定的,但是 Hive 将通过查询 SerDe 决定实际的字段列表。

如果数据需要存储为纯文本文件,则请使用 STORED AS TEXTFILE。如果数据需要压缩,则使用 STORED AS SEQUENCEFILE。INPUTFORMAT 和 OUTPUTFORMAT 定

义一个 InputFormat 和 OutputFormat 类相应的名字作为一个字符串，例如，"org. apache. hadoop. hive. contrib. fileformat. base64"定义为"Base64TextInputFormat"。

Hive 还支持建立带有分区（Partition）的表。有分区的表可以在创建的时候使用 PARTITIONED BY 语句。一个表可以拥有一个或多个分区，每个分区单独存在一个目录下。而且，表和分区都可以对某个列进行 CLUSTERED BY 操作，将若干个列放入一个桶（bucket）中。也可以利用 SORT BY 列来存储数据，以提高查询性能。

表名和列名不区分大小写，但 SerDe 和属性名是区分大小写的。表和列的注释分别是单引号的字符串。

下面通过一组例子来对 CREATE 命令进行介绍以加深用户的理解。

例 14-1：创建普通表。

下面代码将创建 page_view 表，该表包括 viewTime、userid、page_url、referrer_url 和 ip 列。

```
CREATE TABLE page_view(viewTime INT, userid BIGINT,
page_url STRING, referrer_url STRING,
ip STRING COMMENT 'IP Address of the User')
COMMENT 'This is the page view table';
```

例 14-2：添加表分区。

下面代码将创建 page_view 表，该表所包含字段与例 1 中 page_view 表相同。此外，通过 Partition 语句为该表建立分区，并用制表符来区分同一行中的不同字段。

```
CREATE TABLE page_view(viewTime INT, userid BIGINT,
page_url STRING, referrer_url STRING,
ip STRING COMMENT 'IP Address of the User')
COMMENT 'This is the page view table'
PARTITIONED BY(dt STRING, country STRING)
ROW FORMAT DELIMITED
FIELDS TERMINATED BY '\001'
STORED AS SEQUENCEFILE;
```

例 14-3：添加聚类存储。

下面代码将创建 page_view 表，该表所包含字段与例 1 中 page_view 表相同。page_view 表分区的基础上增加了聚类存储：按照 userid 进行分区划到不同的桶中，并按照 viewTime 值大小进行排序存储。这样的组织结构允许用户通过 userid 属性高效地对集群列进行采样。

```
CREATE TABLE page_view(viewTime INT, userid BIGINT,
page_url STRING, referrer_url STRING,
ip STRING COMMENT 'IP Address of the User')
COMMENT 'This is the page view table'
PARTITIONED BY(dt STRING, country STRING)
CLUSTERED BY(userid) SORTED BY(viewTime) INTO 32 BUCKETS
```

```
ROW FORMAT DELIMITED
FIELDS TERMINATED BY '\001'
COLLECTION ITEMS TERMINATED BY '\002'
MAP KEYS TERMINATED BY '\003'
STORED AS SEQUENCEFILE;
```

例 14-4：指定存储路径。

到目前为止的所有例子中，数据默认存储在 HDFS 的＜hive. metastore. warehouse. dir＞/＜table＞目录中，它的值在 Hive 配置的文件 hive-site. xml 中设定。可以通过 Location 为表指定新的存储位置，如下所示：

```
CREATE EXTERNAL TABLE page_view(viewTime INT, userid BIGINT,
page_url STRING, referrer_url STRING,
ip STRING COMMENT 'IP Address of the User',
country STRING COMMENT 'country of origination')
COMMENT 'This is the staging page view table'
ROW FORMAT DELIMITED FIELDS TERMINATED BY '\054'
STORED AS TEXTFILE
LOCATION '<hdfs_location>';
```

2. 修改表语句

ALTER TABLE 语句用于改变一个已经存在的表的结构，增加列或分区，改变 serde、添加表和 serde 的属性或重命名表。

（1）重命名表：

```
ALTER TABLE table_name RENAME TO new_table_name
```

这个命令可以让用户为表更名。数据所在的位置和分区名并不改变。换而言之，老的表名并未"释放"，对老表的更改会改变新表的数据。

（2）改变列名字/类型/位置/注释：

```
ALTER TABLE table_name CHANGE [COLUMN]
    col_old_name col_new_name column_type
    [COMMENT col_comment]
    [FIRST|AFTER column_name]
```

这个命令允许用户修改列的名称、数据类型、注释或者位置，例如：

```
CREATE TABLE test_change (a int, b int, c int);
ALTER TABLE test_change CHANGE a a1 INT;          //将 a 列的名字改为 a1
ALTER TABLE test_change CHANGE a a1 STRING AFTER b;
            //将 a 列的名字改为 a1,a 列的数据类型改为 string,并将它放置在列 b 之后
```

修改后，新的表结构为：b int，a1 string，c int。

```
ALTER TABLE test_change CHANGE b b1 INT FIRST;
```

//会将 b 列的名字修改为 b1，并将它放在第一列

修改后，新表的结构为：b1 int，a string，c int。

注意：列的改变只会修改 Hive 的元数据，而不会改变实际数据。用户应该确保元数据定义和实际数据结构的一致性。

（3）增加/更新列：

```
ALTER TABLE table_name ADD|REPLACE
    COLUMNS (col_name data_type [COMMENT col_comment], ...)
```

ADD COLUMNS 允许用户在当前列的末尾、分区列之前增加新的列。REPLACE COLUMNS 删除当前的列，加入新的列。只有在使用 native 的 SerDE（DynamicSerDe 或 MetadataTypeColumnsetSerDe）时才可以这么做。

（4）增加表属性：

```
ALTER TABLE table_name SET TBLPROPERTIES table_properties
table_properties:
    : (property_name=property_value, property_name=property_value, ...)
```

用户可以用这个命令向表中增加 metadata，目前 last_modified_user、last_modified_time 属性都是由 Hive 自动管理的。用户可以向列表中增加自己的属性，可以使用 DESCRIBE EXTENDED TABLE 来获得这些信息。

（5）增加 Serde 属性：

```
ALTER TABLE table_name
    SET SERDE serde_class_name
    [WITH SERDEPROPERTIES serde_properties]

ALTER TABLE table_name
    SET SERDEPROPERTIES serde_properties

serde_properties:
  : (property_name=property_value,
    property_name=property_value, ... )
```

这个命令允许用户向 SerDe 对象增加用户定义的元数据。Hive 为了序列化和反序列化数据，将会初始化 SerDe 属性，并将属性传给表的 SerDe。这样，用户可以为自定义的 SerDe 存储属性。

（6）改变表文件格式和组织：

```
ALTER TABLE table_name SET FILEFORMAT file_format
ALTER TABLE table_name CLUSTERED BY (col_name, col_name, ...)
    [SORTED BY (col_name, ...)] INTO num_buckets BUCKETS
```

这个命令修改了表的物理存储属性。

注意：这些命令只是修改 Hive 的元数据，不能重组或格式化现有的数据。用户应该

确定实际数据的分布符合元数据的定义。

3. 表分区操作语句

Hive 在进行数据查询的时候一般会对整个表进行扫描,当表很大的时候将会消耗很多时间。有时候只需要扫描表中关心的一部分数据,因此 Hive 引入了分区(Partition)的概念。

Hive 表分区不同于一般分布式系统中常见的范围分区、哈希分区、一致性分区等概念。Hive 的分区相对比较简单,而是在 Hive 的表结构下据分区的字段的设置将数据按目录进行存放。相当于简单的索引功能。

Hive 表分区需要在表创建的时候指定模式才能使用。Hive 的表分区的字段指定的是虚拟的列,在实际的表中并不存在。Hive 表分区的模式可以指定多级的结构,相当于目录进行了嵌套。在表模式创建完成之后,在使用之前还需要通过 ALTER TABLE 语句添加具体的分区目录才能使用。

Hive 的表分区命令主要包括创建分区、增加分区和删除分区。其中创建分区已经在 CREATE 语句中进行介绍,下面为 Hive 表增加分区和删除分区命令:

(1) 增加分区

```
ALTER TABLE table_name ADD partition_spec [ LOCATION 'location1' ] partition_spec
[LOCATION 'location2'] ...
    partition_spec:
    : PARTITION (partition_col=partition_col_value, partition_col=partiton_col_
    value, ...)
```

用户可以用 ALTER TABLE ADD PARTITION 来对表增加分区。当分区名是字符串时加引号,例如:

```
ALTER TABLE page_view ADD
    PARTITION (dt='2010-08-08', country='us')
      location '/path/to/us/part080808'
    PARTITION (dt='2010-08-09', country='us')
      location '/path/to/us/part080809';
```

(2) 删除分区:

```
ALTER TABLE table_name DROP
    partition_spec, partition_spec,...
```

用户可以用 ALTER TABLE DROP PARTITION 来删除分区,分区的元数据和数据将被一并删除,例如:

```
ALTER TABLE page_view
  DROP PARTITION (dt='2010-08-08', country='us');
```

下面通过一组例子对分区命令及相关知识其进行讲解。

假设有一组电影评分数据[1]，该数据包含以下字段：用户 ID，电影 ID，电影评分，影片放映城市，影片观看时间。首先，我们使用 Hive 命令行创建电影评分表，如下所示：

代码清单 14-1：创建电影评分表 u1_data

```
create table u1_data(
userid int,
movieid int,
rating int,
city string,
viewTime string)
row format delimited
fields terminated by '\t'
stored as textfile;
```

该表为普通用户表，字段之间通过制表符"\t"进行分割。通过 Hadoop 命令可以查看该表的目录结构如下所示：

```
hadoop fs -ls/user/hive/warehouse/u1_data;
Found 1 items
-rw-r--r--   1 hadoop supergroup      2609206 2012-05-17 01:27/user/hive/
warehouse/u1_data/u.data.new
```

可以看到 u_data 标下并没有分区。

下面创建带有一个分区的用户观影数据表，代码清单如下 14-2 所示。

代码清单 14-2：创建电影评分表 u2_data：

```
create table u2_data(
userid int,
movieid int,
rating int,
city string,
viewTime string)
PARTITIONED BY(dt string)
row format delimited
fields terminated by '\t'
stored as textfile;
```

该表指定了单个表分区模式，即"dt string"，在表刚刚创建的时候可以查看该表的目录结构，发现其并没有通过 dt 对表结构进行分区。如下所示：

```
hadoop fs -ls/user/hive/warehouse/u2_data;
Found 1 items
drwxr-xr-x   -hadoop supergroup         0 2012-05-17 01:33/user/hive/warehouse/u2_
data/
```

---

[1] http://www.grouplens.org/node/73。

下面使用该模式对其指定具体分区，如下所示：

```
alter table u2_data add partition(dt='20110801');
```

此时，无论是否加载数据，该表根目录下将存在 dt＝20110801 分区，入下所示：

```
hadoop fs -ls/user/hive/warehouse/u2_data;
Found 1 items
drwxr-xr-x  - hadoop supergroup        0 2012-05-17 01:33/user/hive/warehouse/u2_
data/dt=20110801
```

这里有两点需要注意：

（1）当表模式没有声明的时候不能为其指定具体的分区。若为表 u2_data 指定 city 分区，将提示以下错误：

```
hive>alter table u2_data add partition(dt='20110901',city='北京');
FAILED: Error in metadata: table is partitioned but partition spec is not specified
or does not fully match table partitioning: {dt=20110901, city=北京}
FAILED: Execution Error, return code 1 from org.apache.hadoop.hive.ql.exec.DDLTask
```

（2）不能指定与重复的表字段作为分区，如下所示：

```
create table u2_data(
userid int,
movieid int,
rating int,
city string,
viewTime string)
PARTITIONED BY(city string)
row format delimited
fields terminated by '\t'
stored as textfile;
FAILED: Error in semantic analysis: Column repeated in partitioning columns
```

另外，还可以为表创建多个分区，相当于多级索引的功能。以电影评分表为例，创建 dt string 和 city string 两级分区，如下代码清单 14-3 所示。

代码清单 14-3：创建电影评分表 u3_data：

```
create table u3_data(
userid int,
movieid int,
rating int)
PARTITIONED BY(dt string,city string)
row format delimited
fields terminated by '\t'
stored as textfile;
```

下面，使用模式指定一个具体的分区并查看 HDFS 目录，如下所示：

```
alter table u3_data add partition(dt='20110801',city='北京');
```

```
hadoop fs -ls/user/hive/warehouse/u3_data/dt=20110801;
Found 1 items
drwxr-xr-x   -hadoop supergroup           0 2012-05-17 19:27/user/hive/warehouse/
u3_data/dt=20110801/city=北京
```

对于数据加载操作将在第 14.2.2 节进行详细介绍，这里不再赘述。

4. 删除表

```
DROP TABLE table_name
```

DROP TABLE 用于删除表的元数据和数据。如果配置了 Trash，数据将删除到
.Trash/Current 目录，元数据将完全丢失。当删除 EXTERNAL 定义的表时，表中的数据不会从文件系统中删除。

5. 创建/删除视图

目前，只有 Hive 0.6 之后的版本才支持视图。

（1）创建表视图

```
CREATE VIEW [IF NOT EXISTS] view_name [ (column_name [COMMENT column_comment], ...) ]
[COMMENT view_comment]
AS SELECT ...
```

CREATE VIEW 以指定的名字创建一个表视图。如果表或视图的名字已经存在，则报错，也可以使用 IF NOT EXISTS 忽略这个错误。

如果没有提供表名，则视图列的名字将由定义的 SELECT 表达式自动生成；如果 SELECT 包括如 x＋y 无标量的表达式，则视图列的名字将生成_C0,_C1 等形式。当重命名列时，可选择性地提供列注释。注释不会从底层列自动继承。如果定义 SELECT 表达式的视图是无效的，那么 CREATE VIEW 语句将失败。

注意，没有关联存储的视图是纯粹的逻辑对象。目前在 Hive 中不支持物化视图。当一个查询引用一个视图时，可以评估视图的定义并为下一步查询提供记录集合。这是一种概念的描述，实际上，作为查询优化的一部分，Hive 可以将视图的定义与查询的定义结合起来，例如从查询到视图使用的过滤器。

视图创建的同时视图的架构确定，随后改变基本表（如添加一列）将不会在视图的架构体现。如果基本表被删除或以不兼容的方式被修改，则该无效视图的查询将失败。

视图是只读的，不能用于 LOAD/INSERT/ALTER 的目标。

视图可能包含 ORDER BY 和 LIMIT 子句，如果一个引用了视图的查询也包含了这些子句，那么在执行这些子句时首先要查看视图语句，然后返回结果按视图中语句执行。例如，如果一个视图 v 指定返回记录 LIMIT 为 5，执行查询语句：select * from v LIMIT 10，那么这个查询最多返回 5 行记录。

以下是创建视图的例子：

```
CREATE VIEW onion_referrers(url COMMENT 'URL of Referring page')
COMMENT 'Referrers to The Onion website'
AS
SELECT DISTINCT referrer_url
FROM page_view
WHERE page_url='http://www.theonion.com';
```

（2）删除表视图：

```
DROP VIEW view_name
```

DROP VIEW 为删除指定视图的元数据，在视图中使用 DROP TABLE 是错误的。例如：

```
DROP VIEW onion_referrers;
```

6. 创建/删除函数

（1）创建函数：

```
CREATE TEMPORARY FUNCTION function_name AS class_name
```

该语句创建一个由类名实现的函数。在 Hive 中可以持续使用该函数查询，可以使用 Hive 类路径中的任何类。通过执行 ADD FILES 语句添加到类路径，请参阅用户指南 CLI 部分了解有关在 Hive 中如何添加/删除的更多信息。使用该语句注册用户定义函数。

（2）删除函数：
注销用户定义函数的格式如下：

```
DROP TEMPORARY FUNCTION function_name
```

7. 展示描述语句

在 Hive 中，该语句提供一种方法对现有的数据和元数据进行查询。
（1）显示表：

```
SHOW TABLES identifier_with_wildcards
```

SHOW TABLES 列出了所有基表和给定相匹配的正则表达式名字的视图。正则表达式只能包含'＊'作为任意字符[s]或'|'作为选择。例如'page_view'、'page_v＊'、'＊view|page＊'，所有这些将匹配'page_view'表。匹配表按字母顺序排列。在元存储中，如果没有找到匹配的表，则不提示错误。

（2）显示分区：

```
SHOW PARTITIONS table_name
```

SHOW PARTITIONS 列出了给定基表中的所有现有分区,分区按字母顺序排列。

（3）显示表/分区扩展：

```
SHOW TABLE EXTENDED [IN | FROM database_name] LIKE identifier_with_wildcards
[PARTITION(partition_desc)]
```

SHOW TABLE EXTENDED 为列出所有给定的匹配正规表达式表的信息。如果分区规范存在,那么用户不能使用正规表达式作为表名。该命令的输出包括基本表信息和文件系统信息,例如,文件总数、文件总大小、最大文件大小、最小文件大小、最新存储时间和最新更新时间。如果分区存在,则它会输出给定分区的文件系统信息,而不是表中的文件系统信息。

作为视图,SHOW TABLE EXTENDED 用于检索视图的定义。

（4）显示函数：

```
SHOW FUNCTIONS "a.*"
```

SHOW FUNCTIONS 为列出用户定义和建立所有匹配给定的正规表达式的函数。可以给所有函数用".*"。

（5）描述表/列：

```
DESCRIBE [EXTENDED] table_name[DOT col_name]
DESCRIBE [EXTENDED] table_name[DOT col_name ([DOT field_name] | [DOT '$ elem$ '] |
[DOT '$ key$ '] | [DOT '$ value$ ']) * ]
```

DESCRIBE TABLE 为显示列信息,包括给定表的分区。如果指定 EXTENDED 关键字,将在序列化形式中显示表的所有元数据。DESCRIBE TABLE 通常只用于调试,而不用于平常使用。

如果表有复杂的列,可以通过指定数组元素 table_name.complex_col_name（和'$ elem $ '作为数组元素,'$ key $ '为图的主键,'$ value $ '为图的属性）来检查该列的属性。对于复杂的列类型,可以使用这些定义递归地进行查询。

（6）描述分区：

```
DESCRIBE [EXTENDED] table_name partition_spec
```

该语句列出了给定分区的元数据,输出和 DESCRIBE TABLE 类似。目前,在查询计划准备阶段不能使用这些列信息。

14.2.2 数据管理（DML）操作

下面详细介绍 DML,数据操作类语言,其中包括向数据表加载文件,写查询结果等操作。

1. 向数据表中加载文件

当数据被加载至表中时,不会对数据进行任何转换。Load 操作只是将数据复制/移

动至 Hive 表对应的位置,代码如下:

```
LOAD DATA [LOCAL] INPATH 'filepath' [OVERWRITE]
    INTO TABLE tablename
    [PARTITION (partcol1=val1, partcol2=val2 ...)]
```

其中,filepath 可以是相对路径,例如,project/data1,filepath 可以是绝对路径,例如,/user/admin/project/ data1,或者 filepath 可以是完整的 URI,例如,hdfs://namenodeIP:9000/user/admin/project/data1。加载的目标可以是一个表或分区。如果表包含分区,则必须指定每个分区的分区名。filepath 可以引用一个文件(这种情况下,Hive 会将文件移动到表所对应的目录中)或一个目录(这种情况下,Hive 会将目录中的所有文件移动至表所对应的目录中)。如果指定 LOCAL,那么 load 命令会去查找本地文件系统中的filepath。如果发现是相对路径,则路径会被解释为相对于当前用户的当前路径。用户也可以为本地文件指定一个完整的 URI,比如 file:///user/hive/project/data。load 命令会将 filepath 中的文件复制到目标文件系统中,目标文件系统由表的位置属性决定。被复制的数据文件移动到表的数据对应的位置。如果没有指定 LOCAL 关键字,filepath 指向的是一个完整的 URI,则 Hive 会直接使用这个 URI。否则,如果没有指定 schema 或authority,则 Hive 会使用在 hadoop 配置文件中定义的 schema 和 authority,fs.default.name 属性指定 Namenode 的 URI。如果路径不是绝对的,则 Hive 相对于/user/进行解释。Hive 还会将 filepath 中指定的文件内容移动到 table(或者 partition)所指定的路径中。如果使用 OVERWRITE 关键字,则目标表(或者分区)中的内容(如果有)会被删除,并将 filepath 指向的文件/目录中的内容添加到表/分区中。如果目标表(分区)中已经有文件,并且文件名和 filepath 中的文件名冲突,那么现有的文件会被新文件所替代。

2. 将查询结果插入 Hive 表中

查询的结果通过 insert 语法加入到表中,代码如下:

```
INSERT OVERWRITE TABLE tablename1 [PARTITION (partcol1= val1, partcol2= val2 ...)]
select_statement1 FROM from_statement
Hive extension (multiple inserts):
FROM from_statement
INSERT OVERWRITE TABLE tablename1 [PARTITION (partcol1= val1, partcol2= val2 ...)]
select_statement1
[INSERT OVERWRITE TABLE tablename2 [PARTITION ...] select_statement2] ...
Hive extension (dynamic partition inserts):
INSERT OVERWRITE TABLE tablename PARTITION (partcol1[= val1], partcol2[= val2] ...)
select_statement FROM from_statement
```

这里需要注意的是,插入可以针对一个表或一个分区进行操作,如果一个表进行了划分,那么插入时就要指定划分列的属性值以确定分区。每个 SELECT 语句的结果会被写入选择的表或分区中,OVERWRITE 关键字会强制将输出结果写入。其中输出格式和序列化方式由表的元数据决定。Hive 中的多表插入,可以减少数据扫描的次数,因为

Hive 可以只扫描输入数据一次，而对输入数据进行多个操作命令。

3. 将查询的结果写入文件系统

查询结果可以通过如下命令插入文件系统目录：

```
INSERT OVERWRITE [LOCAL] DIRECTORY directory1 SELECT ... FROM ...
Hive extension (multiple inserts):
FROM from_statement
INSERT OVERWRITE [LOCAL] DIRECTORY directory1 select_statement1
[INSERT OVERWRITE [LOCAL] DIRECTORY directory2 select_statement2] ...
```

这里需要注意的是，目录可以是完整的 URI。如果 scheme 或 authority 没有定义，那么 Hive 会使用 Hadoop 的配置参数 fs. default. name 中的 scheme 和 authority 来定义 Namenode 的 URI。如果使用 LOCAL 关键字，那么 Hive 会将数据写入本地文件系统中。

数据写入文件系统时会进行文本序列化，且每列用^A 区分，换行表示一行数据结束。如果任何一列不是原始类型，那么这些列将会被序列化为 JSON 格式。

14.2.3　SQL 操作

下面是一个标准的 Select 语句语法定义：

```
SELECT [ALL | DISTINCT] select_expr, select_expr, ...
FROM table_reference
[WHERE where_condition]
[GROUP BY col_list]
[   CLUSTER BY col_list
  | [DISTRIBUTE BY col_list] [SORT BY col_list]
]
[LIMIT number]
```

下面对其中重要的定义进行说明。

1. table_reference

table_reference 指明查询的输入，它可以是一个表或一个视图、一个子查询。下面是一个简单的查询，可以检索所有表 t1 中的列和行：

```
SELECT * FROM t1
```

2. WHERE

where_condition 是一个布尔表达式。比如下面的查询只输出 sales 表中 amount＞10 并且 region 属性值为 US 的记录：

```
SELECT * FROM sales WHERE amount >10 AND region="US"
```

3. ALL 和 DISTINCT

ALL 和 DISTINCT 选项可以定义重复的行是否要返回。如果没有定义，那么默认为 ALL，即输出所有的匹配记录而不删除重复的记录，代码如下：

```
hive> SELECT col1, col2 FROM t1
    1 3
    1 3
    1 4
    2 5
hive> SELECT DISTINCT col1, col2 FROM t1
    1 3
    1 4
    2 5
hive> SELECT DISTINCT col1 FROM t1
    1
    2
```

4. LIMIT

LIMIT 可以控制输出的记录数，随机选取检索结果中的相应数目输出：

```
SELECT * FROM t1 LIMIT 5
```

下面代码为输出 Top－k，k＝5 的查询结果：

```
SET mapred.reduce.tasks=1
SELECT * FROM sales SORT BY amount DESC LIMIT 5
```

5. 使用正则表达式

SELECT 声明可以匹配使用一个正则表达式的列，下面的例子会对 sales 表中除了 ds 和 hr 的所有列进行扫描：

```
SELECT `(ds|hr)?+.+` FROM sales
```

6. 基于分区的查询

通常来说，SELECT 查询要扫描全部的表。如果一个表是使用 PARTITIONED BY 语句产生，那么查询可以对输入进行"剪枝"，只对表的相关部分进行扫描。Hive 现在只对在 WHERE 中指定的分区断言进行"剪枝"式的扫描。举例来说，如果一个表 page_view 按照 date 列的值进行了分区，那么下面的查询可以检索出日期为 2010-03-01 的行记录：

```
SELECT page_views.*
    FROM page_views
```

```
WHERE page_views.date >='2010-03-01' AND page_views.date<='2010-03-31'
```

7. HAVING

Hive 目前不支持 HAVING 语义，但是可以使用子查询实现，以下为例：

```
SELECT col1 FROM t1 GROUP BY col1 HAVING SUM(col2)>10
```

可以表示为：

```
SELECT col1 FROM (SELECT col1, SUM(col2) AS col2sum FROM t1 GROUP BY col1) t2 WHERE
t2.col2sum>10
```

可以将查询的结果写入到目录中：

```
hive> INSERT OVERWRITE DIRECTORY '/tmp/hdfs_out' SELECT a.* FROM invites a WHERE a.
ds='2009-09-01';
```

上面的例子将查询结果写入/tmp/hdfs_out 目录中，或者写入本地文件路径，如下所示：

```
hive> INSERT OVERWRITE LOCAL DIRECTORY '/tmp/local_out' SELECT a.* FROM pokes a;
```

其他例如 GROUP BY JOIN 的作用和 SQL 相同，本书不再赘述，下面是使用的例子，详细描述可以查看 http://wiki.apache.org/hadoop/Hive/LanguageManual。

8. GROUP BY

```
hive> FROM invites a INSERT OVERWRITE TABLE events SELECT a.bar, count(*) WHERE a.
foo >0 GROUP BY a.bar;
hive> INSERT OVERWRITE TABLE events SELECT a.bar, count(*) FROM invites a WHERE a.
foo >0 GROUP BY a.bar;
```

9. JOIN

```
hive> FROM pokes t1 JOIN invites t2 ON (t1.bar=t2.bar) INSERT OVERWRITE TABLE events
SELECT t1.bar, t1.foo, t2.foo;
```

10. 多表 INSERT

```
FROM src
INSERT OVERWRITE TABLE dest1 SELECT src.* WHERE src.key<100
INSERT OVERWRITE TABLE dest2 SELECT src.key, src.value WHERE src.key >=100 and src.
key<200
INSERT OVERWRITE TABLE dest3 PARTITION(ds='2010-04-08', hr='12') SELECT src.key
WHERE src.key >=200 and src.key<300
INSERT OVERWRITE LOCAL DIRECTORY '/tmp/dest4.out' SELECT src.value WHERE src.key>=300;
```

11. STREAMING

```
hive>FROM invites a INSERT OVERWRITE TABLE events SELECT TRANSFORM(a.foo, a.bar) AS
(oof, rab) USING '/bin/cat' WHERE a.ds >'2010-08-09';
```

这个命令会将数据输入给 Map 操作(通过/bin/cat 命令),同样的也可以将数据流式输入给 Reduce 操作。

14.2.4　Hive QL 使用实例

下面用两个例子对 Hive QL 的使用方法进行介绍,可以看到它与传统 SQL 语句的异同点。

1. 电影评分

首先创建表,并使用 tab 空格定义文本格式:

```
CREATE TABLE u_data (
    userid INT,
    movieid INT,
    rating INT,
    unixtime STRING)
ROW FORMAT DELIMITED
FIELDS TERMINATED BY '\t'
STORED AS TEXTFILE;
```

然后下载数据文本文件,并解压,链接地址如下:

```
http://www.grouplens.org/system/files/ml-100k.zip
```

将文件加载到表中,代码如下:

```
LOAD DATA LOCAL INPATH 'Path/u.data'
OVERWRITE INTO TABLE u_data;
Count the number of rows in table u_data:
SELECT COUNT(*) FROM u_data;
                //由于版本问题,如果此处出现错误,可能需要使用 COUNT(1)替换 COUNT(*)
```

下面可以基于该表进行一些复杂的数据分析操作,此处使用 Python 语言,首先创建 Python 脚本,代码如下:

代码清单 14-4:weekday_mapper.py 脚本文件

```
import sys
import datetime
for line in sys.stdin:
    line=line.strip()
```

```
userid, movieid, rating, unixtime=line.split('\t')
weekday=datetime.datetime.fromtimestamp(float(unixtime)).isoweekday()
print '\t'.join([userid, movieid, rating, str(weekday)])
```

使用如下 mapper 脚本调用 weekday_mapper.py 脚本进行操作。

```
CREATE TABLE u_data_new (
    userid INT,
    movieid INT,
    rating INT,
    weekday INT)
ROW FORMAT DELIMITED
FIELDS TERMINATED BY '\t';

add FILE weekday_mapper.py;

INSERT OVERWRITE TABLE u_data_new
SELECT
    TRANSFORM (userid, movieid, rating, unixtime)
    USING 'python weekday_mapper.py'
    AS (userid, movieid, rating, weekday)
FROM u_data;
SELECT weekday, COUNT(*)
FROM u_data_new
GROUP BY weekday;
```

2．Apache 网络日志数据（Weblog）

Apache 网络日志数据格式可以定制，一般管理者都使用默认的。对于默认设置的 Apache Weblog 可以使用以下命令创建表：

```
add jar ../build/contrib/hive_contrib.jar;
CREATE TABLE apachelog (
    host STRING,
    identity STRING,
    user STRING,
    time STRING,
    request STRING,
    status STRING,
    size STRING,
    referer STRING,
    agent STRING)
ROW FORMAT SERDE ' org. apache. hadoop. hive. contrib. serde2. RegexSerDe ' WITH
SERDEPROPERTIES (
    "input.regex"="([^ ] * ) ([^ ] * ) ([^ ] * ) (-|\\[[^\\]] * \\]) ([^ \"] * |\"[^\"] *
```

```
\")(-|[0-9]*)(-|[0-9]*)(?:([^\"]*|\"[^\"]*\")([^\"]*|\"[^\"]*
\"))?",
    "output.format.string"="%1$s %2$s %3$s %4$s %5$s %6$s %7$s %8$s %9$s"
)
STORED AS TEXTFILE;
```

更多内容可以查看 http://issues.apache.org/jira/browse/HIVE-662。

14.3　Hive 网络接口

通过 Hive 的网络接口可以更方便、更直观,特别是对刚接触 Hive 的用户。下面看看网络接口具有的特性:

1. 分离查询的执行

在命令行(CLI)下,要执行多个查询要打开多个终端,而通过网络接口,可以同时执行多个查询,网络接口可以在网络服务器上管理会话(session)。

2. 不用本地安装 Hive

一个用户不需要本地安装 Hive 就可以通过网络浏览器访问 Hive 并进行操作。一个用户如果想通过 Web 跟 Hadoop 和 Hive 交互,那么需要访问多个端口。而一个远程或 VPN 的用户只需要访问 Hive 网络接口使用 0.0.0.0 tcp/9999。

14.3.1　Hive 网络接口配置

使用 Hive 的网络接口需要修改配置文件 hive-site.xml。通常不用额外地编辑默认的配置文件,如果需要编辑,可参照以下代码进行:

```
<property>
  <name>hive.hwi.listen.host</name>
  <value>0.0.0.0</value>
  <description>This is the host address the Hive Web Interface will listen on
  </description>
</property>
<property>
  <name>hive.hwi.listen.port</name>
  <value>9999</value>
  <description>This is the port the Hive Web Interface will listen on</description>
</property>
<property>
  <name>hive.hwi.war.file</name>
  <value>$ {HIVE_HOME}/lib/hive_hwi.war</value>
  <description>This is the WAR file with the jsp content for Hive Web Interface
```

```
</description>
</property>
```

配置文件中，监听端口默认是 9999，也可以通过 hive 配置文件进行修改。当配置完成后，可以通过 hive --service hwi 命令开启服务。具体操作如下所示：

```
hive -- service hwi
12/05/17 20:02:26 INFO hwi.HWIServer: HWI is starting up
12/05/17 20:02:27 INFO mortbay.log: Logging to org.slf4j.impl.Log4jLoggerAdapter
(org.mortbay.log) via org.mortbay.log.Slf4jLog
12/05/17 20:02:27 INFO mortbay.log: jetty-6.1.26
12/05/17 20:02:28 INFO mortbay.log: Extract/home/hadoop/hadoop-1.0.1/hive-0.8.1/
lib/hive-hwi-0.8.1.war to/tmp/Jetty_0_0_0_0_9999_hive.hwi.0.8.1.war__hwi__.
m9wzki/webapp
12/05/17 20:02:29 INFO mortbay.log: Started SocketConnector@0.0.0.0:9999
```

这样在浏览器的访问网络接口的地址 http：/msaterIP：9999/hwi 即可访问，如图 14-2 所示。

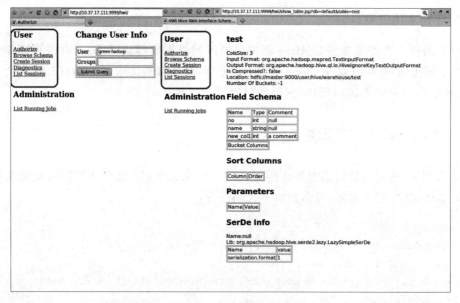

图 14-2　Hive 的网络接口（WebUI）

可以看到 Hive 的网络接口拉近了用户和系统的距离，可以通过网络直接创建会话，进行查询。用户界面和功能展示非常直观，适合刚接触到 Hive 的用户。

14.3.2　Hive 网络接口操作实例

下面使用 Hive 的网络接口进行简单的操作。

从图 11-2 中可以看出，Hive 的网络操作接口包含数据库及表信息查询、Hive 查询、系统诊断等功能,下面分别对其进行介绍。

1. 数据库及表信息查询

单击 Browse Schema 可以查看当前 Hive 中的数据库,界面中显示的是当前可以使用的数据库信息,只包含一个数据库(default),再单击 default,就可以看到 default 数据库中包含的所有表的信息,如图 14-3 所示。

图 14-3　Hive 数据库表

选择某一个具体的数据库后,就可以直接浏览该数据库的模式信息了,以代码清单 14-3 所创建的影片评分表表为例,图 14-4 所示为该表的模式信息。

User   **u3_data**

Authorize   ColsSize: 3
Browse Schema   Input Format: org.apache.hadoop.mapred.TextInputFormat
Create Session   Output Format: org.apache.hadoop.hive.ql.io.HiveIgnoreKeyTextOutputFormat
Diagnostics   Is Compressed?: false
List Sessions   Location: hdfs://master:9000/user/hive/warehouse/u3_data
    Number Of Buckets: -1

Field Schema

Name	Type	Comment
userid	int	null
movieid	int	null
rating	int	null

Bucket Columns

Sort Columns

Column	Order

Parameters

Name	Value

SerDe Info

Name:null
Lib: org.apache.hadoop.hive.serde2.lazy.LazySimpleSerDe

Name	value
serialization.format	
field.delim	

Partition Information

Name	Type	Comment
dt	string	null
city	string	null

图 14-4　u3_data 表模式

2．Hive 查询

在进行 Hive 查询之前首选创建一个会话（Session）。在创建完会话之后，可以通过 List Session 链接理出所有的 Session。当 Hive 重启后，Session 信息将全部丢失。会话与认证（Authorize）是相互关联的。当创建一组会话之后，可以通过 Authorize 链接创建该组的认证信息，认证信息包括用户和组。当某组会话的用户和组被指定后将不能改变。可以通过认证来启用不同的会话组。

下面具体介绍如何使用创建的会话来进行 Hive 数据查询操作。

如图 14-5 所示，用户可以在 Query 窗口中输入查询语句。下面在用户框中输入如下代码来查看操作结果。此时需要指定 Result File（结果文件）并将 Start Query（开始查询）选项置为 YES。

```
select * from u1_data limit 5;
```

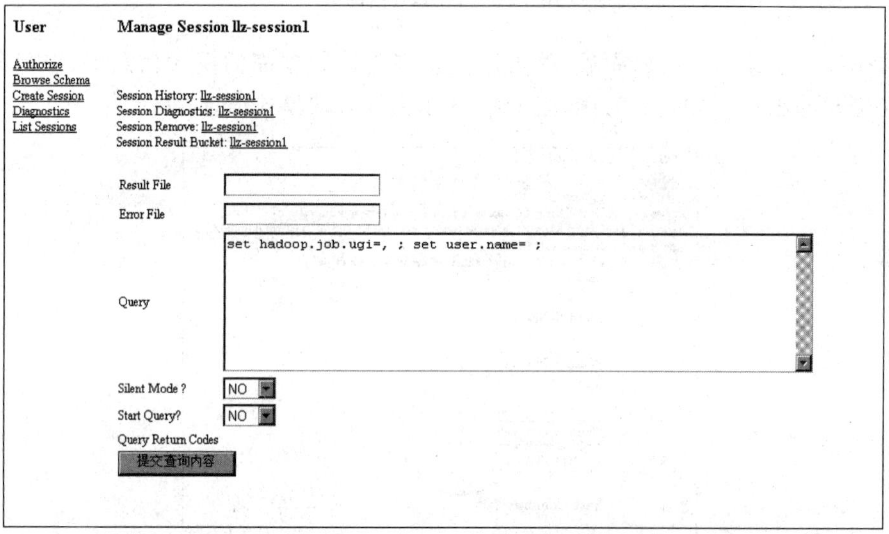

图 14-5　会话管理界面

单击 View File（查看文件），如图 14-6 所示为操作结果：

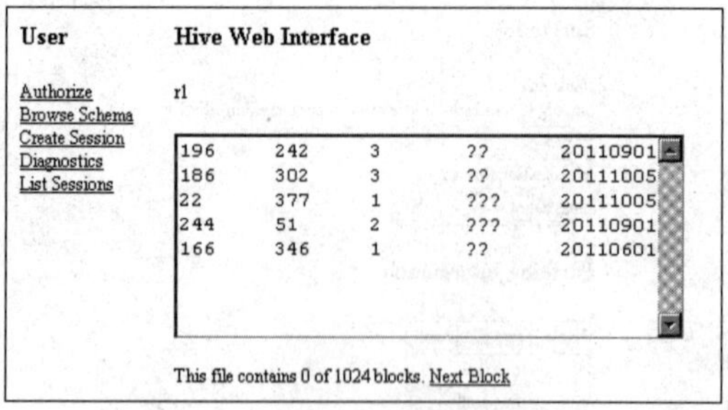

图 14-6　操作结果

通过 WebUI 也可以执行复杂的查询,但是这样做的缺点是用户不了解查询的状态,交互能力较差。当查询所需时间较大的时候用户需要一直等待操作的结果。

14.4　Hive 编程

通过上面的介绍,知道用户可以使用命令行接口(CLI)和 Hive 进行交互,也可以使用网络接口(Web UI)和 Hive 进行交互。本节将具体介绍 JDBC 接口。如果是集群中的结点作为客户端来访问 Hive,则可以直接使用 jdbc:hive://来进行访问。对于一个非集群结点的客户端可以使用 jdbc:hive://host:port/dbname 来进行访问。

Hive 工程依赖于 Hive JAR 包、日志 JAR 包,由于 Hive 的很多操作依赖于 MapReduce 程序,因此 Hive 工程中还需要引入 Hadoop 包。

在使用 JDBC 链接 Hive 之前,首先需要开启 Hive 监听用户的链接。开启 Hive 服务的方法如下所示:

```
hive --service hiveservice
Service hiveservice not found
Available Services: cli help hiveserver hwi jar lineage metastore rcfilecat
hadoop@master:~/hadoop-1.0.1/hive-0.8.1/bin/ext$  hive --service hiveserver
Starting Hive Thrift Server
Hive history file=/tmp/hadoop/hive_job_log_hadoop_201205150632_559026727.txt
```

如下代码清单 14-5 所示,为一个使用 Java 编写的 JDBC 客户端访问的代码样例。

代码清单 14-5:Hive 编程实例:

```java
package org.linlinzhang.examples;

import java.sql.SQLException;
import java.sql.Connection;
import java.sql.ResultSet;
import java.sql.Statement;
import java.sql.DriverManager;

public class HiveJdbcClient {
    /**
     * @param args
     * @throws SQLException
     */
    public static void main(String[] args) throws SQLException {
        //注册 JDBC 驱动
        try {
            Class.forName("org.apache.hadoop.hive.jdbc.HiveDriver");
        } catch (ClassNotFoundException e) {
            //TODO Auto-generated catch block
```

```
        e.printStackTrace();
        System.exit(1);
    }

    //创建连接
    Connection con=DriverManager.getConnection("jdbc:hive://master:10000/
    default", "", "");

    //statement 用来执行 SQL 语句
    Statement stmt=con.createStatement();

    //下面为 Hive 测试语句
    String tableName="u1_data";
    stmt.executeQuery("drop table "+tableName);
    ResultSet res=stmt.executeQuery("create table "+tableName+" (userid
    int, "+"movieid int,"+"rating int,"+"city string,"+"viewTime string)"+
    "row format delimited "+"fields terminated by '\t' "+
        "stored as textfile");                      //创建表
    //show tables 语句
    String sql="show tables";
    System.out.println("Running: "+sql+":");
    res=stmt.executeQuery(sql);
    if (res.next()) {
        System.out.println(res.getString(1));
    }
    //describe table 语句
    sql="describe "+tableName;
    System.out.println("Running: "+sql);
    res=stmt.executeQuery(sql);
    while (res.next()) {
        System.out.println(res.getString(1)+"\t"+res.getString(2));
    }

    //load data 语句
    String filepath="/home/hadoop/Downloads/u.data.new";
    sql="load data local inpath '"+filepath+"' overwrite into table "+
    tableName;
    System.out.println("Running: "+sql);
    res=stmt.executeQuery(sql);

    //select query: 选取前 5 条记录
    sql="select * from "+tableName+" limit 5";
    System.out.println("Running: "+sql);
    res=stmt.executeQuery(sql);
```

```
        while (res.next()) {
            System.out.println (String.valueOf (res.getString (3) + "\t" + res.
            getString(4)));
        }

        //regular hive query
        sql="select count(*) from "+tableName;
        System.out.println("Running: "+sql);
        res=stmt.executeQuery(sql);
        while (res.next()) {
            System.out.println(res.getString(1));
        }
    }
}
```

从上述代码可以看出,在进行查询操作之前需要做如下工作:

(1) 通过 Class. forName("org. apache. hadoop. hive. jdbc. HiveDriver");语句注册 Hive 驱动。

(2) 通过 Connection con = DriverManager. getConnection("jdbc:hive://master:10000/default", "", "");语句建立于 Hive 数据库的链接。

在上述操作完成之后便可以正常进行操作了。上述操作结果如下:

```
Running: show tables:
page_view
testhivedrivertable
u1_data
u2_data
u3_data
Running: describe u1_data
userid     int
movieid    int
rating     int
city    string
viewtime    string
Running: load data local inpath '/home/hadoop/Downloads/u.data.new' overwrite into
table u1_data
Running: select * from u1_data limit 10
3    北京
3    北京
1    石家庄
2    石家庄
1    苏州
Running: select count(*) from u1_data
100000
```

当前的 JDBC 接口只支持查询的执行及结果的获取,支持部分元数据的读取。Hive
支持的接口除了 JDBC,还有 Python、PHP、ODBC 等。读者可以访问 http://wiki.
apache. org/hadoop/Hive/ HiveClient♯JDBC 查看相关信息。

14.5　Hive 优化

Hive 是针对不同的查询进行优化,优化可以通过配置进行控制。本节将介绍部分优
化策略及优化控制选项。

1. 列裁剪(Column Pruning)

读数据时,只读取查询中需要用到的列,而忽略其他列。例如如下查询:

```
SELECT a,b FROM t WHERE e<10;
```

其中,表 t 包含 5 个列(a,b,c,d,e),经过列裁剪,列 c,d 将会被忽略,执行中只会读取 a,
b, e 列,要实现列裁剪,只要设置参数 hive. optimize. cp＝true。

2. 分区裁剪(Partition Pruning)

在查询过程中减少不必要的分区。例如如下查询:

```
SELECT * FROM (SELECT c1, COUNT(1)
    FROM T GROUP BY c1) subq
    WHERE subq.prtn=100;
SELECT * FROM T1 JOIN
    (SELECT * FROM T2) subq ON (T1.c1=subq.c2)
    WHERE subq.prtn=100;
```

经过分区裁剪优化的查询,会在子查询中就考虑 subq. prtn＝100 条件,从而减少读
入的分区数目。只须设置 hive. optimize. pruner＝true 即可。

3. JOIN

当使用写有 JOIN 操作的查询语句时,有一条原则:应该将条目少的表/子查询放在
JOIN 操作符的左边。原因是在 JOIN 操作的 Reduce 阶段,位于 JOIN 操作符左边的表
的内容会被加载内存,将条目少的表放在左边,这样可以有效减少发生内存溢出(OOM:
Out of Memory)的几率。

对于一条语句中有多个 JOIN 的情况,如果 JOIN 的条件相同,比如如下查询:

```
INSERT OVERWRITE TABLE pv_users
    SELECT pv.pageid, u.age FROM page_view p
    JOIN user u ON (pv.userid=u.userid)
    JOIN newuser x ON (u.userid=x.userid);
```

可以进行的优化是,如果 JOIN 的 key 相同,那么不管有多少个表,都会合并为一个

MapReduce。如果 Join 的条件不相同,比如:

```
INSERT OVERWRITE TABLE pv_users
    SELECT pv.pageid, u.age FROM page_view p
    JOIN user u ON (pv.userid=u.userid)
    JOIN newuser x on (u.age=x.age);
```

如果 MapReduce 的任务数目和 JOIN 操作的数目是对应的,那么上述查询和以下查询是等价的:

```
INSERT OVERWRITE TABLE tmptable
    SELECT * FROM page_view p JOIN user u
    ON (pv.userid=u.userid);


  INSERT OVERWRITE TABLE pv_users
    SELECT x.pageid, x.age FROM tmptable x
    JOIN newuser y ON (x.age=y.age);
```

4. MAPJOIN

MAPJOIN 操作无须 Reduce 操作就可以在 Map 阶段全部完成,前提是在 Map 过程中可以全部访问到需要的数据。比如如下查询:

```
INSERT OVERWRITE TABLE pv_users
    SELECT/ * +MAPJOIN(pv) * / pv.pageid, u.age
    FROM page_view pv
      JOIN user u ON (pv.userid=u.userid);
```

这个查询便可以在 Map 阶段全部完成 JOIN。此时还须设置的相关属性为 hive. join. emit. inter－1＝1000、hive. mapjoin. size. key＝10000、hive. map－join. cache. numrows＝10000。hive. join. emit. inter－1＝1000 属性定义了在输出 join 的结果前,还要判断右侧进行 join 的操作数最多可以加载多少行到缓存中。

5. GROUP BY

进行 GROUP BY 操作时需要注意以下两点。

Map 端部分聚合。要注意的是,并不是所有的聚合操作都需要在 Reduce 部分进行,很多聚合操作都可以先在 Map 端进行部分聚合,然后在 Reduce 端得出最终结果。同时 GROUP BY 可以基于哈希表。

这里需要修改的参数包括 hive. map. aggr＝true,设定是否在 Map 端进行聚合,默认为 True。hive. groupby. mapaggr. checkinterval＝100000,设定在 Map 端进行聚合操作的条目数。

有数据倾斜(数据分布不均匀)时进行负载均衡。此处需要设定 hive. groupby. skewindata,当选项设定为 true 时,生成的查询计划会有两个 MapRreduce 任务。在第一个 MapReduce 中,Map 的输出结果集合会随机分布到 Reduce 中,每个 Reduce 做部分聚合操作，并输出结果。这样处理的结果是，相同的 GROUP BY key 有可能被分发到不同的 Reduce 中，从而达到负载均衡的目的；第二个 MapReduce 任务再根据预处理的数据结果按照 GROUP BY key 分布到 Reduce 中（这个过程可以保证相同的 GROUP BY key 分布到同一个 Reduce 中），最后完成最终的聚合操作。

6. 合并小文件

在第 12.2 节中，知道文件数目过多，会给 HDFS 带来很大的压力，并且会影响处理的效率，因此可以通过合并 Map 和 Reduce 的结果文件来消除这样的影响。需要进行的设定有以下 3 个：hive. merge. mapfiles ＝ true，设定是否合并 Map 输出文件，默认为 True；hive. merge. mapredfiles ＝ false，设定是否合并 Reduce 输出文件，默认为 False；hive. merge. size. per. task ＝ 256 ＊ 1000 ＊ 1000，设定合并文件的大小，默认值为 256000000。

14.6　小结

本章主要对建立在 Hadoop 之上的数据仓库架构 Hive 进行了详细介绍。

首先，对 Hive 的安装进行了介绍。由于 Hadoop 的最新版本都集成了 Hive，所以安装很简单，只需要简单的修改配置文件即可。

随后着重介绍了 Hive 的类 SQL 语言 HQL，通过 HQL 的学习，用户可以进行类似传统的数据库操作。可以看到 Hive QL 有别于传统的 SQL 实现，但也有很多相似之处，HQL 既继承了传统 SQL 的优势，又结合了 Hadoop 文件系统的特性。

最后对 Hive 的几个重要接口进行了介绍，这样有助于用户更快地使用 Hive。对管理员来说，本章还给出了 Hive 的优化策略，可以为 Hive 的使用助一臂之力。

第 15 章　基于 Google App Engine 系统的开发

目前 Google 推出了 Google App Engine 应用程序平台,通过该平台您可以使用 Google App Engine 提供的 SDK(软件开发工具包)开发自己的 Web 应用程序,并将应用程序上传到 Google App Engine,由 Google 负责维护整个程序的运行工作。

Google App Engine 提供 Java 和 Python 的 SDK。Google App Engine Java 使用 Java Servlet 标准和网络服务器交互,可以通过编写 Java Servlet 或 JSP 文件实现 Google App Engine 应用程序。Google App Engine Python 则采用 CGI(Common Gateway Interface,公共网关接口)标准和网络服务器交互,在 Python SDK 中,Google App Engine 同时提供了 webapp 开发框架实现应用程序开发。

Google App Engine 目前提供了包括网址抓取、图像、Google 账户等多种服务,提供了数据存储区进行数据的存储,并实现事务等功能。

本章内容主要围绕以下几个方面进行讨论。第 15.1 节给出了 Google App Engine 的介绍,描述 Google App Engine 的基本功能和配置开发环境等。第 15.2 节主要对如何使用 Java 和 Python 语言进行 Web 应用程序开发进行讨论。第 15.3 节通过一个实例程序着重介绍了使用 Java 开发基于 Google App Engine 的应用程序的过程。第 15.4 节是本章小结。

15.1　Google App Engine 简介

Google App Engine 是由 Google 推出的一种架构 Web 应用程序的全新平台。Google App Engine 应用程序易于构建和维护,并可根据实际的访问量和数据存储需求进行轻松的扩展。使用 Google App Engine,不再需要购买搭建 Web 服务器相关的软硬件资源,也不需要进行日常的服务器维护工作,只需要将应用程序代码上传到 Google App Engine 服务器上即可,Google App Engine 负责应用程序的运行维护等工作。Google App Engine 提供运行应用程序所需要的 CPU、网络带宽、存储数据空间等资源。

Google App Engine 目前提供了支持 Java 和 Python 编程语言编写 Web 应用程序的 SDK。通过 Java 运行时环境,可以使用 JVM(Java 虚拟机)、Java Servlet、JSP(Java Server Pages)和 Java 编程语言,或使用基于 JVM 的解释器或解释器的任何其他语言,例如 JavaScript 或 Ruby 等 Java 技术构建应用程序。同样,Google App Engine 还提供了 Python 运行时环境,该环境包括一个快速 Python 解释器和 Python 标准库。Google App Engine 环境配置将在第 15.1.2 小节进行说明。下面首先介绍 Google App Engine 的基本功能服务。

15.1.1　Google App Engine 基本功能

通过 Google App Engine,即使在负载很重和数据极大的情况下,也可以轻松构建能安全运行的应用程序。Google App Engine 主要包括以下功能。

（1）动态网络服务，提供对常用网络技术的完全支持。

（2）持久存储空间，支持查询、分类和事务功能。

（3）自动扩展和负载平衡。

（4）用于对用户进行身份验证和使用 Google 账户发送电子邮件的 API。

（5）提供功能完整的本地开发环境，模拟 Google App Engine 应用程序。

（6）用于在指定时间和定期触发事务的计划任务。

Google App Engine 提供了一种沙盒（Sand Box）机制满足应用程序的安全性需要。应用程序在安全环境中运行，该安全环境仅提供对基础操作系统的有限访问权限。这些限制让 Google App Engine 可以在多个服务器之间分发应用程序的网络请求，并可以启动和停止服务器以满足访问量需求。沙盒将应用程序隔离在其安全可靠环境中，该环境与网络服务器的硬件、操作系统和物理位置无关。在沙盒环境下，应用程序只能通过提供的网址抓取以及电子邮件服务功能访问互联网的其他计算机，其他计算机只能通过在标准端口上进行 HTTP 或 HTTPS 请求来连接至该应用程序；应用程序无法向文件系统写入，只能读取通过应用程序代码上传的文件。该应用程序必须使用 Google App Engine 数据存储区（Datastore）、Memcache 或其他服务存储所有在请求之间持续存在的数据；另外，应用程序代码在响应网络请求或计划任务（Cron Job）时运行，且任何情况下必须在 30s 内返回响应数据。请求处理程序不能在响应发送后生成子进程或执行代码。

Google App Engine 提供了一个强大的分布式数据存储服务，其中包含查询引擎和事务功能。Google App Engine 提出的数据存储区和传统的关系型数据库不同，数据对象或实体有一类和一组属性。查询可以检索按属性值过滤和分类的指定种类的实体，属性值可以是受支持的属性值类型中的任意一种。数据存储区实体是无架构的。数据实体的结构由应用程序代码提供和执行。Java 的 JDO/JPA 接口（Java Data Object/Java Persistence API，Java 数据库连接/Java 持续化应用程序接口）和 Python 数据存储区接口包括用于在应用程序内应用和执行结构的功能，也可以直接访问数据存储区以根据实际需要应用或多或少的结构。数据存储区的一致性问题是通过最优并发控制（Optimistic Concurrency Control）控制的。如果有其他进程尝试更新某实体，而同时该实体位于以固定次数进行重新尝试的事务中，此时该实体将更新。应用程序可以在一个事务中执行多项数据存储区操作，这些操作只能全部成功或者全部失败，从而保证数据的完整性。数据存储区通过其分布式网络使用"实体组"实现事务，一个事务操作一个组内的实体。同一组的实体存储在一起，以高效执行事务。应用程序可以在实体创建时将实体分配到组。

Google App Engine 支持将应用程序与用于用户验证的 Google 账户集成。应用程序允许用户通过 Google 账户登录，并可访问与该账户关联的电子邮件地址和可显示的名称。由于用户不需要创建新的账户，所以用户可以更快地开始运行您的应用程序。与此同时，Google 账户省去了单个应用程序实现账户系统的麻烦。如果应用程序是在 Google 企业应用套件下运行，则它可以与该组织的成员和 Google 企业应用套件账户成员使用相同的功能。应用程序可以通过用户 API 检测用户是否是注册管理员，这样便可以轻松实现站点上仅管理员可访问的区域。

Google App Engine 提供了多种服务,从而可以在管理应用程序的同时执行常规操作。这些服务主要有 Google 账户、提供以下 API 以便访问这些资源。

(1) 网址抓取。应用程序可以使用 Google App Engine 的网址抓取服务访问 Internet 上的资源。网址抓取服务使用检索许多其他 Google 产品的网页的高速 Google 基础架构来检索网络资源。

(2) 邮件。应用程序可以使用 Google App Engine 的邮件服务发送电子邮件。邮件服务使用 Google 基础架构发送电子邮件。

(3) Memcache。Memcache 服务为应用程序提供高性能的内存键值缓存,可以通过应用程序的多个实例访问该缓存。Memcache 对那些不需要数据存储区持久性存储和事务功能的数据很有用。

(4) 图像操作。图像服务可以是应用程序对图像进行操作。使用图像 API,可以对 JPEG 和 PNG 格式的图像进行缩放、剪裁、旋转和翻转操作。

(5) 计划任务。Cron 服务允许将任务计划为按指定间隔运行或按指定间隔执行的定期计划任务进行配置。这些计划任务由 App Engine Cron 服务自动触发。

15.1.2　Google App Engine 环境配置

Google App Engine 目前提供 Java 和 Python 两种语言的开发工具包,下面分别介绍两种开发语言下的开发环境配置等问题,具体如何使用开发环境将在第 15.2 节进行讨论。

1. Google App Engine Java SDK

通过 Google App Engine Java 软件开发工具包(SDK)可以开发和上传 Google App Engine 的 Java 语言应用程序。Java 版的 Google App Engine SDK 包含网络服务器软件,安装之后可以在本地计算机上运行 SDK 测试 Java 应用程序。服务器可以模拟 Google App Engine 实际执行环境,提供 Google App Engine 所提供的服务。

Google App Engine 支持 Java 5 和 Java 6。Java 应用程序在 Google App Engine 上运行时使用 Java 6 JVM 和标准库。推荐使用 Java 6 编译和测试应用程序,以确保本地服务器的工作方式和 Google App Engine 环境相似。可以从 Sun 的官方网站(www.sun.com)下载适合操作系统的 Java SDK 安装包,安装完之后还需要进行一定的环境变量配置。

由于 Java 语言良好的跨平台性,Google App Engine 官方网站上发布的 SDK 开发工具包可以在任何的操作系统平台上进行 Java 应用程序的开发、测试和上传等。目前版本号是 1.2.5,Google App Engine SDK 仍在不断的升级中。

开发 Java 应用程序,可以通过下载 SDK 并解压到适当的目录下,进行编码,然后通过 SDK 中提供的命令模拟 Google App Engine 环境进行测试。如果使用 Eclipse 集成开发环境,可以安装 Google 提供的 Google 插件,进行 Google 应用的开发。Google 插件中包括 Google Web 工具包(Google Web Toolkit,GWT)SDK 和 Google App Engine SDK。通过 Google 插件和 Eclipse 平台开发 App Engine 程序将会变得非常简单,和开发普通的

Servlet 应用程序没有什么区别。在 Eclipse 中的帮助菜单中的"安装新软件"，输入 Eclipse 3.5 版的安装路径 URL 地址：

http://dl.google.com/eclipse/plugin/3.5

安装完成，最后重启 Eclipse 即可完成 Google 插件的安装工作。重启 Eclipse 之后，将会在工具条中出现 3 个按钮 。

关于使用 Google App Engine SDK 进行 Java 应用程序的开发将会在后面的章节进行详细介绍。当开发并测试好应用程序之后，需要发布应用程序到 Google App Engine 上。为此需要在 Google App Engine 中注册用户，并创建一个应用程序。注册一个应用程序 ID，即该应用程序唯一的名称。如果选择使用免费的 appspot.com 域名，那么该应用程序的完整网址将为 http://application-id.appspot.com/。当然也可以为应用程序购买一个顶级域名或使用一个已注册的顶级域名。编辑 appengine-web.xml 文件，然后将 <application>元素的值更改为已注册的应用程序 ID。如果使用的是 Eclipse，则直接单击 即可完成应用程序的发布。Google App Engine 直接将该应用程序和应用程序的 URL 地址关联起来。也可使用 SDK 中的 appcfg.cmd（Windows）或 appcfg.sh（Mac OS X、Linux）命令上传自己应用程序代码和文件。

命令采用操作名称、指向应用程序的 war/目录的路径以及其他选项。要将应用程序和文件上传到 Google App Engine，可使用 update 操作。Windows 中上传应用程序命令为：

..\appengine-java-sdk\bin\appcfg.cmd update war

Linux 或 Mac OS X 中上传应用程序命令为：

../appengine-java-sdk/bin/appcfg.sh update war

2. Google App Engine Python SDK 版

Google App Engine 不仅提供了 Java 的 SDK 开发工具包，还提供了 Python 的 SDK 开发工具包。Google App Engine Python SDK 包含模拟 Google App Engine 环境的网络服务器应用程序，其中包括数据存储区的本地版本、Google 账户，以及使用 Google App Engine API 从本地计算机直接抓取网址和发送电子邮件的功能。利用 Python 编程语言，可以利用专业开发人员构建世界级网络应用程序所用的多种针对 Python 的库、工具和框架。

要使用 Google App Engine SDK，必须首先安装适合平台的 Python 2.5 环境，可以从 Python 的官方网站（www.python.org）下载 Python 相关版本。然后到 Google App Engine 网站下载适合自己平台的 Google App Engine SDK 安装文件。目前 Google App Engine 官方网站上发布了支持包括 Windows、Mac OS X、Linux 及其他操作系统的 SDK 开发工具包。可以选择适合自己开发平台的 SDK，进行开发、测试和上传应用程序。

同样，关于如何使用 Python 进行应用程序的开发将在后面的章节进行详述。将使用 SDK 中的 dev_appserver.py 开发网络服务器并用 appcfg.py 上传应用程序到 Google App Engine。

注册一个应用程序 ID 和前面的 Java 语言一样。当注册一个应用程序 ID 时，修改应用程序目录下的 app.yaml 文件的 application:的值为刚才注册的应用程序 ID。

运行下面的命令,上传应用程序到 Google App Engine:

```
appcfg.py update dictionary-apps/
```

在提示下输入 Google 账户和账户密码。打开 http://application-id.appspot.com/ 即可浏览刚才上传的应用程序。

15.1.3　Google App Engine 资源配额

创建 Google App Engine 应用程序不仅简单,而且是免费的。通过注册一个 Google 账户每个开发人员账户最多可以注册 10 个应用程序。通过免费账户发布的应用程序可以使用多达 500MB 的存储空间和多达每月 500 万次的页面浏览量。当需要更多的资源时,可以启动付费、设置每日最高预算,并根据实际需要分配每个资源的预算。

Google App Engine 通过配额的方式来确保应用程序不会超过预算,并且运行在 Google App Engine 上的其他应用程序不会影响应用程序的性能。每个应用程序在限制或配额内进行资源的分配。配额决定应用程序在一个日历日(从太平洋时间的午夜开始计算的 24 小时时间段)中可以使用的给定资源的量。当然,也可以通过付费的方式购买更多的资源来调整配额的值。有些功能会施加与配额无关的限制,以保护系统的稳定性。例如,当调用某应用程序为网络请求提供服务时,该应用程序必须在 30s 内做出响应。如果该应用程序花费的时间过长,则进程会被终止并且服务器将向用户返回错误代码。响应超时是动态的,如果请求处理程序经常达到其超时,则可以缩短请求超时以节省资源。Google App Engine 记录应用程序一个日历日中各资源的使用量,并在此资源量达到应用程序的配额时认为资源耗尽。Google App Engine 在每天的开始重置除存储数据外的所有资源的测量结果。

为了避免由于资源消耗过快造成应用程序无法访问,Google App Engine 还提供了按分钟进行配额的方式。通过按分钟配额可以控制应用程序一个日历日中资源消耗的速度,从而防止应用程序在极短的时间段内用尽所有的资源配额,进而导致独占某一资源使其他应用程序无法正常工作的情况的发生。每日配额和每分钟配额,都是根据是否付费分为两个级别:免费配额和付费配额。关于 Google App Engine 资源的免费配额及收费情况,如请求、数据存储区、邮件、网址抓取和图像操作等,请参考文献[20]。对于查询返回的结果数,Google App Engine 也将会进行一定限制,对于一个查询最多返回 1000 条记录。

试图破坏或滥用配额(例如同时在多个账户上操作应用程序)违反服务条款的,将可能导致应用程序被禁用或账户关闭。

15.2　如何使用 Google App Engine

本节将重点介绍 Google App Engine SDK 的使用,分别对 Java 和 Python 的开发细节进行描述。

15.2.1　Google App Engine Java SDK 使用

Google App Engine Java 应用程序使用 Java Servlet 标准与网络服务器环境交互,应用程序的文件(包括已编译的类、JAR、静态文件和配置文件)使用 Java 网络应用程序的 WAR(Web Archive File,网络应用程序文件)标准布局组织在目录结构中。这样就可以采用任何想用的开发过程来开发网络 Servlet 并生成 WAR 目录。Google App Engine SDK 目前还不支持 WAR 文件类型。

首先,通过一个 HelloWorld 实例程序说明 Java 应用程序的开发过程。可以使用 Eclipse 集成环境进行开发,当然,也会对非集成环境下开发进行一定的描述。

打开 Eclipse,单击工具栏上的"新建 Web 应用程序项目" ,输入项目名称 HelloWorld 以及包 com. google. helloworld。取消选中 Google Web Toolkit,并确保选中 Google App Engine。如果没有使用 Eclipse 开发环境,则可以通过 appengine-java-sdk/demos/new_project_template/目录中复制 SDK 内含的新的项目模板。

1. Servlet 类和 JSP

打开 HelloWorld 项目的/src 目录,打开 HelloWorldServlet. java 文件,源代码如图 15-1 所示。该类是一个 Java Servlet 类,通过 HTTP Servlet 处理和响应网络的请求,该类扩展了 java. servlet. http. HttpServlet。类中通过 HttpServletResponse 对象设置输出类型,并输出"Hello,world!"。如果不使用 Eclipse,可以在相关目录下新建该 java 文件。

```
package com.google.helloworld;
import java.io.IOException;
import javax.servlet.http.*;
public class HelloWorldServlet extends HttpServlet {
    public void doGet(HttpServletRequest req, HttpServletResponse resp)
            throws IOException {
        resp.setContentType("text/plain");
        resp.getWriter().println("Hello, world");
    }
}
```

图 15-1　HelloWorldServlet 源代码

不仅可以使用 Servlet 开发应用程序,还可以使用 JSP 技术进行开发。对于 HelloWorld 实例程序来说,下面给出了 JSP 版本的实现代码。

```
<%@ page language="java" contentType="text/html; charset=UTF-8 " %>
<%@ page import="java.util.Date" %>
<html>
<body>
    <p>Hello,world!</p>
    <% Date date=new Date();%>
    <p>Now the time is<% =date.toString() %></p>
```

```
</body>
</html>
```

编辑/war/WEB-INF/中的 web. xml 文件，修改＜welcome-file-list＞中的当前
＜welcome-file＞元素，将值设置为 HelloWorld. jsp。

在 Eclipse 环境的 Run 菜单栏，选择 Run as Web Application，启动网络服务器应用
程序来运行该应用程序。打开浏览器输入 URL：http://localhost：8080/，查看运行
结果。

2. 部署描述符

当网络服务器收到请求时，App Engine 通过一个称为网络应用程序部署描述符的配
置文件决定调用哪个 Servlet 类。部署描述符的文件名为 web. xml，位于 WAR 中的
war/WEB-INF/目录中。WEB-INF/和 web. xml 是 Servlet 规范的一部分。

HelloWorld 实例程序的 web. xml 文件的具体内容如图 15-2 所示。web. xml 文件声明
了名为 HelloWorld 的 Servlet，指定该＜servlet-class＞元素值为 HelloWorldServlet，并将
该 Servlet 映射到 URL 路径/helloword。要将网址映射到 Servlet，需要在 web. xml 添加
＜servlet＞元素声明 Servlet，然后通过＜servlet-mapping＞元素定义从网址路径到
Servlet 声明的映射。网络服务器使用此配置来识别提出请求的 Servlet，并调用对应于请
求方法的类方法。例如，HTTP GET 请求对应 Serlvet 的 doGet()方法。

```xml
<?xml version="1.0" encoding="utf-8"?>
<web-app xmlns=http://java.sun.com/xml/ns/javaee version="2.5">
    <servlet>
        <servlet-name>HelloWorld</servlet-name>
        <servlet-class>com.google.helloworld.HelloWorldServlet</servlet-class>
    </servlet>
    <servlet-mapping>
        <servlet-name>HelloWorld</servlet-name>
        <url-pattern>/helloworld</url-pattern>
    </servlet-mapping>
    <welcome-file-list>
        <welcome-file>index.html</welcome-file>
    </welcome-file-list>
</web-app>
```

图 15-2　web. xml 文件具体内容

＜servlet＞元素声明 Servlet，包括用于文件中其他元素引用该 Servlet 的名称、用于
Servlet 的类，以及初始化参数。可以使用不同初始化参数的同一类来声明多个 Servlet。
Servlet 的名称在部署描述符中是唯一标识的。下面给出了带有初始化参数的 Servlet 描
述，并对同一类声明了两个带不同参数的 Servlet。

```
<servlet>
    <servlet-name>HelloWorld_Java</servlet-name>
    <servlet-class>com.google.helloworld.HelloWorldServlet</servlet-class>
    <init-param>
```

```
                <param-name>language</param-name>
                <param-value>java</param-value>
            </init-param>
        </servlet>
        <servlet>
            <servlet-name>HelloWorld_Python</servlet-name>
            <servlet-class>com.google.helloworld.HelloWorldServlet</servlet-class>
            <init-param>
                <param-name>language</param-name>
                <param-value>python</param-value>
            </init-param>
        </servlet>
```

<servlet-mapping>元素指定一个网址模式以及用于网址匹配该模式的请求的声明 Servlet 的名称。可以在网址模式的开头或结尾使用星号（＊）来指示任何零或多个字符。不支持在字符串的中间使用通配符，并且不允许在一个模式中有多个通配符。模式匹配网址的完整路径，域名后以正斜杠开始并包括斜杠（/）。

```
        <servlet-mapping>
            <servlet-name>HelloWorld_Java</servlet-name>
            <url-pattern>/helloworld/java/＊</url-pattern>
        </servlet-mapping>
        <servlet-mapping>
            <servlet-name>HelloWorld_Python</servlet-name>
            <url-pattern>/helloworld/python/＊</url-pattern>
        </servlet-mapping>
```

对于上面的 web. xml 部署描述符，输入 URL：http://localhost:8080/helloworld/java/的请求由 HelloWorldServlet 类处理，其中 language 参数值为 java。使用 ServletRequest 对象的 getPathInfo()方法，Servlet 可获取网址路径和通配符匹配的部分。Servlet 可以通过 getServletConfig()方法获取 Servlet 配置，然后将初始化参数的名称作为参数头条用配置对象上的 getInitParameter()方法访问初始化参数。

Google App Engine 支持 JSP 的自动编译和网址映射。如果应用程序使用 JSP 来实现网页，则应用程序的 WAR 中的 JSP 文件自动编译为 Servlet 类，并映射到从 WAR 根目录指向 JSP 文件路径的网络路径。例如，如果应用程序在 WAR 中的 register/目录中有个 register. jsp 文件，App Engine 会将其编译并映射到网址路径/register/register. jsp。如果希望对 JSP 映射到网址的方式进行更多的控制，可以通过在部署描述符中用 <servlet>元素声明映射来显示指定映射。如果不使用<servlet-mapping>元素，可以通过<jsp-file>元素指定 JSP 文件的路径。JSP 文件的<servlet>元素可以包括初始化参数。

下面给出了关于 JSP 的部署描述：

```
        <servlet>
```

```
        <servlet-name>register</servlet-name>
        <jsp-file>register/start.jsp</jsp-file>
    </servlet>
    <servlet-mapping>
        <servlet-name>register</servlet-name>
        <url-pattern>/register/*</url-pattern>
    </servlet-mapping>
```

同时,web.xml 还规定当用户抓取一个没有映射到 Servlet 但表示应用程序 WAR 内的目录路径的 URL 时,服务器应检查该目录中是否存在名为 index.html 的文件,如果有则提供该文件。Servlet 标准称此为欢迎文件列表。

部署描述符中可以设置过滤条件、安全和验证、安全网址等功能,具体细节由于篇幅所限不再说明,详细内容请参考文献[20]。

3. Java 应用程序配置

Google App Engine 需要一个额外的配置文件,用来描述如何部署和运行应用程序。该文件名为 appengine-web.xml,并和上面的 web.xml 相同,也位于 WEB-INF/中。appengine-web.xml 的配置文件用来指定应用程序的注册 ID 以及最新代码的版本标识符,并确定在应用程序的 WAR 中哪些文件是静态文件,哪些是应用程序使用的资源文件。当上传应用程序时,appcfg 命令将使用这些信息。下面的代码是配置文件的一般内容。

```
<?xml version="1.0" encoding="utf-8"?>
<appengine-web-app xmlns="http://appengine.google.com/ns/1.0">
    <application>application-id</application>
    <version>1</version>
</appengine-web-app>
```

Google App Engine 对于网络应用程序中的静态文件(图像、CSS 样式表或 JavaScript 代码等)提供专用服务和缓存。可使用文件系统由应用程序访问的文件为资源文件,这些文件与应用程序一起存储在应用程序服务器上。默认情况下,除了 JSP 文件和 WEB-INF/目录下的文件,WAR 中的所有文件都被视为静态文件和资源文件。通过使用 appengine-web.xml 文件中元素调整哪些文件被视为静态文件,哪些文件被视为资源文件。<static-files>元素可指定文件路径匹配样式以加入静态文件或从中排除某些文件,从而修正默认设置。同样,<resource-files>元素可以知道哪些文件被视为资源文件。

路径样式是使用 0 个或多个<include>和<exclude>元素指定的。在样式中,* 代表文件名或目录名中的 0 个或多个任意字符,而**代表路径中的 0 个或多个目录。<include>元素覆盖包括所有文件的默认行为,在所有<include>样式后应用<exclude>元素。例如,要指定出 data/目录以及所有子目录下的文件外,所有扩展名为.png 的文件均为静态文件:

```
<static-files>
    <include path="/* * .png"/>
    <exclude path="/data/* * .png"/>
</static-files>
```

应用程序配置文件可以定义应用程序运行时所设置的系统属性和环境变量，如下面代码所示：

```
<system-properties>
    <property name="myapp.maximum-message-length" value="140"/>
    <property name="myapp.notify-every-n-signups" value="1000"/>
    < property name =" myapp. notify - url" value =" http://www. example. com/
    signupnotify"/>
</system-properties>
<env-variables>
    <env-var name="DEFAULT_ENCODING" value="UTF-8"/>
</env-variables>
```

如果以 HTTPS 方式使用安全网址 SSL 访问应用程序，则必须为 appengine-web.xml 文件中的应用程序启用 SSL。要启用 SSL，请将<ssl-enabled>元素添加到文件：

```
<ssl-enabled>true</ssl-enabled>
```

Google App Engine 使用 Servlet 会话接口来实现会话。该实现可使用 Google App Engine 数据存储区和 Memcache 来存储会话数据。该功能默认关闭。要将其打开，请在 appengine-web.xml 添加以下内容：

```
<sessions-enabled>true</sessions-enabled>
```

该实现可使用带有前缀_ahs 的键创建_ah_SESSION 类型的数据存储区实体和 Memcache 实体。

4. 存储数据

Google App Engine 数据存储区存储数据对象（称为"实体"）并对其执行查询。一个实体具有一个或多个属性。属性可以是对另一实体的引用。数据存储区可以在一个事务中执行多个操作，任一操作失败都将导致整个事务回滚。这对于分布式网络应用程序尤为有用，因为在分布式网络应用中，多个用户可能同时访问或处理同一数据对象。和传统数据库有所不同，数据存储区使用分布式体系结构管理面向超大型数据集的扩展。应用程序可以通过描述数据对象间的关系，以及定义查询索引，来优化数据的分布方式。

（1）Java 数据接口。Java SDK 包括 JDO 和 JPA 接口的实现，以便建模和持久处理数据。这些标准接口包括用于定义数据对象的类和查询执行的机制。数据存储区同时提供了低级 API，可以使用 API 来实现其他接口适配器，或者在应用程序中直接使用。

JDO 在 Java 类上使用批注来说明类实例如何作为实体存储在数据存储区中，以及实体在从数据存储区中检索时如何重建为实例。图 15-3 给出了通过批注描述的 Employee

数据类。

　　要将 Java 类声明为能够通过 JDO 在数据存储区中存储或检索,需要对该类指定一个@PersistenceCapable 批注,并且需要指定 IdentityType 类型为 APPLICATION,如图 15-3 中所示。必须将数据类的字段指定@Persistent 批注,声明为持久字段才可以在数据存储区中存储。同时,数据类中必须具有一个在数据存储区中唯一标识数据类的主键字段。主键字段具有 4 种类型。

　　① 长整型。长整型(java. lang. Long)是通过数据存储区自动生成的实体 ID。对于没有父实体组、其 ID 应由数据存储区自动生成的对象,请使用该类型。实例的长整型键字段在实例保持时填充。图 15-3 中定义的 Employee 数据类的主键就是长整型的,并指定了@Persistent(valueStrategy ＝ IdGeneratorStrategy. IDENTITY)批注。

　　② 未编码字符串。字符串(java. lang. String)是对象创建时由应用程序提供的实体 ID。对于没有父实体组、其 ID 应由应用程序提供的对象,请使用该类型。应用程序在保持该类型的数据类时会将该字段设置为所需的 ID。

```
import javax.jdo.annotations.PrimaryKey;
@PrimaryKey
private String name;
```

　　③ Key 键。Key 实例(com. google. appengine. api. datastore. Key),键值包括符号实体组的键以及应用程序分配的字符串 ID 或系统生成的数字 ID。要创建带应用程序分配的字符串 ID 的对象,请创建带有该 ID 的键值并将字段设置为该值。要创建带系统分配的数字 ID 的对象,请将键字段设为 null。

```
import javax.jdo.annotations.IdGeneratorStrategy;
```

```
import java.util.Date;
import javax.jdo.annotations.IdGeneratorStrategy;
import javax.jdo.annotations.IdentityType;
import javax.jdo.annotations.PersistenceCapable;
import javax.jdo.annotations.Persistent;
import javax.jdo.annotations.PrimaryKey;
@PersistenceCapable(identityType = IdentityType.APPLICATION)
public class Employee {
    @PrimaryKey
    @Persistent(valueStrategy = IdGeneratorStrategy.IDENTITY)
    private Long id;
    @Persistent
    private String name;
    @Persistent
    private Date hireDate;
    public Person(String name, Date hireDate) {
        this.name = name;
        this.hireDate = hireDate;
    }
    // Accessors for the fields. JDO doesn't use these, but your application does.
    public Long getId() {return id;}
    public String getName() {return name;}
    // ... other accessors...
}
```

图 15-3　Employee 数据类代码

```
import javax.jdo.annotations.Persistent;
import javax.jdo.annotations.PrimaryKey;
import com.google.appengine.api.datastore.Key;
    @PrimaryKey
    @Persistent(valueStrategy=IdGeneratorStrategy.IDENTITY)
    private Key key;
    public void setKey(Key key) {this.key=key;}
```

应用程序可以使用 KeyFactory 类创建 Key 实例 KeyFactory.createKey()。

```
import com.google.appengine.api.datastore.Key;
import com.google.appengine.api.datastore.KeyFactory;
    Key key=KeyFactory.createKey(Employee.class.getSimpleName(),"Alfred.Smith@
    example.com");
    Employee e=new Employee();
    e.setKey(key);
    pm.makePersistent(e);
```

④ 编码字符串形式的键。与键类似，但编码字符串形式的键值是字符串。编码字符串形式的键允许以便携方式编写应用程序且仍可以利用 Google App Engine 数据存储区实体组。

```
import javax.jdo.annotations.Extension;
import javax.jdo.annotations.IdGeneratorStrategy;
import javax.jdo.annotations.Persistent;
import javax.jdo.annotations.PrimaryKey;
import com.google.appengine.api.datastore.Key;
@PrimaryKey
@Persistent(valueStrategy=IdGeneratorStrategy.IDENTITY)
@Extension(vendorName="datanucleus",key="gae.encoded-pk",value="true")
private String encodedKey;
```

应用程序可以在保存前使用带名称的键值填充该值，或置空为 null。如果编码的键字段为 null，则将在保存对象时使用系统生成的键值填充字段。Key 实例和编码字符串表示可以通过 KeyFactory 方法 keyToString()和 stringToKey()进行相互转换。更多关于编码字符串形式的键的内容，请参考文献[20]。

通过从 PersistenceManagerFactory 对象中获取的 PersistenceManager 对象来与数据存储区进行交互。由于初始化 PersistenceManagerFactory 代价较大，因此必须确保在应用程序的生命周期内只获取一次实例。通过将 PersistenceManagerFactory 封装在单独类中可以实现该目标。关于 PMF 类的实现代码，如图 15-4 所示。

可以对 Employee 类进行实例化，并将该实例存储到数据存储区中。具体代码如下所示：

```
import java.util.Date;
import javax.jdo.JDOHelper;
import javax.jdo.PersistenceManager;
```

```
import javax.jdo.PersistenceManagerFactory;
import Employee;import PMF;
//...
    Employee employee=new Employee("Alfred",new Date());
    PersistenceManager pm=PMF.get().getPersistenceManager();
    try {pm.makePersistent(employee);}
    finally {pm.close();}
```

```
import javax.jdo.JDOHelper;
import javax.jdo.PersistenceManagerFactory;
public final class PMF {
    private static final PersistenceManagerFactory pmfInstance =
        JDOHelper.getPersistenceManagerFactory("transactions-optional");
    private PMF() {}
    public static PersistenceManagerFactory get() { return pmfInstance;}
}
```

图 15-4　PMF 类的实现代码

JDO 包括一个称为 JDOQL 的查询接口，可以使用 JDOQL 来检索作为此类实例的实体，其代码如下所示：

```
import java.util.List;import Employee;
//...
String query="select from "+Employee.class.getName()+" where lastName=='Smith'";
List<Employee>employees= (List<Employee>) pm.newQuery(query).execute();
```

使用 JDO 更新对象的一种方式是抓取对象，然后在返回该对象的 PersistenceManager 仍然处于打开状态的情况下对该对象进行修改。当关闭 PersistenceManager 时，会保留修改。例如，如下代码：

```
public void updateEmployeeTitle(User user, String newTitle) {
    PersistenceManager pm=PMF.get().getPersistenceManager();
    try {
        Employee e=pm.getObjectById(Employee.class, user.getEmail());
        if (titleChangeIsAuthorized(e, newTitle) {e.setTitle(newTitle); }
        else{throw new UnauthorizedTitleChangeException(e, newTitle); }
    } finally {pm.close(); }
}
```

因为 Employee 实例是由 PersistenceManager 返回的，所以 PersistenceManager 已知对 Employee 上的持久字段所做的任何修改，并将在 PersistenceManager 关闭时自动使用这些修改更新数据存储区。PersistenceManager 已知进行这些修改的原因是 Employee 实例已"附件"到 PersistenceManager。

也可以通过将数据类声明为可分离的，在 PersistenceManager 关闭后对该对象进行修改。为此，需要在数据类 @PersistenceCapable 批注添加 detachable 属性，其值为 true。例如，对于图 15-3 中定义的数据类 Employee 进行下面的修改：

```
@ PersistenceCapable(identityType=IdentityType.APPLICATION, detachable="true")
public class Employee {...}
```

现在可以在载入 Employee 对象的 PersistenceManager 关闭后读取和写入该对象的字段。下面给出了说明分离对象的作用的代码：

```
public Employee getEmployee(User user) {
    PersistenceManager pm=PMF.get().getPersistenceManager();
    pm.setDetachAllOnCommit(true);
    try {e=pm.getObjectById(Employee.class, "Alfred.Smith@example.com"); }
    finally {pm.close();}
    return e;
}
public void updateEmployeeTitle(Employee e, String newTitle) {
    if (titleChangeIsAuthorized(e, newTitle) {
        e.setTitle(newTitle);
        PersistenceManager pm=PMF.get().getPersistenceManager();
        try {pm.makePersistent(e); }
        finally pm.close(); }
    } else {throw new UnauthorizedTitleChangeException(e, newTitle); }
}
```

分离对象是创建数据传输对象的一种良好的替代选择。有关使用分离对象的详细信息，请参考文献[49]。

关于从数据存储区中删除对象，调用 PersistenceManager 的 deletePersistent()方法即可。

（2）查询和索引。查询 API 支持多种调用样式，可以使用 JDOQL 字符串语法在字符串中指定一个完整的查询，还可以通过对查询对象调用方法来指定查询的一部分或全部。

```
import java.util.List;
import javax.jdo.Query;
    Query query=pm.newQuery(Employee.class);
    query.setFilter("name==namePara");
    query.setOrdering("hireDate desc");
    query.declareParameters("String namePara");
    List<Employee>results= (List<Employee>)query.execute("Smith");
```

在上面的代码中，首先新建一个对 Employee 数据类的查询对象 query，然后设置 query 对象的过滤条件是 name＝namePara，设置排序方式是 hireDate desc，声明 namePara 为 String 类型的参数。最后执行查询，给出参数值并返回数据到 List 列表中。对于这种查询方式，也可以通过字符串语法来实现，代码如下：

```
Query query=pm.newQuery("SELECT FROM Employee"+
                        "WHERE name==namePara"+
```

```
                            "ORDER BY hireDate DESC"+
                            "PARAMETERS String namePara");
List<Employee>results= (List<Employee>)query.execute("Smith");
```

同样也可以使用混合的定义查询样式。例如：

```
Query query=pm.newQuery(Employee.class,
"name=namePara ORDER BY hireDate DESC");
query.declareParameters("String namePara");
List<Employee>results= (List<Employee>)query.execute("Smith");
```

查询条件可以设置过滤条件，过滤条件指定字段名称、运算符和值。值必须由应用程序提供，它不能引用其他属性或按照其他属性计算。目前支持的运算符有：$<$，$<=$，$==$，$>=$，$>$。实体必须匹配所有的过滤条件才可成为返回结果。在 JDOQL 字符串语法中，用 $\&\&$ 逻辑"与"分割指定多个过滤条件，不支持其他逻辑组合。由于 Google App Engine 数据存储区执行查询的方式，单个查询无法对多个属性使用不等过滤条件（$<$、$<=$、$>=$ 和 $>$）。但允许对同一属性使用多个不等过滤条件。

在查询中指定排序条件，返回结果将以给定的顺序进行排序。如果没有为查询指定排序顺序，则结果将按照其实体键排序。考虑到 Google App Engine 的查询方式，如果查询对一个属性指定了不等过滤条件并对其他属性指定了排序顺序，则使用不等过滤条件的属性必须在其他属性之前排序。

查询可指定要返回到应用程序的结果的范围。范围可指定在完整结果集中哪个结果应最先返回，哪个应最后返回（使用数字索引，第一个结果从 0 开始）。对于起始偏移，数据存储区必须检索后再丢弃起始偏移前的所有结果。例如，对于 query.setRange(5,10)，首先从数据存储区抓取 10 个结果，然后丢弃前 5 个并返回剩余的 5 个结果到应用程序。

JDO Extent 表示特定类在数据存储区中的每个对象。可使用 PersistenceManager 的 getExtent() 方法开始 Extent。Extent 类可实现用于访问结果的 Iterable 接口。对结果的访问结束后，可调用 closeAll() 方法。Extent 可批量检索结果，并可超出查询的 1000 条结果的配额限制。

下面代码示例循环访问数据存储区中的每一个 Employee 对象：

```
import java.util.Iterator;
import javax.jdo.Extent;
    Extent extent=pm.getExtent(Employee.class, false);
    for (Employee e : extent) {…}
    extent.closeAll();
```

Google App Engine 数据存储区会为应用程序进行的每个查询保留一个索引。当应用程序对数据存储区实体做出更改时，数据存储区会使用正确的结果更新索引。当应用程序执行查询时，数据存储区会直接从相应的索引中抓取结果。关于索引的详细内容，请参考文献[20]。

Java 持久 API(JPA)是一个用于将包含数据的对象存储在关系数据库中的标准接口。该标准定义用于对 Java 对象进行批注、通过查询检索对象，并使用事务与数据库交互的接口。使用 JPA 接口的应用程序可以在不使用任何供应商特定的数据库代码的情况下使用不同的数据库。JPA 可以轻松地在不同的数据库供应商之间移植应用程序。有关 JPA 的详细信息,请参考文献[49]。

（3）事务处理。Google App Engine 支持事务处理。事务是一项或一系列数据存储区操作,这些操作要么全部成功,要么全部失败。如果事务成功完成,则会对数据存储区产生所有预期的作用。如果事务失败,则不会起任何作用。

假设,需要对 Employee 数据类对象的 counter 属性进行＋1 操作。具体代码如下:

```
Key k=KeyFactory.createKey("Employee", "k12345");
Employee e=pm.getObjectById(Employee.class, k);
e.counter+=1;
pm.makePersistent(e);
```

如果不使用事务,则在抓取对象之后和保持修改的对象之前,其他用户可能会更新该值,则最后的更新数据将会覆盖被其他用户更新的新值。使用事务可以避免类似情况的发生。

事务的另一个常见用途,是使用命名的键更新实体,或当实体不存在时创建实体,请看下面的代码:

```
// PersistenceManager pm= ...;
Transaction tx=pm.currentTransaction();
String id="jj_industrial";
String companyName="J.J. Industrial";
try {tx.begin();
    Key k=KeyFactory.createKey("SalesAccount", id);
    SalesAccount account;
    try {account=pm.getObjectById(Employee.class, k);}
    catch (JDOObjectNotFoundException e) {
        account=new SalesAccount();
        account.setId(id);
    }
    account.setCompanyName(companyName);
    pm.makePersistent(account);
    tx.commit();
} finally {
    if (tx.isActive()) {tx.rollback();}
}
```

如果其他用户尝试使用相同的字符串 ID 创建或更新实体,则需要使用事务来处理这种情况。在不使用事务的情况下,如果实体不存在,且两个用户都尝试创建该实体,第二个用户将覆盖第一个用户的实体,且不知道发生了此情况。如果使用事务,第二个用户的尝试会发生原子失败,并且可由应用程序重试,以抓取新实体并进行更新。

5. Google App Engine 服务

Java 运行时环境为以下 Google App Engine 服务提供了 API。

（1）内存缓存 Memcache。内存缓存可以加快常用数据存储区查询的速度。如果许多请求进行具有相同参数的相同查询，并且对结果所做的更改不需要立即显示在网站上，则应用程序可以将结果缓存在 Memcache 中。后续请求可以检查 Memcache，只有在结果不存在或过期的情况下才执行数据存储区查询。会话数据、用户首选项以及在站点的大多数页面上执行的任何其他查询都是不错的缓存候选项。

默认情况下，存储在 Memcache 的数据会保留尽可能长的时间。因为内存压力而需要清除一些数据时，采用的是 LRU 策略。应用程序可以向 Memcache 中的数据提供一个过期时间，过期时间可以是相对时间或绝对时间。

Memcache Java API 实现 JCache 接口，JCache 提供一个类似于地图的接口来缓存数据。可以使用键在缓存中存储和检索值，键和值可以是任何 Serializable 类型或类。下面给出了使用 JCache 缓存数据的代码示例：

```
import java.util.Collections;
import javax.cache.Cache;
import javax.cache.CacheException;import javax.cache.CacheManager;
Cache cache;
try {
    cache=CacheManager.getInstance().getCacheFactory().createCache(Collections.
    emptyMap());
} catch (CacheException e) {...}
String key;
byte[] value;
cache.put(key, value);                 //将 value 放入 Memcache 中
value= (byte[]) cache.get(key);        // 从 Memcache 中获取 value
```

（2）网址抓取。Google App Engine 应用程序可以与其他应用程序进行通信或通过抓取网址访问网络上的其他资源。通过加载 Java 标准库中的 java.net.URLConnection 和相关类，可以使用 Java 应用程序创建 HTTP 和 HTTPS 连接。

获取某网址的页面内容的一种简单方法是创建 java.net.URL 对象，然后调用其 openStream()方法。该方法处理创建连接的详情，发出 HTTP GET 请求，然后检索响应数据。

```
import java.net.MalformedURLException;
import java.net.URL;
import java.io.BufferedReader;
import java.io.InputStreamReader;
import java.io.IOException;
try { URL url=new URL("http://www.example.com/atom.xml");
    BufferedReader reader=
```

```
                        new BufferedReader(new InputStreamReader(url.openStream()));
        String line;
        while ((line=reader.readLine()) !=null) {...}
        reader.close();
    } catch (MalformedURLException e) {...}
    catch (IOException e) {...}
```

对于更复杂的请求，可以调用网址对象的 openConnection()方法获取 URLConnection 对象（HttpURLConnection 或 HttpsURLConnection）。要进行请求时，可以调用 URLConnection 中的方法，如 getInputStream()或 getOutputStream()。

以下示例通过某些表单数据对网址发出 HTTP POST 请求：

```
import java.net.HttpURLConnection;
import java.net.MalformedURLException;
import java.net.URL;
import java.net.URLEncoder;
import java.io.BufferedReader;
import java.io.InputStreamReader;
import java.io.IOException;
import java.io.OutputStreamWriter;
//...
String message=URLEncoder.encode("my message", "UTF-8");
try { URL url=new URL("http://www.example.com/comment");
    HttpURLConnection connection= (HttpURLConnection) url.openConnection();
    connection.setDoOutput(true);
    connection.setRequestMethod("POST");
    OutputStreamWriter writer=new OutputStreamWriter(connection.getOutputStream());
    writer.write("message="+message);
    writer.close();
    if (connection.getResponseCode()==HttpURLConnection.HTTP_OK) {// OK }
    else {// Server returned HTTP error code. }
} catch (MalformedURLException e) {...}
catch (IOException e) {...}
```

（3）邮件服务。邮件服务 Java API 支持 JavaMail（javax. mail）接口来发送电子邮件。创建 JavaMail 会话时，无须对 SMTP 服务器进行任何配置。Google App Engine 将始终使用邮件服务来发送电子邮件。

```
import java.util.Properties;
import javax.mail.*;
//...
Properties props=new Properties();
Session session=Session.getDefaultInstance(props, null);
String msgBody="...";
try { Message msg=new MimeMessage(session);
```

```
msg.setFrom(new InternetAddress("admin@example.com"));
msg.addRecipient(Message.RecipientType.TO,
    new InternetAddress("user@example.com", "Mr. User"));
msg.setSubject("Your Example.com account has been activated");
msg.setText(msgBody);
Transport.send(msg);
} catch (AddressException e) {...}
catch (MessagingException e) {...}
```

（4）图像。通过图像服务 Java API，可以使用服务而不是在应用程序服务器上执行图像处理，从而对图像应用转换。应用程序准备了一个带有要转换图像数据的 Image 对象，以及带有图像转换说明的 Transform 对象。应用程序获得 ImagesService 对象，然后对 Image 对象和 Transform 对象调用其 applyTransform()方法。该方法返回已转换图像的 Image 对象。

应用程序使用 ImagesServiceFactory 获取 ImagesService、Image 和 Transform 实例。下面给出了重置图像大小的代码：

```
import com.google.appengine.api.images.Image;
import com.google.appengine.api.images.ImagesService;
import com.google.appengine.api.images.ImagesServiceFactory;
import com.google.appengine.api.images.Transform;
//...
byte[] oldImageData; //…
ImagesService imagesService=ImagesServiceFactory.getImagesService();
Image oldImage=ImagesServiceFactory.makeImage(oldImageData);
Transform resize=ImagesServiceFactory.makeResize(200, 300);
Image newImage=imagesService.applyTransform(resize, oldImage);
byte[] newImageData=newImage.getImageData();
```

首先，读取图像文件，通过 ImageServiceFactory 获取 ImageService 实例和 Image 实例。然后获取 Transform 实例，设定该实例的参数等，调用 ImageService 实例的 applyTransform 方法获取新的 Image 实例。最后返回新图像的数据。

（5）Google 账户。可以通过 Request 请求对象的 getUserPrincipal()方法测试用户是否使用 Google 账户登录，并获取使用标准 Servlet API 的用户电子邮件地址。可以使用 UserService 用户服务来生成登录和退出的网址。

```
import java.io.IOException;
import javax.servlet.http.HttpServlet;
import javax.servlet.http.HttpServletRequest;
import javax.servlet.http.HttpServletResponse;
import com.google.appengine.api.users.UserService;
import com.google.appengine.api.users.UserServiceFactory;
public class MyServlet extends HttpServlet {
    public void doGet(HttpServletRequest request, HttpServletResponse response)
```

```
        throws IOException {
    UserService userService=UserServiceFactory.getUserService();
    String thisURL=request.getRequestURI();
    if (request.getUserPrincipal() !=null) {
        response.getWriter().println("<p>Hello, "
            +request.getUserPrincipal().getName()+"! You can<a href=\""
            +userService.createLogoutURL(thisURL)+"\">sign out</a>.</p>");
    } else {
        response.getWriter().println("<p>Please<a href=\""
            +userService.createLoginURL(thisURL)+"\">sign in</a>.</p>");
    }
  }
}
```

15.2.2　Google App Engine Python SDK 使用

Google App Engine Python 应用程序使用 CGI 标准和网络服务器通信。当服务器收到来自应用程序的请求时，它使用环境变量和标准输入流中的请求数据运行应用程序。为了做出响应，应用程序会向标准输出流写入响应，包括 HTTP 标头和内容。

关于 Google App Engine Python SDK 的使用，首先从 HelloWorld 示例程序作为切入点开始介绍基于 Google App Engine 平台的 Python 应用程序开发过程，然后介绍应用程序的配置说明，最后介绍开发 Python 应用程序的 webapp 框架。在 webapp 框架中，对如何处理表单和使用数据存储区进行了简单的介绍。关于 Python 数据存储区和服务的更多内容，请参考文献[20]。

1. HelloWorld 开发入门

对于使用 Python SDK，首先通过 HelloWorld 程序来对 Python 有个概况性的了解。

创建一个名为 helloworld 的目录，所有的 Python 应用程序文件都将放在该目录下。在 helloworld 目录，创建名为 helloworld.py 的文件，然后输入如下文件内容：

```
print 'Content-Type:text/plain'
print ''
print 'Hello,world! '
```

helloworld.py 文件会对带有描述正文、空行和"Hello,world!"消息的 HTTP 头的请求做出响应。

Google App Engine 应用程序中包含名为 app.yaml 的配置文件。该文件的语法为 YAML。除其他内容外，该配置文件还将网址映射到处理程序脚本。输入下面的内容到 app.yaml 配置文件中。

```
application: helloworld
version: 1
```

```
runtime: python
api_version: 1

handlers:
-url: /.*
script: helloworld.py
```

从上至下,该配置文件描述了有关该应用程序的以下内容。

(1) 应用程序标识符为 helloworld。当上传时,需要使用 Google App Engine 注册的应用程序 ID 更新该值。在开发过程中,该值可以是任意内容。

(2) 应用程序版本号 1。如果在上传新版本的应用程序之前调整了版本号,Google App Engine 将会保留之前的版本,并可通过管理控制台回滚到之前的版本。

(3) 该代码运行于 Python 运行时环境,版本号为 1。将来可能支持其他运行时环境和语言。

(4) 对路径与正则表达式/. * 匹配的网址的所有请求应由 helloworld. py 脚本进程处理。

用处理程序脚本和配置文件将每个网址映射到处理程序后,应用程序就完成了。可以使用 Google App Engine Python SDK 附带的网络服务器对其进行测试。

用以下命令启动网络服务器,向其提供到 helloworld 目录的路径:

```
google_appengine/dev_appserver.py helloworld/
```

网络服务器正在运行,在端口 8080 监听。通过 http://localhost:8080/访问应用程序。

或者,通过 Python 的 Google App Engine Lanucher 工具,添加或新建一个 Web 应用程序,然后选择应用程序目录的路径。最后启动网络服务器,浏览应用程序即可。

2. 应用程序配置

在 HelloWorld 入门程序中,我们对应用程序配置文件 app. yaml 文件有了大概的了解。app. yaml 文件必须包括以下各元素中的一个。

(1) application:应用程序标识符。这是在管理控制台中创建应用程序时选定的标识符。

(2) version:应用程序的版本分类符。Google App Engine 为使用的每个 version 保留一份应用程序副本。管理员可以使用管理控制台更改应用程序的哪个主版本是公共的,并可以先测试非公共版本,再将非公共版本变成公共版本。

应用程序的每个版本都会保留其自身的 app. yaml 副本。当上传应用程序时,将通过上传创建或替换正在上传的 app. yaml 文件中提到的版本。

(3) runtime:指定应用程序使用的 Google App Engine 运行时环境的名称。对于 Python 语言,Google App Engine 的运行时环境是 Python。

(4) api_version:指定应用程序在运行时环境中使用的 API 版本。当 Google 发布运行时环境 API 新版本时,应用程序可以通过 api_version 对该应用程序的 API 进行升级。

如果要升级应用程序到新 API，则要更改该值并上传已升级的代码。

（5）handlers：网址样式及其处理方式说明的列表。Google App Engine 可以通过执行应用程序代码，或通过提供与代码一起上传的静态文件（如图像、CSS 或 JavaScript）来处理网址。根据样式在 app.yaml 中的显示顺序从上到下对其进行评估。样式与网址匹配的第一个映射将用于处理请求。

有两种处理程序：脚本处理程序和静态文件处理程序。脚本处理程序在应用程序中运行 Python 脚本以确定指定网址的响应。静态文件处理程序以返回文件的内容作为响应。

对于脚本处理程序，映射定义要匹配的网址样式和要执行的脚本，属性分别为 url 和 script。作为正则表达式（Regular Expression）的网址样式，可以通过反向引用包括可在脚本的文件路径中参考的分组。例如，/profile/(.＊?)/(.＊)可能与网址/profile/edit/manager 匹配，并使 edit 和 manager 作为第一个和第二个分组。

```
handlers:
-url: /profile/(.＊?)/(.＊)
script: /employee/\2/\1.py
```

对于 script 脚本路径，从应用程序根目录开始。对于上面的示例代码，对 edit 和 manager 分组，脚本路径/employee/\2/\1.py 使用完整路径/employee/manager/edit.py。

静态文件处理程序说明了应用程序目录中的哪些文件为静态文件，以及为哪些网址提供静态文件。为了提高效率，App Engine 将应用程序文件和静态文件单独存储和提供。静态文件在应用程序的文件系统中不可用。如果需要由应用程序读取数据文件，数据文件必须是应用程序文件，且必须和静态文件样式不匹配。可以使用顶级元素 default_expiration 来定义应用程序的所有静态文件处理程序的全局默认缓存周期。

```
application: myapp
version: 1
runtime: python
api_version: 1
default_expiration: "4d 5h"
handlers: # ...
```

上面的配置默认缓存周期为 4 天 5 小时。default-expiration 的值是一串数字和单位，由空格分隔组成的。其中单位可以用 d 代表天、h 代表小时、m 代表分钟、s 代表秒。需要注意的是，default-expiration 为可选项，如果被忽略，默认行为是允许浏览器确定其自身的缓存持续时间。

目前有两种方式定义静态文件处理程序，分别为作为映射到网址路径的静态文件目录结构的静态目录处理程序和作为将网址映射到特定文件的静态文件样式处理程序。使用静态目录处理程序可以轻松将目录中的全部内容作为静态文件来提供。除了被目录的 mime_type 设置覆盖，目录中所有其他文件都使用与其文件扩展名对应的 MIME 类型提供。指定目录中的所有文件会作为静态文件上传，没有文件可以作为脚本运行静态目录处理程序通常包含以下 4 个属性。

（1）url：网址前缀。采用正则表达式语法，但它不包含分组。所有以该前缀开头的网址都由该处理程序处理，将前缀后面的部分网址用做文件路径的一部分。

（2）static_dir：静态文件目录的路径，从应用程序根目录开始。匹配的 url 样式末尾的所有内容附加到 static_dir 以形成到请求文件的完整路径。该目录下的所有文件都作为静态文件由应用程序上传。

（3）mime_type：可选项。如果指定，将使用指定的 MIME 类型提供该处理程序提供的所有文件。如果未指定，文件的 MIME 类型将取自该文件的文件扩展名。

（4）expiration：可选项。如果被忽略，将使用应用程序的 default_expiration。具体说明和 default_expiration 一样。

静态文件样式处理程序将网址样式与使用应用程序上传的静态文件的路径相关联。网址样式正则表达式可以定义在文件路径的结构中使用的正则表达式分组。可以使用网址样式来映射到目录结构中特定文件，而不是整个目录。如果静态文件路径与动态处理程序中使用的脚本的路径匹配，则该动态处理程序将无法使用此脚本，以下是静态文件样式处理程序的几个重要属性。

（1）url：网址样式，作为正则表达式。表达式可以通过正则表达式反向引用包含可在脚本的文件路径中参考的分组。例如，/item-(.＊?)/category-(.＊)可能与网址/item17/category-fruit 匹配，并使用 17 和 fruit 作为第一个和第二个分组。

```
handlers:
-url: /item- (.＊?)/category- (.＊)
static_files: archives/\2/items/\1
```

（2）static_files：与网址样式匹配的静态文件的路径，从应用程序根目录开始。路径可以参考网址样式的分组中匹配的文本。例如，archives/\2/items/\1 分别在\2 和\1 位置插入匹配的第二和第一个分组。采用以上示例中的样式，文件路径应当为 archives/fruit/items/17。

（3）upload：与该处理程序将引用的所有文件的文件路径匹配的正则表达式。该表达式是必需的，因为处理程序无法确定应用程序目录中哪些文件与指定 url 和 static_files 样式相对应。静态文件的上传和处理与应用程序文件相独立。以上示例可能使用的upload 样式为 archives/(.＊?)/items/(.＊)。

mime_type 和 expiration 参考前面的静态目录处理程序的描述。关于应用程序配置的其他内容在此不再叙述。具体参考文献[175]。

3. webapp 框架

CGI 标准很简单，但是手动编写使用该标准的所有代码将非常麻烦。网络应用程序框架可以处理这些琐碎的事情，以便开发人员将精力集中在应用程序的功能上。Google App Engine 支持用纯 Python 编写的任何框架，包括 Django、CherryPy、Pylons 和web.py。可以通过将应用程序代码复制到应用程序目录来捆绑所选框架和应用程序代码。

App Engine 包括简单网络应用程序框架，称为 webapp。webapp 框架已安装在 Google App Engine 环境和 SDK 中。

一个 webapp 应用程序包含 3 部分。

（1）一个或多个 RequestHandler 类，用于处理请求和构建响应。

（2）一个 WSGIApplication 实例，按照网址将收到的请求发送给处理程序。

（3）一个主要例行程序，用于使用 CGI 适配器运行 WSGIApplication。

现在对 HelloWorld 入门程序进行修改，并且使用 Google App Engine 的用户服务功能。用图 15-5 中的代码替代 helloworld. py 文件。

```
from google.appengine.api import users
from google.appengine.ext import webapp
from google.appengine.ext.webapp.util import run_wsgi_app

class MainPage(webapp.RequestHandler):
    def get(self):
        user = users.get_current_user()
        if user:
            self.response.headers['Content-Type'] = 'text/plain'
            self.response.out.write('Hello, '+ user.nickname())
        else:
            self.redirect(users.create_login_url(self.request.uri))
application = webapp.WSGIApplication([('/',MainPage)],debug=True)

def main():
    run_wsgi_app(application)
if __name__ == "__main__":
    main()
```

图 15-5　使用用户服务的 webapp 框架代码

webapp 模块位于 google. appengine. ext 包中。SDK 以及生产运行时环境均提供该模块。该代码定义一个映射到根网址（/）的请求处理程序 MainPage。当 webapp 收到网址/的 HTTP GET 请求时，它会将 MainPage 类实例化并调用该实例的 get 方法。在 get 方法中，首先调用 users 的 get_current_user()方法获取当前登录 Google 账户。如果登录则返回 User 对象，否则返回 None。如果使用 Google 账户登录应用程序，则调用 self. response 设置响应属性，并输出 user 的 nickname()返回值。当没有登录时，通过 users 的 create_login_url()创建登录 URL 并重定向到该 URL 页面。应用程序本身有 webapp. WSGIApplication 实例表示。如果处理程序遇到错误或引发未捕获的异常，则传递给其构造函数的参数 debug＝true 将通知 webapp 将堆栈记录打印到浏览器输出。函数 run_wsgi_app()使用 WSGIApplication 实例并在 Google App Engine 的 CGI 环境中运行此实例。

对于 webapp 框架，也完全可以使用表单和数据存储区。可在 HelloWorld 的基础上实现留言功能。首先定义一个 Greeting 类，其代码如图 15-6 所示。对于留言簿程序，我们希望存储问候语的作者姓名、消息内容和消息发布日期和时间。Google App Engine 中包括了针对 Python 的数据建模 API，要使用 API 则需要导入 google. appengine. ext. db 模块。对于问候语数据模型，定义了值为 User 对象类型的 author、值为字符串类型的

content 以及值为 datetime. datetime 的 date。有些属性构造函数中提供了一些参数，如 StringProperty 的参数为 multiline＝True，为 DateTimeProperty 构造函数提供 auto_now _add＝True 参数会将模型配置为创建对象时自动为新对象提供 date。

```
from google.appengine.ext import db

class Greeting(db.Model):
    author = db.UserProperty()
    content = db.StringProperty(multiline=True)
    date = db.DateTimeProperty(auto_now_add=True)
```

图 15-6　Greeting 类 Python 代码

定义完 Greeting 数据模型后，需要定义一个处理程序 Guestbook，将 Greeting 问候语存储到数据存储区中。Guestbook 代码如图 15-7 所示。创建一个新的 Greeting 对象，并赋值。最后调用 greeting. put()将对象保存到数据存储区中。

```
class Guestbook(webapp.RequestHandler):
    def post(self):
        greeting = Greeting()
        if users.get_current_user():
            greeting.author = users.get_current_user()
        greeting.content = self.request.get('content')
        greeting.put()
        self.redirect('/')
```

图 15-7　Guestbook 类 Python 代码

数据存储到数据存储区之后，需要将数据从数据存储区中读出。对此，Google App Engine 提供了 GQL 的查询语言，类似于 SQL。GQL 使用一种熟悉的语法提供对 Google App Engine 数据存储区查询引擎功能的访问。对 HelloWorld 程序的 MainPage 类进行修改以进行数据存储区的读数据操作，修改后的 MainPage 类代码如图 15-8 所示。

为了查询 Greeting 数据，再调用 db 的 GqlQuery 方法，并提供一个类似于 SQL 的 GQL 语言。同时，也可以调用 Greeting 类中的 gql()方法。

```
Greetings=Greeting.gql("ORDER BY date DESC")
```

GQL 查询可以含有 WHERE 子句，以提供基于属性值的按一个或多个条件过滤结果集。与 SQL 不同的是 GQL 查询不能含有常量值，需要对查询中所有值使用参数绑定。例如，要获取当前用户的问候语：

```
if users.get_current_user():
    greetings=Greeting.gql("WHERE author=:1 ORDER BY date DESC",
                            users.get_current_user())
```

还可以使用命名参数而不是位置参数：

```
if users.get_current_user():
    greetings=Greeting.gql("WHERE author=:author ORDER BY date DESC",
```

```
                                    author=users.get_current_user())
```

除了 GQL，数据存储区 API 还提供了使用方法构建查询对象的其他机制。例如，对于上述查询还可以通过下面的代码实现：

```
greetings=Greeting.all()
greetings.filter("author=",users.get_current_user())
greeting.order("-date")
```

```
class MainPage(webapp.RequestHandler):
    def get(self):
        self.response.out.write('<html><body>')
        greetings = db.GqlQuery("SELECT * FROM Greeting ORDER BY date DESC")
        for greeting in greetings:
            if greeting.author:
                self.response.out.write('<b>%s</b> wrote:'
                                % greeting.author.nickname())
            else:
                self.response.out.write('<b>An anonymous person wrote:<b>')
            self.response.out.write('<blockquote>%s</blockquote>'
                                % cgi.escape(greeting.content))
        user = users.get_current_user()
        if user:
            self.response.out.write('%s,<a href="%s">logout</a>'
                            %(user.nickname(),users.create_logout_url(self.request.uri)))
        else:
            self.response.out.write('<a href="%s">sign in</a>'
                            %users.create_login_url(self.request.uri))
        self.response.out.write("""
            <form action="/sign" method="post">
                <div><textarea name="content" row="3" cols="60"></textarea></div>
                <div><input type="submit" value="Sign Guestbook"/></div>
            </form></body></html>""")
```

图 15-8　修改后的 MainPage 类 Python 代码

在该程序中使用 webapp 处理表单。图 15-8 中，定义了 method 为 POST 的表单，action 值为/sign。重新定义 application 如下：

```
application=webapp.WSGIApplication([('/',MainPage),('/sign',Guestbook)],debug=
True)
```

则将关于提交表单的处理程序交由 Guestbook 处理。

由于篇幅的限制，更多关于 Python 数据存储区的细节，参考文献[20]。

15.3　基于 Google App Engine 的应用程序开发实例

本节将通过一个留言板程序 Guestbook，着重介绍使用 Java SDK 开发 Google App Engine 应用程序的细节。通过 Guestbook 实例，希望能够达到快速学习 Java SDK 的目的。对于留言板程序，主要功能包括可以匿名或通过 Google 账户提交留言，显示全部的留言内容，并删除留言信息。关于其他功能，读者可以参考相关内容，在此基础上进行完善。

打开 Eclipse 开发环境,单击菜单栏"新建 Web 应用程序"。输入项目名称 Guestbook,在 Google SDKs 部分,取消选中使用 GWT,确定即可完成项目的创建。如果没有配置 Eclipse 环境和安装 Google App Engine SDK,请参见第 15.1.2 小节关于 Google App Engine Java 环境配置过程。

定义数据类模型,由于需要将留言内容持久性存储到数据存储区中,并且使用 JDO 接口进行相关操作。定义 Greeting 留言类如图 15-9 所示。

```
package com.google;
import java.util.Date;
import javax.jdo.annotations.*;
import com.google.appengine.api.users.User;
@PersistenceCapable(identityType=IdentityType.APPLICATION)
public class Greeting {
    @PrimaryKey
    @Persistent(valueStrategy = IdGeneratorStrategy.IDENTITY)
    private Long id;
    @Persistent
    private User author;
    @Persistent
    private String title;
    @Persistent
    private String content;
    @Persistent
    private Date date;
    public Greeting(User user,String title,String content){
        this.author = user;
        this.title = title;
        this.content = content;
        this.date = new Date();
    }
    public Long getId(){return this.id;}
    public void setAuthor(User user){this.author = user;}
    public User getAuthor(){return this.author;}
    public void setTitle(String title){this.title = title;}
    public String getTitle(){return this.title;}
    public void setContent(String content){this.content = content;}
    public String getContent(){return this.content;}
    public void setDate(Date date){this.date = date;}
    public Date getDate(){return this.date;}
}
```

图 15-9   Greeting 数据类实现

对于 Greeting 类,首先要添加批注@PersistenceCapable,并且 IdentityType 指定为 APPLICATION。Greeting 类包括 id、author、title、content 和 date 字段。批注 id 字段为 @PrimaryKey 和@Persistent,其中@Persistent 批注声明 id 值是由系统自动生成的,指定 valueStrategy = IdGeneratorStrategy.IDENTITY。其他字段添加@Persistent 批注。

在 Guestbook 项目的/war 目录下,新建 index.jsp 文件。并添加表单,代码如下:

```
<form action="/sign" method="post">
    <div><input name="title" type="text" size="60"/></div>
    <div><textarea name="content" rows="4" cols="60"></textarea></div>
    <div><input type="submit" value="Submit"></input></div>
```

```
</form>
```

定义 form 的 method 为 POST,action 为/sign。对于/sign 映射到相应的 Servlet 类,后面会定义相关的 Servlet 类处理该表单。

在 index. jsp 文件中,添加用户服务代码。调用 UserServiceFactory 获取一个 UserService 实例,通过 UserService 实例获取当前登录用户 User 实例。如果 User 实例为空,则可以创建一个登录 URL 登录 Google 账户。如果 User 实例非空,则创建一个退出 URL。代码如下:

```
<%
UserService userServ=UserServiceFactory.getUserService();
User user=userServ.getCurrentUser();
if(user==null)
    response.getWriter().println("Please<a href='"
        +userServ.createLoginURL(request.getRequestURI())+"'>Sign in</a>");
else {
    response.getWriter().println(user.getNickname()+", you can<a href='"+
        userServ.createLogoutURL(request.getRequestURI())+"'>logout</a>");
}
%>
```

根据前面所介绍的,初始化 PersistenceManagerFactory 的代价比较高,因此必须确保在应用程序的生命周期内只获取一次实例,为此建立了 PMF 类,具体代码如图 15-4 所示。在/src 目录下新建一个 PMF 类即可。

接下来需要定义处理提交表单的 Servlet 类。在项目的/src 目录下,添加一个 Servlet 类,package 为 com. google,类名为 SubmitGreetingServlet。由于之前定义的提交留言的表单的 method 属性值为 POST,因此需要在 SubmitGreetingServlet 的 doPost 方法中实现处理。获取当前的 User 实例,并通过 HttpServletRequest 的 getParameter 方法,得到表单中的数据。创建一个 Greeting 类实例。通过 PMF 类返回一个 PersistenceManagerFactory 实例,并通过 getPersistenceManager 方法获得该实例上的 PersistenceManager。调用 PersistenceManager 的 makePersistent 方法持久化存储 Greeting 实例。最后关闭 PersistenceManager 实例。具体实现代码如下所示:

```
import com.google.Greeting;
import com.google.PMF;
// …
public class SubmitGreetingServlet extends HttpServlet {
    public void doPost(HttpServletRequest req, HttpServletResponse resp)
                throws IOException{
        UserService userServ=UserServiceFactory.getUserService();
        User user=userServ.getCurrentUser();
        String title=req.getParameter("title");
        String content=req.getParameter("content");
```

```
if(title==null) {title="No title";}
if(content==null) {content="No greeting.";}
Greeting greeting=new Greeting(user,title,content);
PersistenceManager pm=PMF.getPMF().getPersistenceManager();
try{ pm.makePersistent(greeting);}finally{pm.close();}
resp.sendRedirect("/");
    }
}
```

定义完 SubmitGreetingServlet 类之后，需要修改/war/WEB-INF/下的 web.xml，增加 servlet 和 servlet-mapping 两个元素，具体描述如下所示：

```
<servlet>
    <servlet-name>SubmitGreeting</servlet-name>
    <servlet-class>com.google.SubmitGreetingServlet</servlet-class>
</servlet>
<servlet-mapping>
    <servlet-name>SubmitGreeting</servlet-name>
    <url-pattern>/sign</url-pattern>
</ servlet-mapping >
```

至此，关于提交留言的功能就实现了。下面实现显示留言的功能，打开 index.jsp 文件，添加以下代码：

```
<%
PersistenceManager pm=PMF.getPMF().getPersistenceManager();
Query query=pm.newQuery(Greeting.class);
query.setOrdering("date DESC");
List<Greeting>greetings= (List<Greeting>)query.execute();
try{
    if(greetings.isEmpty()){
        response.getWriter().println("<p>The guestbook has no messages now!</p>");
    }else{
        for(Greeting g:greetings){
            if(g.getAuthor()==null){
                response.getWriter ().println ("<p>An anonymous people wrote:
                [<a href='/delGreeting? gid="+g.getId().toString()+"'>Delete</a
                >]</p>");
            }else{
                response.getWriter().println("<p>"+g.getAuthor().getNickname()
                    +"wrote:[<a href='/delGreeting? gid="
                    +g.getId().toString()+"'>Delete</a>]</p>");
            }
            response.getWriter().println("<blockquote><p>Title:"+g.getTitle()
                +"</p><p>"+g.getContent()+"</p><p>DateTime:"
                +g.getDate().toGMTString()+"</p></blockquote>");
```

```
            }
        }
    }finally{
        pm.close();
    }
    %>
```

对于上面的代码，首先要获取 PersistenceManager 实例。新建一个 Query 查询实例，设置排序 setOrdering("date DESC")。调用 Query 的 execute()执行查询返回结果以 List 形式存储。其次，输出 Greeting 结果。增加删除功能（<a href="/delGreeting? gid ＝GID">Delete</a>），输出 Greeting 结果的标题、正文、提交日期和账户信息。最后关闭 PersistenceManager 实例。

最后，定义删除功能的 Servlet 类 DeleteGreetingServlet。代码如下：

```
import com.google.PMF;
import com.google.Greeting;
//… …
public class DeleteGreetingServlet extends HttpServlet {
    public void doGet(HttpServletRequest req,HttpServletResponse resp)
            throws IOException{
        Long gid=Long.parseLong(req.getParameter("gid"));
        PersistenceManager pm=PMF.getPMF().getPersistenceManager();
        Transaction tx=pm.currentTransaction();
        try{
            tx.begin();
            Greeting g=pm.getObjectById(Greeting.class,gid);
            if(g==null){
                resp.getWriter().println("Delete unsucceed."); resp.sendRedirect
                ("/");
            }else{
                pm.deletePersistent(g); resp.sendRedirect("/");
            }
            tx.commit();
        }finally{
            if (tx.isActive()){tx.rollback();}
            pm.close();
        }
    }
}
```

在删除中，使用事务功能。首先，通过 HttpServletRequest 对象获取参数 gid 的值。初始化 PersistenceManager 并创建一个事务实例。调用 PersistenceManager 的 getObjectById()方法返回关键字为 gid 的 Greeting 结果。最后调用 PersistenceManager 的 deletePersistent()方法从数据存储区中删除数据，提交事务。如果失败，则执行事务回滚。

在 web. xml 中添加描述,将 DeleteGreetingServlet 映射到/delGreeting 网址上。代码如下:

```
<servlet>
    <servlet-name>DeleteGreeting</servlet-name>
    <servlet-class>com.google.DeleteGreetingServlet</servlet-class>
</servlet>
<servlet-mapping>
    <servlet-name>DeleteGreeting</servlet-name>
    <url-pattern>/delGreeting</url-pattern>
</ servlet-mapping>
```

留言板程序的整个功能就基本实现了,关于使用静态文件如 CSS、图像等内容,读者如果感兴趣,可以参考前面的介绍实现。

15.4　小结

Google App Engine 可以很好地部署应用程序,并且无须花费精力去维护服务器。Google App Engine 目前支持 Java 和 Python 语言。通过 Google App Engine 的 Java 运行时环境,使用标准 Java 技术(Java Servlet 或 JSP 等)构建应用程序。Google App Engine 还提供了专用的 Python 运行时环境,该环境包括一个快速 Python 解释器和 Python 标准库。Google App Engine 提供了一种沙盒机制,保证应用程序在安全环境中运行。Google App Engine 提供了一个强大的分布式数据存储服务,其中包含查询引擎和事务功能。数据存储区中的实体是无架构的,Java JDO/JPA 接口和 Python 数据存储区接口包括用于应用程序内应用和执行结构的功能。

对于 Java 运行时环境,应用程序通过标准的 Java Servlet 技术和网络服务器交互,通过定义 Servlet 或 JSP 来处理响应,同时还需要 web. xml 部署描述符对应用程序进行描述。Google App Engine 还需要 appengine-web. xml,用来描述如何部署和运行应用程序。对于 Python 运行时环境,应用程序采用的 CGI 和网络服务器交互,还可以使用 Google App Engine 提供的 webapp 框架设计应用程序。最后,无论是 Java 还是 Python 运行时环境,Google App Engine SDK 都提供了 Google App Engine 多种服务的 API。

习题

1. Google App Engine 的基本功能是什么?
2. 描述 Google App Engine 的沙盒安全机制。
3. Google App Engine 提供哪些服务?
4. 对 Java 运行时环境中的部署描述符进行简单描述。
5. 对 Java 运行时环境中的应用程序配置文件进行简单描述。

6. 介绍 Java 运行时环境中，主键字段都包含哪些类型，并对每个类型进行概述。

7. 介绍 Python 配置文件中所必需的元素，并说明每个元素。

8. Python 运行时环境中，关于静态文件包括哪两种处理方式？

9. Python 运行时环境中，介绍静态目录处理程序方式中各描述元素。

10. Python 运行时环境中，介绍静态文件样式处理程序方式中各描述元素。

11. 简单描述 Python webapp 框架。

第 16 章　基于 Windows Azure 系统的开发

随着云计算在工业界的火热,微软(Microsoft)公司也推出了自己云计算理念。微软公司认为未来的互联网世界应该是"云+端"的组合,在这个以云为中心的世界里,用户可以方便地使用各种终端设备诸如计算机、移动电话甚至是电视机等大家熟悉的电子产品访问云中的数据和应用。用户在访问云中服务的同时,还能得到完全相同的无缝体验。

Windows Azure 服务平台是一个基于微软公司的数据中心的 Internet 云计算服务平台。它提供了一个实时操作系统的开发和存储等一系列服务。更简单地说,Azure 就是微软公司实现云计算的平台,而微软公司在 IT 界的地位决定了这个平台成熟后将会有宽广的应用前景。

本章内容主要是围绕以下内容展开讨论的。第 16.1 节对微软云计算战略和云计算动态解决方案进行介绍。第 16.2 节介绍微软公司推出的最新云计算平台 Azure,分别对 Windows Azure 的体系结构和各部分的组件进行概要介绍。第 16.3 节说明应该如何使用 Windows Azure 进行云计算服务的开发和部署。第 16.4 节给出本章小结。

16.1　微软公司的云计算概述

16.1.1　微软公司的云计算战略

微软公司的云计算战略包括三大部分,目的是为自己的客户和合作伙伴提供 3 种不同的云计算运营模式。

(1) 微软运营。微软公司自己构建及运营公共云的应用和服务,同时向个人消费者和企业客户提供云服务。例如,微软公司向最终使用者提供的 Online Services 和 Windows Live 等服务。

(2) 伙伴运营。ISV/SI 等各种合作伙伴可基于 Windows Azure Platform 开发 ERP、CRM 等各种云计算应用,并在 Windows Azure Platform 上为最终使用者提供服务。另外一个选择是,微软公司运营在自己的云计算平台中的 Business Productivity Online Suite (BPOS)产品也可交由合作伙伴进行托管运营。BPOS 主要包括 Exchange Online、SharePoint Online、Office Communications Online 和 LiveMeeting Online 等服务。

(3) 客户自建。客户可以选择微软公司的云计算解决方案构建自己的云计算平台。微软公司可以为用户提供包括产品技术平台在内的全部管理。

而微软公司云计算战略的特点可以总结为以下 3 点。

(1) 软件+服务。在云计算时代,一个企业是否就不需要自己部署任何的 IT 系统,一切都从云中计算平台获取?或者反过来,企业还是像以前一样,全部的 IT 系统都自己部署,不从云中获取任何的服务?很多企业认为有些 IT 服务适合从云中获取,如 CRM、网络会议、电子邮件等；但有些系统不适合部署在云中，如自己的核心业务系统、财务系统等。因此，微软公司认为理想的模式将是"软件＋服务"，即企业既会从云中获取必需的服务，也会自己部署相关的 IT 系统。

"软件＋服务"可以简单描述为两种模式。

① 软件本身架构模式是软件加服务。例如，杀毒软件本身部署在企业内部，但是杀毒软件的病毒库更新服务是通过互联网进行的，即从云中获取。

② 企业的一些 IT 系统由自己构建，另一部分向第三方租赁、从云中获取服务。例如，企业可以直接购买软硬件产品，在企业内部自己部署 ERP 系统，而同时通过第三方云计算平台获取 CRM、电子邮件等服务，而不是自己建设相应的 CRM 和电子邮件系统。

（2）平台战略。为客户提供优秀的平台一直是微软公司的目标。在云计算时代，平台战略也是微软公司的重点。

在云计算时代，有 3 个平台非常重要，即开发平台、部署平台和运营平台。Windows Azure 平台是微软公司的云计算平台，其在微软公司的整体云计算解决方案中发挥关键作用。它既是运营平台，又是开发、部署平台；上面既可运行微软公司的自有应用，也可以开发部署用户或 ISV 的个性化服务；平台既可以作为 SaaS 等云服务的应用模式的基础，又可以与微软公司线下的系列软件产品相互整合和支撑。事实上，微软公司基于 Windows Azure 平台，在云计算服务和线下客户自有软件应用方面都拥有了更多样化的应用交付模式、更丰富的应用解决方案、更灵活的产品服务部署方式和商业运营模式。

（3）自由选择。为用户提供自由选择的机会是微软公司云计算战略的第三大典型特点。这种自由选择表现在以下 3 个方面。

用户可以自由选择传统软件或云服务两种方式。自己部署 IT 软件、采用云服务，或者两者都用。无论是用户选择哪种方式，都能很好地得到微软公司云计算的支持。

用户可以选择微软公司不同的云服务。无论用户需要的是 SaaS、PaaS 还是 IaaS，微软公司都有丰富的服务供其选择。微软拥有全面的 SaaS 服务，包括针对消费者的 Live 服务和针对企业的 Online 服务；也提供基于 Windows Azure 平台的 PaaS 服务；还提供数据存储、计算等 IaaS 服务和数据中心优化服务。用户可以基于任何一种服务模型选择使用云计算的相关技术、产品和服务。

用户和合作伙伴可以选择不同的云计算运营模式。用户和合作伙伴可直接应用微软公司运营的云计算服务；用户也可以采用微软公司的云计算解决方案和技术工具自建云计算应用；合作伙伴还可以选择运营微软公司的云计算服务或自己在微软公司云平台上开发云计算应用。

总体而言，云计算可以采用图 16-1 所示的微软公司云计算参考架构图中的架构。

16.1.2 微软公司的动态云计算解决方案

动态云解决方案是微软公司提供的基于动态数据中心技术的云计算优化和管理方案。企业可以基于该方案快速构建面向内部使用的私有云平台，服务提供商也可以基于该方案在短时间内搭建云计算服务平台对外提供服务。微软公司的动态云能够让用户自己动态管理数据中心的基础设施（包括服务器、网络和存储等），及其开通、配置和安装等。其核心价值在于,它可以帮助用户提高 IT 基础设施资源的利用效率,提升基础设施的应用和管理水平,实现计算资源的动态优化。

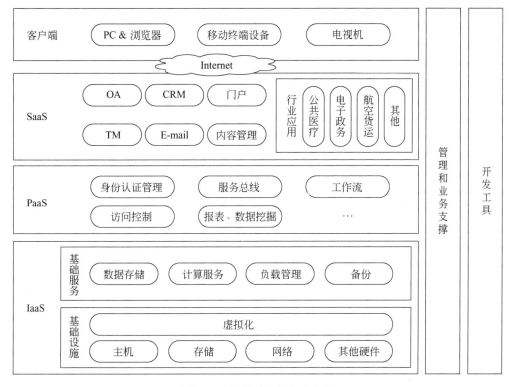

图 16-1 微软云计算参考架构

微软公司的动态云解决方案能够帮助企业创建虚拟环境来运行应用,用户可以按照需要弹性分配适当的应用配置,并且支持动态扩展。具体功能特点包括部署、24×7 监控、优化、保护和灵活适配这 5 个方面。其中,部署功能包括部署服务器、网络和存储服务等资源;灵活的自我管理。24×7 监控功能包括收集运行情况数据来更好地满足 SLA 需要,监控资源利用情况;客户自我监控。优化功能包括持续监控和在不影响或少影响应用运行的情况下主动根据运行需要来调整和迁移服务器;根据需要分配“合适”的资源,不超配和低配。保护功能包括防病毒、垃圾访问过滤和防火墙等;应用和数据备份;保证 99.9% 正常运行时间和基础设施的物理安全。灵活适配功能包括容易调整环境、部署新资源;存储、带宽等根据需要可以动态调整;支持不同虚拟技术,并可以管理不同类型的虚拟机。

具体而言,微软公司的动态云解决方案包括面向两类不同对象的解决方案。

(1) 面向企业客户方案(基于 Dynamic Data Center Toolkit for Enterprise 等产品)。

(2) 面向服务提供商方案(基于 Dynamic Data Center Toolkit for Hoster 等产品)。

面向企业客户方案是微软公司提供给企业自己应用的动态数据中心管理工具。无论这些企业是最终用户、系统集成商、还是独立软件开发商,该产品的功能都是将用户数据中心优化为一个动态资源池,分配和管理以服务形式提供的 IT 资源。其所提供的价值和优势如下。

（1）架构路线图、部署指南和最佳实践。

（2）使用现有开发工具和技术开发应用。

面向服务提供商方案是微软提供给合作伙伴——服务提供商的动态数据中心管理工具，该产品能令服务提供商帮助其客户构建虚拟化的 IT 基础架构、并提供可管理的服务。其所提供的价值和优势如下。

（1）部署指南。构建可伸缩的、虚拟化的基础架构。

（2）示例代码和最佳实践。

（3）使用现有开发工具和技术开发应用。

上述解决方案中包含了配置、数据保护、部署、监控等四大基础设施功能模块，用户应用时可从自助服务 Web 门户或管理 Web 门户接入。微软公司的动态云解决方案基于从上到下 4 层结构提供相关资源和功能支持，如图 16-2 所示。

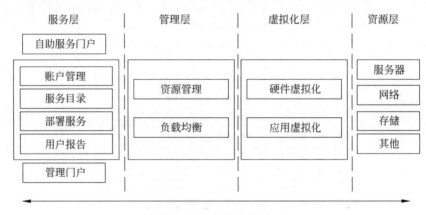

图 16-2　逻辑层实现

最上层是服务层，提供账户管理、服务目录、部署服务和用户报告等；下面一层是管理层，提供资源管理和负载均衡；再下面一层是虚拟化层，提供硬件虚拟化和应用虚拟化；最底层是包括服务器、网络和存储等在内的资源层。最终帮助用户实现动态数据中心的以下功能。

（1）资源池管理。集中管理中心的硬件资源，包括服务器、存储、网络等。

（2）动态分配服务。平台可以动态分配服务资源。

（3）自助服务门户。用户可以根据需求自助申请计算资源；平台根据 SLA 和用户付费情况，决定审批结果。

（4）应用和服务管理。包括应用管理，服务度量计费和 SLA，数据存储和灾备服务。

除此之外，微软公司还建立了动态数据中心联盟（Dynamic Data Center Alliance）。该联盟成员企业围绕上述两大动态数据中心管理产品，利用微软的 Hyper-V（硬件虚拟化产品）、App-V（应用程序虚拟化产品）和 System Center 管理套件等技术进行多样化的增值开发，从而构建以微软公司的技术产品为核心的动态数据中心生态系统。联盟企业可获得来自微软的如下内容服务。

（1）共享使用、测试、定义技术内容，加快应用开发的市场化时间。

（2）可以优先应用微软公司提供的新技术。

（3）在微软公司门户网站上获得市场推广的机会，还可参加新技术实践和试用。

16.2　Windows Azure 平台简介

Windows Azure（以及 Azure 服务平台）由微软公司首席软件架构师雷·奥兹在 2008 年 10 月 27 日在微软公司年度专业开发人员大会中发表社区预览版本，最新的版本为 2009 年 7 月释出的预览版本（以 SDK 为主），并且已在其网站中公告费用等授权信息。于 2010 年 2 月正式开始商业运转（RTM Release）。它的 7 个数据中心分别位于美国的芝加哥、圣安东尼奥及得克萨斯、爱尔兰的都柏林、荷兰的阿姆斯特丹、新加坡及中国的香港。目前已有 21 个国家和地区可以使用 Windows Azure Platform 服务，2010 年 7 月已扩张到 40 个国家和地区。

Windows Azure 平台提供了云计算开发的相关技术，Azure 可以被用于构建基于云的新应用程序，或者改进现有的应用程序以适用云计算环境。它的开放性框架向开发者提供了各种选择，例如编写网络应用程序，或者是运行在互联的设备中，同时它也能提供一种在线和按需的混合解决方案。

Azure 使开发者能够快速地使用现有的 Microsoft Visual Studio 工具在 Microsoft .NET 环境下开发基于云计算的应用程序。支持 .NET 程序语言的同时，Azure 最近将会支持更多的程序语言和开发环境。Azure 通过提供按需计算来管理网络环境和互连环境下的程序，使得构建和使用应用程序更加简单。Azure 平台有较高的可用性和动态规模性，根据不同支付选项提供不同的使用方案。Azure 提供了一个开发的，标准的，可交互式的，同时支持多种 Internet 协议，包括 HTTP、REST、SOAP（Simple Object Access Protocol，简单对象访问协议）和 XML 环境。

微软公司同时提供了可以直接被用户使用的云应用程序。例如，Windows Live、Microsoft Dynamics 及其他的微软公司的商务在线服务，比如 Microsoft Exchange Online 和 SharePoint Online。Azure 服务平台可以为不同需求的开发人员提供计算能力、存储能力和配置模块上的多种选择，以使他们在云计算环境下开发合适的程序。

从图 16-3 中[50]，可以知道 Windows Azure 平台主要由三大部分组成。

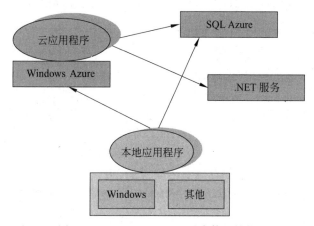

图 16-3　Windows Azure 平台体系结构

（1）Windows Azure。在微软公司的数据中心，提供基于 Windows 环境下的应用程序运行和存储数据的服务。

（2）SQL Azure。通过 SQL Server 数据库提供云计算环境下的数据服务。

（3）.NET 服务。向云环境和本地环境下的应用程序，提供分布式基础服务。

下面，将对 Windows Azure 的每个部分进行较详细的介绍。

16.2.1　Windows Azure

从高层次考虑，会很容易理解 Windows Azure 的作用，即为 Windows 应用程序运行和存储应用程序数据提供云计算平台。图 16-4 给出了 Windows Azure 主要组成部分的结构图。

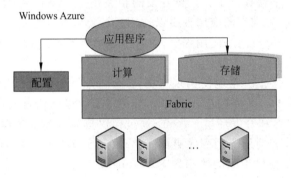

图 16-4　Windows Azure 主要构件图

如图 16-4 所示的那样，Windows Azure 操作系统运行在由很多微软公司的数据中心的计算机组成的 Fabric 上，通过 Internet 可以访问这些计算机。Windows Azure 通过 Fabric 向应用程序提供计算和存储数据服务。

当然，Windows Azure 计算服务是基于 Windows 操作系统平台的。在微软公司早期发布的社区技术预览（Community Technology Preview，CTP）版中，Windows Azure 只允许运行基于.NET 框架的应用程序。目前，Windows Azure 可以支持其他语言的应用程序。开发人员可以使用诸如 C♯、Visual Basic 和 C++ 等 Windows 编程语言，通过 Visual Studio 集成开发环境或其他工具编写应用程序。同时，开发人员也可以利用 ASP.NET 和 WCF（Windows Communication Foundation，分布式通信编程框架）技术开发 Web 应用程序。

Windows Azure 应用程序和本地应用程序（On-premises Applications）都是通过 REST（Representational Station Transfer，表述状态转移）方法访问 Windows Azure 数据存储服务。Windows Azure 数据存储并不是采用 SQL Server 数据库，同时，查询语言也不是 SQL。Windows Azure 数据存储支持简单的、可扩展的数据存储，允许存储二进制大对象（Binary Large Objects，Blob），提供应用程序之间通信队列，同时支持使用简单查询语言进行表单查询。

另外，Windows Azure 应用程序可以通过配置文件，控制应用程序的相关设置，如设置 Windows Azure 运行实例的数量。

从上面的讨论,可以发现 Windows Azure 主要负责运行应用程序和数据存储。下面将分别对此进行讨论。

1. 计算服务

在 Windows Azure 中,通常应用程序拥有多个实例程序,每个实例程序运作于各自的虚拟机中。这些虚拟机运行 64 位的 Windows Server 2008,并且由云计算特定的管理程序负责实例程序到虚拟机的分派工作。

在 CTP 版本的 Azure 中,开发人员通过 Web 角色实例和 Worker 角色实例创建应用程序。如图 16-5 所示,Web 角色实例通过 IIS 7 服务器接收 HTTP 或 HTTPS 请求信息。可以使用 ASP. NET、WCF 或其他 IIS 支持的技术实现 Web 角色。相反,Worker 角色实例并不直接接收外部的请求,并且 IIS 服务器并不运行在 Worker 角色的虚拟机中。Worker 角色实例的输入一般由 Windows Azure 存储的队列提供,队列中的消息可能来自 Web 角色实例、本地应用程序或其他。无论输入信息来自哪,Worker 角色实例都会产生输出信息并发送到其他队列或外部世界。Worker 角色实例是批处理作业,所以,可以使用任何包括 main()方法的 Windows 技术来实现。无论运行 Web 角色实例还是 Worker 角色实例,每个虚拟机中都包括一个 Windows Azure 代理(Agent)。应用程序通过代理可以和 Fabric 交互。

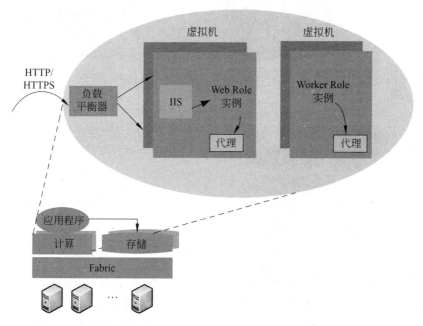

图 16-5　CTP 版本中 Windows Azure 应用程序组成

随着时间的推移,应用程序的组成可能会发生改变。但在 CTP 发布版本中,Windows Azure 保持了一个虚拟机对应一个物理处理器核。因此,可以较好的保证每个应用程序的性能。为了提高应用程序的性能,可以在配置文件中增加运行实例的数目。

然后,Windows Azure 将增加新的虚拟机,并将它们分配到相应的处理器核上运行。Fabric 同时检测 Web 角色或 Worker 角色的失败实例,并开始运行新实例程序。

特别注意,为了可扩展性,Windows Azure Web 角色实例不允许是无状态的。任何客户端特定状态都必须写入到 Windows Azure 存储区,发送到 SQL Azure 数据库或传回到客户端的一个 Cookie 中。尽管 Web 角色实例程序是无状态的,但还是需要由 Windows Azure 内置的负载平衡器(Load Balancer)进行授权。它不允许创建一个相似的特定 Web 角色实例,因为无法保证来自相同用户的多个请求被发送至相同的实例程序。

2. 数据存储服务

Windows Azure 数据存储服务支持存储简单的二进制大对象(Blob)、结构化存储信息和应用程序的不同部分间的数据交换。如图 16-6 所示,最简单的存储数据方式是使用二进制大对象,一个存储账户可以拥有一个或多个容器,每个容器内包含一个或多个二进制大对象。其中,二进制大对象最大可以是 50GB,将二进制大对象分解成多个块可以提高传输效率。

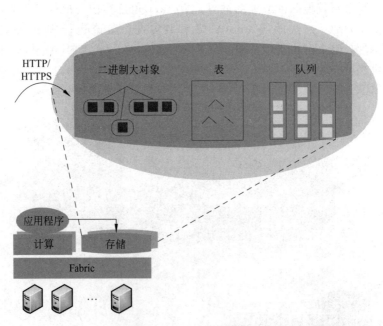

图 16-6 Windows Azure 允许的 3 种数据存储方式

Windows Azure 存储数据服务同时还支持表(Tables)存储,但是该表并不是传统的关系型数据表。实际上,表中存储的是带有属性信息的实体集合。表没有定义的模式,而且属性可以是多种类型的,例如 int、string、Bool 或 DataTime 类型。应用程序可以通过 ADO. NET 数据服务或 LINQ(Language Intergrated Query,语言集成查询)访问表中的数据。一个表可以是太字节数量级的,包含数十亿的实体。Windows Azure 可以用多个服务器来分割该表来提高性能。

二进制大对象和表(Table)都是为了存储数据,而队列(Queues)在 Windows

Azure 中主要是实现 Web 角色实例和 Worker 角色实例间的通信。举例来说,假设用户通过 Web 角色实现的 Web 网页,提交一个执行一些计算密集型任务请求。当 Web 角色实例接收到该请求时,将向某个队列中写入一个描述如何工作的消息。等待在该队列上的 Worker 角色实例将会在消息到达时读取该消息,然后执行该任务。任何运行结果都将可以返回至其他队列中,或由某种方式控制结果。

Windows Azure 数据存储区中的所有数据都会备份 3 份。复制数据能够容错,因为丢失数据将不会是致命的。同时,系统还保证了数据的一致性。

无论是 Windows Azure 应用程序或运行在其他地方的应用程序,都可以访问 Windows Azure 数据存储区。数据存储区的 3 种类型数据都遵守 REST 规则确定并获取数据。所有数据都是使用 URI 命名并通过标准 HTTP 操作访问。.NET 客户也可以使用 ADO. NET 或 LINQ 访问数据存储区。但对于 Java 等应用程序来说,只能通过 REST 访问数据存储区。例如,可以使用下面形式化的 URI,通过 HTTP GET 方法读取某个二进制大对象 blob:

```
http://<StorageAccount>.blob.core.windows.net/<Container>/<BlobName>
```

其中,<StorageAccount>为一个数据存储区的账户 ID,<Container>和<BlobName>分别是所要访问的容器名和 blob 的名称。

同样,通过 HTTP GET 方法,可以使用下面的形式化的 URI 查询特定表:

```
http://<StorageAccount>.table.core.windows.net/<TableName>?$filter=<Query>
```

其中,<TableName>是所要查询的表名,<Query>包含对该表所要执行的查询。

Windows Azure 应用程序和外部应用程序都可以通过 HTTP GET 方法访问队列信息,其形式化的 URI 如下:

```
http://<StorageAccount>.queue.core.windows.net/<QueueName>
```

Windows Azure 对计算和数据存储资源进行独立的收费。这样一个本地应用程序可以仅仅使用 Windows Azure 数据存储,通过 RESTful 方式访问它的数据。可以直接从非 Windows Azure 应用程序访问数据,因为即使应用程序没有运行数据仍然可用。

更多关于 Windows Azure 的内容,请参考文献[51]。

16.2.2 SQL Azure

SQL Azure 主要是提供基于云的存储和管理各种信息数据的服务。微软公司宣称 SQL Azure 最终将包括面向数据的功能,包括报表、数据分析和其他。如图 16-7 所示,SQL Azure 目前仅实现了 SQL Azure 数据库和 Huron 数据同步两个部分。下面将分别对这两部分进行详细讨论。

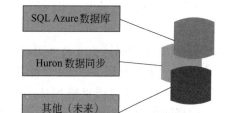

图 16-7 SQL Azure 提供了面向数据的云服务功能

1. SQL Azure 数据库

SQL Azure 数据库（之前，称之为 SQL 数据服务）扮演了云计算环境中的 DBMS 角色。它允许本地或云环境应用程序在微软公司的服务器上存储关系型或其他类型的数据。和 Windows Azure 数据存储服务不同，SQL Azure 数据库是建立在 SQL Server 之上的。SQL Azure 将会在未来支持关系型数据，提供云计算下的 SQL Server 环境，包括索引、视图、触发器等功能。应用程序可以通过 ADO. NET 或其他 Windows 数据访问接口访问 SQL Azure 数据库。

无论 SQL Azure 数据库的应用程序运行在 Windows Azure、企业数据中心、移动设备或其他场所，应用程序都将通过 TDS（Tabular Data Stream，表格数据流）协议访问数据。SQL Azure 数据库和 SQL Server 环境很相似，但前者没有支持 SQL CLR（Common Language Runtime）和空间数据功能。因为所有的管理任务都是由微软公司负责的，并且每个查询操作都有资源使用的限制等。

和 Windows Azure 数据存储服务一样，SQL Azure 也支持数据复制 3 份的机制。SQL Azure 服务提供了强一致性功能，当返回一个写操作后，所有的副本都将被重写。即使面对系统或网络的故障，也提供可靠的数据存储服务。

SQL Azure 数据库中最大的单个数据库实例是 10GB 数量级。如果应用程序所需要的数据存储空间超过这个限制，则可以创建多个数据库实例。对于单个数据库，一个 SQL 查询语句可以访问所有的数据。然而，对于多个数据库来说，应用程序必须将这些数据划分到各数据库中。例如，对于名字以"A"开头的顾客信息可能存储在某个数据库中，对于名字以"B"开头的顾客信息就可能存储在另一个数据库中。如果应用程序在多个数据库中查询满足某个查询语句的数据，就必须了解数据在多个数据库中是如何划分的。对于某些并行处理情况，即使单个数据库满足应用程序的数据存储要求，应用程序同样可能选择多数据库方式存储。同样的，对于向不同组织提供服务的应用程序也可能选择多数据库方式，并将每个数据库分配给不同的组织。

2. Huron 数据同步

理想情况下，数据仅被存储在一个位置。然而，这种情况并不现实。因为很多组织在多个不同数据库系统中拥有相同数据的多个副本，而且是在不同的地理位置。因此，保持数据的同步至关重要。基于 Microsoft 同步框架和 SQL Azure 数据的 Huron 数据同步，可以在多个不同数据库系统间同步关系数据。如图 16-8 所示，介绍了 Huron 数据同步的基本思想。

最初，Huron 数据同步支持 SQL Server 和 SQL Server Compact Edition 数据库。但可以通过 Huron 数据同步 SDK 支持其他数据库。无论对于哪种数据库，Huron 数据同步都是首先将数据变更同步到 SQL Azure 数据库，然后再同步到其他数据库。用户也可以定义数据同步中的冲突处理，可以是最后的写操作有效、要求对特定数据的数据变更有效等选项。更多内容，参考文献[98,155]。

16.2.3 .NET 服务

.NET 服务主要是向云计算环境和本地环境下的应用程序提供分布式基础服务。
.NET 服务提供的 BizTalk 服务可以较好地解决创建分布式应用程序所遇到的基础性挑战。下面分别对.NET 服务的两个组件,访问控制(Access Control)服务和服务总线
(Service Bus)进行介绍。

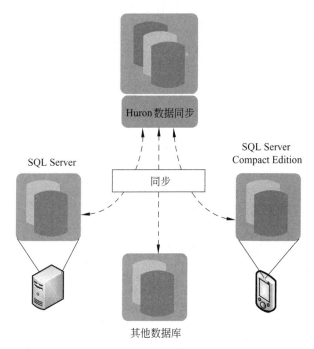

图 16-8 Huron 数据同步

1. 访问控制服务

身份验证对于分布式应用程序来说是必不可少的部分。基于用户身份信息,应用程序可以决定允许用户执行哪些操作。对此,.NET 服务采用了安全性断言标记语言
(Security Assertion Markup Language,SAML)定义的令牌(Token)机制。每个 SAML
令牌都包含用户信息各部分的声明(Claim),声明可能包括用户名称,也可能包括用户的角色如经理,或用户的电子邮件信息。令牌是由安全性令牌服务(Security Token
Services,STS)创建的,其中每个数字签名以验证其来源。

一旦客户端(如 Web 浏览器)拥有该用户的令牌,客户端将该令牌发送给应用程序。
应用程序根据令牌中的声明决定允许用户执行哪些操作。然而,这可能存在两个问题。

(1)如果令牌中不包括应用程序需要的声明,应该怎么处理?因为基于声明的身份验证,应用程序可以随意的定义用户需要提供的声明信息。但 STS 在创建令牌时可能没有将应用程序需要的声明写入。

（2）如果应用程序不信任 STS 颁发的令牌，怎么办？应用程序不能信任任意 STS 创建的令牌。相反，应用程序通常拥有可信任的 STS 证书列表，证书列表允许验证 STS 创建的令牌签名。只有这些可信任的 STS 创建的令牌才被接受。

增加另外一个 STS 可以很好的解决这两个问题。为了确认令牌中包含正确的声明，该 STS 将执行声明变换操作。STS 中包括如何将输入声明转化为输出声明的规则，通过该规则可以生成一个新的包括应用程序所需要的声明的令牌。对于第二个问题，可以通过身份联盟（Identity Federation）要求应用程序信任新的 STS。同时，还需要建立新 STS 和生成该 STS 接受的令牌的 STS 之间的信任关系。

通过 STS 支持声明变换和身份联盟两种身份验证方式，可以很好的解决上面两个问题。但是，STS 应该运行在哪？可以将该 STS 运行在一个组织内部。但如果把 STS 运行于云计算环境中，可以使任何组织的用户或应用程序访问它。同时，可以将运行和管理 STS 的负担交给服务提供商来解决。访问控制服务的由来也就是基于此的。为了说明访问控制服务是如何工作的，假设 ISV（独立软件开发商）提供了很多不同组织访问的应用程序。同时，所有这些组织都可以提供 SAML 令牌，但这些令牌并不精确的包括应用程序所需要的全部声明。如图 16-9 所示，说明了访问控制服务是如何解决这类问题的。

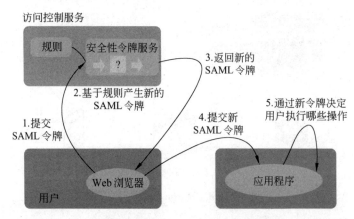

图 16-9　访问控制服务基于规则的声明变换和身份联盟

首先，用户应用程序（通常情况下，是指 Web 浏览器或 WCF 客户端等）发送用户的 SAML 令牌到访问控制服务。访问控制服务检查服务验证令牌的签名，是否是由一个可信任的 STS 创建的。然后，访问控制服务根据规则生成新的 SAML 令牌，该令牌包括了应用程序所需要的精确声明。对于访问控制服务中的规则是如何工作，将举例说明。假如应用程序保证特定的访问权限给每个公司的经理，每个公司的令牌中都包括一个指明用户是否是经理的声明。可能一个公司使用 Manager 表示，而其他公司则使用 Supervisor，也有的使用整数来表示。为了解决这些定义的差异性，所用者将定义一组规则，说明所有这些声明都将由 Decision Maker 来代替。一旦新的 SAML 令牌创建完成，将会把该令牌返回给客户端。然后客户端再将该令牌发送至应用程序，应用程序验证令牌签名，确保该令牌是由访问控制服务 STS 生成的。注意，访问控制服务 STS 必须维护每个用户组织的 STS 的信任关系，而应用程序只需信任访问控制服务的 STS 即可。一旦验证成功，应用程序将根据令牌中的声明决定用户的执行操作权限。

访问控制服务依赖于标准的通信协议，如 WS-Trust 和 WS-Federation 协议。这样可以允许运行于任何平台的应用程序访问该服务。服务同时提供了基于浏览器 GUI 和客户 API 的方式定义规则。关于访问控制的更详细内容，请参考文献[106]。

2. 服务总线

服务总线可以很方便地将编写的应用程序发布 Web 服务，并允许本地或云应用程序访问该服务。每个 Web 服务终端都被分配一个 URI，用户可以通过 URI 定位并访问 Web 服务。

如图 16-10 所示，应用程序首先将应用程序终端注册到服务总线。服务总线将为你的组织分配一个 URI 根，在 URI 根下可以创建任意的命名结构。这样可以为终端分配特定的容易发现的 URI。同时，应用程序还要保持一个到服务总线的连接处于打开状态。

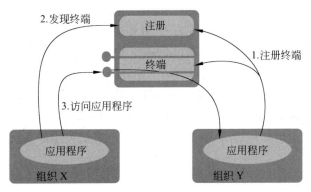

图 16-10　服务总线流程图

当其他组织的应用程序试图访问应用程序时，它首先联系服务总线的注册。请求采用 Atom 发布协议，同时返回包括引用应用程序终端的 AtomPub 服务文档。一旦其他组织的应用程序获得这些信息，就可以通过服务总线调用终端服务。同时，为了提供效率，可以在应用程序间建立通信连接。

服务总线也支持队列通信。当监听应用程序不可用时，客户端应用程序同样可以发送消息。服务总线利用队列保存这些消息直到监听器接收。同时，客户应用程序也可以向服务总线队列发送消息，然后接收来自不同监听者的反馈消息。

通常来说，应用程序利用 WCF 向服务总线发布其服务。客户端可以使用 WCF 或其他技术，譬如 Java，并通过 SOAP 或 HTTP 发送请求。应用程序和客户端可以独立的使用各自的安全机制，例如通过加密技术，可以保护来自攻击者或服务总线本身的攻击。更多关于服务总线内容，请参考文献[7]。

16.3　Windows Azure 服务使用

本节重点介绍 Windows Azure 在 Visual Studio 集成开发环境下的使用说明。关于 SQL Azure 和.NET 服务的使用，由于篇幅的限制，不再进行介绍，具体使用说明请参考

Windows Azure 平台培训工具箱里面的使用说明文档。

16.3.1　Windows Azure 环境配置

下面给出了 Windows Azure 环境配置参数。

（1）操作系统：Windows 7、Windows Server 2008、Windows Vista（必须安装 Windows Vista SP1）。

（2）服务器：IIS 7.0（支持 ASP. NET、WCF HTTP 活动和 CGI）。

（3）集成开发环境：Visual Studio 2008 SP1、Visual Studio 2010 Beta 2 或者 Visual Web Developer 2008 Express Edition with SP1。

（4）数据库系统：SQL Server 2005 Express 版本或更高。

（5）修复补丁：Native Debugging Improvements（Visual Studio 2010 不需要）、Improve Visual Studio Stability（Windows 7 操作系统及更高版本不需要）、Support for FastCGI on the Development Fabric（Windows 7 或 Windows Server 2008 SP2 及更高版本不需要）。

完成上面的所需配置之后，下载安装 Windows Azure 工具和 SDK 开发工具包即可。同时下载 Windows Azure 的开发培训包，安装到指定的目录即可。下面将以开发培训箱里的示例程序为例，说明如何进行 Windows Azure 的应用程序的开发和发布等过程。

16.3.2　开发 GuestBook 应用程序

下面以培训文档里的 GuestBook 应用程序为例，说明如何在本地 Fabric 开发环境下创建并运行该应用程序。

1. 创建 Visual Studio 项目

以管理员身份运行 Visual Studio 集成开发环境。新建一个项目，选择 C♯ 语言下的 Cloud Service 项目类型，使用 Windows Azure Cloud Service 模板。输入项目名称为 GuestBook，解决方案名称为 MyAzureApp，确定即可。

在新建 Cloud Service 项目对话框中，添加 C♯ 语言选项卡下面的 ASP. NET Web 角色和 Worker 角色到 Cloud Service 方案中，并命名 WebRole 为 GuestBook_WebRole 和 WorkRole 为 GuestBook_WorkerRole。

注意，在创建的 MyAzureApp 方案中，包括 3 个独立项目，分别为 GuestBook 项目、GuestBook_WebRole 项目和 GuestBook_WorkerRole 项目。对于 GuestBook 项目而言，包括组成云应用程序的 Web 和 Worker 角色的配置文件信息。同时包括服务定义文件 ServiceDefinition. csdef 和服务配置文件 ServiceConfiguration. cscfg。对于服务定义文件，主要是定义 Windows Azure Fabric 所需的应用程序描述元数据信息，诸如使用哪些角色、角色的信任等级、每个角色的端点、本地存储区的需求和角色使用的证书等。同时，服务定义还规定特定应用程序的配置设置信息。对于服务配置文件，指定每个角色实例程序的执行数目和设定服务定义文件中配置设置信息的参数值。将服务定义和服务配置分离的好处是,允许您通过上传新的服务配置文件来更新一个正在运行的应用程序的配置信息。

对于 GuestBook_WebRole 项目,是一个 Windows Azure 环境下标准的 ASP. NET Web 应用程序项目。该项目包括一个额外的类文件,该类文件提供 Web 角色的入口和管理角色初始化、开始和停止的方法。

对于 GuestBook_WorkerRole 项目,就像在前面介绍的那样,就是包括 main 函数的普通程序。GuestBook_WorkerRole 主要是根据 GuestBook_WebRole 通过队列发送的消息,产生图像的缩略图。

2. 创建实体数据模型

应用程序将 GuestBook 实体存储在表存储区中。表服务为表形式的实体集合提供半结构化存储功能。每个实体都包括一个主键和多个属性,每个属性都是以＜name, typed-value＞对形式存储的。

除了数据模型定义一些属性外,实体还必须包括两个键属性:PartitionKey 和 RowKey。这两个属性共同组成唯一标识每个实体的主键。表服务中的每个实体还包括一个时间戳(Time Stamp)系统属性,时间戳属性只能被系统访问,并允许服务跟踪实体的最后修改日期。可以通过继承表存储客户端 API 提供的 TableServiceEntity 基类来定义新的实体类,因为该基类中定义了上述相关的属性。

表服务 API 兼容 ADO. NET 数据提供的 REST API,这样就允许. NET 客户端库函数使用. NET 对象处理数据服务的数据。

ADO. NET 数据服务为了使用. NET 客户端库函数访问表存储区,必须创建一个上下文类(Context Class)。该上下文类继承 TableServiceContext,同时 TableServiceContext 继承 ADO. NET 数据服务的 DataServiceContext。应用程序可以通过上下文类 API 创建表。对于上下文类而言,它必须声明每个表为 IQueryable ＜SchemaClass＞类型特征,其中 SchemaClass 是表中实体的模式类。

下面定义 GuestBook 应用程序存储实体的模式,并创建可访问表存储区信息的上下文类。最后,创建一个可绑定到 ASP. NET 数据控制的对象,并实现基本的访问操作(读、更新和删除)。

在 MyAzureApp 解决方案中,添加一个命名 GuestBook_Data 的 C♯类库项目,同时为该项目添加 System. Data. Service. Client 和 Microsoft. WindowsAzure. StorageClient 引用。添加模式 GuestBookEntry 类代码,具体代码如下所示:

```
using System;
using System.Collections.Generic;
using System.Linq;
using System.Text;
using Microsoft.WindowsAzure.StorageClient;

namespace GuestBook_Data{
```

```
public class GuestBookEntry : TableServiceEntity{
    public GuestBookEntry(){
        this.PartitionKey=DateTime.UtcNow.ToString("MMddyyyy");
        //Row key allows sorting,so we make sure the rows come back in time order.
        this.RowKey=string.Format("{0:10}_{1}",
            DateTime.MaxValue.Ticks-DateTime.Now.Ticks, Guid.NewGuid());
    }
    public string Message { get; set; }
    public string GuestName { get; set; }
    public string PhotoUrl { get; set; }
    public string ThumbnailUrl { get; set; }
}
}
```

GuestBookEntry 继承 TableServiceEntity 基类，除了 PartitionKey 和 RowKey 两个属性不需要定义外，还需要定义 Message、Guestname、PhotoUrl 和 ThumbnailUrl 属性。对于 PartitionKey 属性值是实体的日期，这也就意味着实体是按照每天来进行分割的；RowKey 属性值是按照时间值和由 Guid 产生的值组成的。

定义完实体模式之后，需要定义上下文类来访问表存储中的实体信息。新建一个 GuestBookDataContext 类，其代码如图 16-11 所示。图中定义 GuestBookEntry 属性，其返回值类型为 IQueryable＜GuestBookEntry＞。

```
using System;
using System.Collections.Generic;
using System.Linq;
using System.Text;
using Microsoft.WindowsAzure;
using Microsoft.WindowsAzure.StorageClient;

namespace GuestBook_Data{
    public class GuestBookDataContext : TableServiceContext{
        public GuestBookDataContext(string baseAddress,
            StorageCredentials credentials) : base(baseAddress, credentials) { }

        public IQueryable<GuestBookEntry> GuestBookEntry {
            get{
                return this.CreateQuery<GuestBookEntry>("GuestBookEntry");
            }
        }
    }
}
```

图 16-11　GuestBookDataContext 类代码

接下来，需要定义一个绑定到数据控制的对象。在 GuestBook_Data 项目中新建一个 GuestBookEntryDataSource 类。其代码如下所示：

```
public class GuestBookEntryDataSource{
    private static CloudStorageAccount storageAccount;
    private GuestBookDataContext context;
```

```
static GuestBookEntryDataSource(){
    storageAccount=
        CloudStorageAccount.FromConfigurationSetting("DataConnectionString");
    CloudTableClient.CreateTablesFromModel(typeof(GuestBookDataContext),
        storageAccount.TableEndpoint.AbsoluteUri, storageAccount.Credentials);
}

public GuestBookEntryDataSource(){
    this.context=new GuestBookDataContext(
        storageAccount.TableEndpoint.AbsoluteUri, storageAccount.Credentials);
    this.context.RetryPolicy=RetryPolicies.Retry(3, TimeSpan.FromSeconds(1));
}

public IEnumerable<GuestBookEntry>Select(){
    var results=from g in this.context.GuestBookEntry
                where g.PartitionKey==DateTime.UtcNow.ToString("MMddyyyy")
                select g;
    return results;
}

public void AddGuestBookEntry(GuestBookEntry newItem){
    this.context.AddObject("GuestBookEntry", newItem);
    this.context.SaveChanges();
}

public void UpdateImageThumbnail(string partitionKey, string rowKey, string
thumbUrl){
    var results=from g in this.context.GuestBookEntry
                where g.PartitionKey==partitionKey && g.RowKey==rowKey
                select g;
    var entry=results.FirstOrDefault<GuestBookEntry>();
    entry.ThumbnailUrl=thumbUrl;
    this.context.UpdateObject(entry);
    this.context.SaveChanges();
    }
}
```

GuestBookEntryDataSource 类定义了两个属性，分别为 storageAccount 和 context。在构造体中，读取配置文件中的存储账户设置信息来初始化 storageAccount 属性；调用 CloudTableClient 类的 CreateTablesFromModel 方法从 GuestBookDataContext 模式中创建应用程序所使用的表。添加了默认构造体来初始化属性信息。对于 Select 方法，主要是选择 PartitionKey 为 GuestBook 实体返回。AddGuestBookEntry 方法，将一个新项添加到上下文中，从而保持到表存储区中。UpdateImageThumbnail 方法主要是更新 PartitionKey ＝ partitionKey 和 RowKey ＝ rowKey 实体的 ThumbnialUri 属性信息。

3. 实现 Web 角色

需要对在第 1 步中创建的 GuestBook_WebRole 项目进行更新。首先，给项目添加 Microsoft. WindowsAzure. StorageClient 引用和对项目 GuestBook_Data 的引用。修改 Default. aspx 文件，添加一些 UI 组件，具体代码可以参见培训说明文档中 Assets 文件夹下的 Source\Ex01-BuildingYourFirstWindowsAzureApp 项目。打开 Default. aspx 的视图代码，其代码如下所示：

```
using GuestBook_Data;
using Microsoft.WindowsAzure;
using Microsoft.WindowsAzure.ServiceRuntime;
using Microsoft.WindowsAzure.StorageClient;

namespace GuestBook_WebRole{
    public partial class _Default : System.Web.UI.Page{
        private static CloudQueueClient queueStorage;
        private static bool storageInitialized=false;
        private static object gate=new Object();
        private static CloudBlobClient blobStorage;

        protected void Page_Load(object sender, EventArgs e) {
            if (!Page.IsPostBack) { Timer1.Enabled=true; }
        }
        protected void Timer1_Tick(object sender, EventArgs e) {
            DataList1.DataBind();
        }
        private void InitializeStorage() {…}
        protected void SignButton_Click(object sender, ImageClickEventArgs e) {…}
    }
}
```

首先，添加 using 引用。然后定义 queueStorage、storageInitialized、gate 和 blobStorage 4 个静态字段。为 Timer1 添加 Tick 事件和 SignButton 添加 Click 事件。同时，还定义了初始化存储区私有方法 InitializeStorage。下面给出 InitializeStorage 实现代码，如下所示：

```
private void InitializeStorage() {
    if (storageInitialized) { return; }
    lock (gate) {
        if (storageInitialized) { return; }
        try {
            //read accout configuration settings
            var storageAccount=
```

```
        CloudStorageAccount.FromConfigurationSetting("DataConnectionString");
        //create blob container for images
        blobStorage=storageAccount.CreateCloudBlobClient();
        CloudBlobContainer container=
            blobStorage.GetContainerReference("guestbookpics");
        container.CreateIfNotExist();
        //configure container for public access
        var permissions=container.GetPermissions();
        permissions.PublicAccess=BlobContainerPublicAccessType.Container;
        container.SetPermissions(permissions);
    }
    catch (WebException){
        throw new WebException("Storage services initialization failure. "+
        "Check your storage account configuration settings. If running locally,
        "+"ensure that the Development Storage service is running.");
    }
    storageInitialized=true;
}
}
```

InitializeStorage 私有方法首先确认当且仅当执行一次。根据 Web 角色的配置文件中账户的设置信息初始化存储区账户 storageAccount，通过调用 CloudStorageAccount 类的 CreateCloudBlobClient 方法创建一个图形容器 container，并设置其访问权限为公有。

其次，将给出 SignButton 的 Click 事件的实现代码。先创建一个二进制大对象(Blob)的容器 container，获取一个唯一标记的 JPG 图像文件名 unqueBlobName。创建一个 CloubBlob 对象实例 blob，并将图像信息初始化至 blob。创建一个 GuestBookEntry 实例，并存储到上下文对象中。具体代码如下：

```
protected void SignButton_Click(object sender, ImageClickEventArgs e) {
    if (FileUpload1.HasFile) {
        InitializeStorage();
        //upload the image to blob storage
        CloudBlobContainer container=
            blobStorage.GetContainerReference("guestbookpics");
        string uniqueBlobName=
            string.Format("image_{0}.jpg", Guid.NewGuid().ToString());
        CloudBlockBlob blob=container.GetBlockBlobReference(uniqueBlobName);
        blob.Properties.ContentType=FileUpload1.PostedFile.ContentType;
        blob.UploadFromStream(FileUpload1.FileContent);
        System.Diagnostics.Trace.TraceInformation("Upload image '{0}' to blob
        storage as '{1}'", FileUpload1.FileName, uniqueBlobName);

        //create a new entry in table storage
```

```
GuestBookEntry entry=new GuestBookEntry() {
    GuestName=NameTextBox.Text, Message=MessageTextBox.Text,
    PhotoUrl=blob.Uri.ToString(), ThumbnailUrl=blob.Uri.ToString() };
GuestBookEntryDataSource ds=new GuestBookEntryDataSource();
ds.AddGuestBookEntry(entry);
System.Diagnostics.Trace.TraceInformation("Added entry {0}-{1} in table
storage for guest '{2}'", entry.PartitionKey, entry.RowKey, entry.
GuestName);
}
NameTextBox.Text="";
MessageTextBox.Text="";
DataList1.DataBind();
}
```

由于 Web 角色使用 Windows Azure 存储服务，必须提供您的存储账户设置信息。打开 GuestBook 项目下的 GuestBook_WebRole 角色，添加命名为 DataConnectionString 的设置，其类型为 ConnectionString，值选择 Use development Storage 选项，确定即可。

最后，需要为配置发布者设置环境。打开 GuestBook_WebRole 项目的 WebRole.cs 文件，用图 16-12 中代码替换 OnStart 方法。

```
public override bool OnStart(){
DiagnosticMonitor.Start("DiagnosticsConnectionString");
    //setup a handler for RoleEnvironment.Changing event
    RoleEnvironment.Changing += RoleEnvironmentChanging;
    Microsoft.WindowsAzure.CloudStorageAccount.SetConfigurationSettingPublisher(
        (configName, configSetter) =>{
            configSetter(RoleEnvironment.GetConfigurationSettingValue(configName));
        });
    return base.OnStart();
}
```

图 16-12　GuestBook_WebRole OnStar 方法

4. 实现 Worker 角色处理图像

Worker 角色读取 Queue 中 Web 角色发送的消息项，然后根据 GuestBook 应用程序发送的消息到表存储区中检索 GuestBookEntry 实体。然后从二进制大对象（Blob）中抽取相关的图像，并产生图像缩略图。最后更新 GuestBookEntry，将缩略图的 URL 包含该实体中。首先，为 GuestBook _ WorkerRole 添加 System. Drawing 和 Microsoft. WindowsAzure. StorageClient 引用。WorkerRole 类的具体代码框架如下所示：

```
using Microsoft.WindowsAzure.Diagnostics;
using Microsoft.WindowsAzure.ServiceRuntime;
using Microsoft.WindowsAzure;
using Microsoft.WindowsAzure.StorageClient;
using System.Drawing;
using GuestBook_Data;
```

...

```
namespace GuestBook_WorkerRole {
    public class WorkerRole : RoleEntryPoint {
        private CloudQueue queue;
        private CloudBlobContainer container;

        public override void Run() {...}
        public override bool OnStart() {...}
        private void RoleEnvironmentChanging(object sender,
            RoleEnvironmentChangingEventArgs e) {...}
        private Stream CreateThumbnail(Stream input) {...}
    }
}
```

其次，给出 Run 方法的实现，具体代码如下所示：

```
public override void Run() {
    Trace.TraceInformation("Listening for queue messages...");
    while (true) {
        try {
            CloudQueueMessage message=queue.GetMessage();
            if (message !=null) {
                //parse message retrieved from queue
                var messageParts=message.AsString.Split(new char[] { ',' });
                var uri=messageParts[0];
                var partitionKey=messageParts[1];
                var rowKey=messageParts[2];
                Trace.TraceInformation("Processing image in blob '{0}'.", uri);

                //download original image from blob storage
                CloudBlockBlob imageBlob=container.GetBlockBlobReference(uri);
                MemoryStream image=new MemoryStream();
                imageBlob.DownloadToStream(image);
                image.Seek(0, SeekOrigin.Begin);

                //create a thumbnail image and upload into blob
                string thumbnailUri=String.Concat(
                    Path.GetFileNameWithoutExtension(uri), "_thumb.jpg");
                CloudBlockBlob thumbnailBlob=
                    container.GetBlockBlobReference(thumbnailUri);
                thumbnailBlob.UploadFromStream(CreateThumbnail(image));

                //update the entry in table storage to point to the thumbnail
```

```
            var ds=new GuestBook_Data.GuestBookEntryDataSource();
            ds.UpdateImageThumbnail(partitionKey, rowKey,
                thumbnailBlob.Uri.AbsoluteUri);

            //remove message from queue
            queue.DeleteMessage(message);

            Trace.TraceInformation ("Generated thumbnail in blob '{0}'.",
            thumbnailBlob.Uri);
        }
        else { System.Threading.Thread.Sleep(1000); }
    }
    catch (StorageClientException e) {
        Trace.TraceError("Exception when processing queue item. Message:'{0}'",
            e.Message);
        System.Threading.Thread.Sleep(5000);
    }
  }
}
```

接下来，给出 OnStart 方法的实现。其代码如下所示：

```
public override bool OnStart() {
    DiagnosticMonitor.Start("DiagnosticsConnectionString");
    // Restart the role upon all configuration changes
    RoleEnvironment.Changing+=RoleEnvironmentChanging;
    // read storage account configuration settings
    CloudStorageAccount.SetConfigurationSettingPublisher((configName,configSetter)=>
    {
        configSetter(RoleEnvironment.GetConfigurationSettingValue(configName));
    });
    var storageAccount=
        CloudStorageAccount.FromConfigurationSetting("DataConnectionString");
    // initialize blob storage
    CloudBlobClient blobStorage=storageAccount.CreateCloudBlobClient();
    container=blobStorage.GetContainerReference("guestbookpics");
    // initialize queue storage
    CloudQueueClient queueStorage=storageAccount.CreateCloudQueueClient();
    queue=queueStorage.GetQueueReference("guestthumbs");
    Trace.TraceInformation("Creating container and queue...");
    bool storageInitialized=false;
    while (!storageInitialized) {
        try{
```

```
        // create the blob container and allow public access
        container.CreateIfNotExist();
        var permissions=container.GetPermissions();
        permissions.PublicAccess=BlobContainerPublicAccessType.Container;
        container.SetPermissions(permissions);
        // create the message queue
        queue.CreateIfNotExist();
        storageInitialized=true;
    }
    catch (StorageClientException e) {
        if (e.ErrorCode==StorageErrorCode.TransportError) {
            Trace.TraceError("Storage services initialization failure. "
+"Check your storage account configuration settings. If running locally, "
+"ensure that the Development Storage service is running. Message: '{0}'", e.
Message);
            System.Threading.Thread.Sleep(5000);
        }
        else { throw; }
    }
}
return base.OnStart();
}
```

同时，需要实现私有方法 CreateThumbnail。具体代码如下：

```
private Stream CreateThumbnail(Stream input) {
    var orig=new Bitmap(input);
    int width;
    int height;
    if (orig.Width >orig.Height) {
        width=128; height=128 * orig.Height / orig.Width;
    } else {
        height=128; width=128 * orig.Height / orig.Width;
    }
    var thumb=new Bitmap(width, height);
    using (Graphics graphic=Graphics.FromImage(thumb)) {
        graphic.InterpolationMode=
            System.Drawing.Drawing2D.InterpolationMode.HighQualityBicubic;
        graphic.SmoothingMode=
            System.Drawing.Drawing2D.SmoothingMode.AntiAlias;
        graphic.PixelOffsetMode=
            System.Drawing.Drawing2D.PixelOffsetMode.HighQuality;
        graphic.DrawImage(orig, 0, 0, width, height);
```

```
        var ms=new MemoryStream();
        thumb.Save(ms, System.Drawing.Imaging.ImageFormat.Jpeg);
        ms.Seek(0, SeekOrigin.Begin);
        return ms;
    }
}
```

由于 Worker 角色使用 Windows Azure 存储服务，必须像配置 Web 角色一样配置 Worker 角色存储账户设置信息。打开 GuestBook 项目下的 GuestBook_WorkerRole 角色，添加命名为 DataConnectionString 的设置，其类型为 ConnectionString，值选择 Use Development Storage 选项，确定即可。

5. 使用队列分派作业

当 Worker 角色实现之后，需要对前面的 Web 角色代码进行一定的修改，以使 Web 角色能够通过队列发送消息给 Worker 角色，Worker 角色根据到达的消息产生图像的缩略图。

首先，需要对 GuestBook_WebRole 项目中 Default. aspx 的 SignButton 的 Click 事件增加以下代码。获取引用为 guestthumbs 的一个队列，构造具有包含图像二进制大对象（Blob）名称、GuestBookEntry 的 PartitionKey 和 RowKey 信息的消息，并将该消息加入到队列（Queue）中。具体代码如下：

```
protected void SignButton_Click(object sender, ImageClickEventArgs e) {
    if (FileUpload1.HasFile) {
        ...
        //create a new entry in table storage
        GuestBookEntry entry=new GuestBookEntry() {
            GuestName=NameTextBox.Text, Message=MessageTextBox.Text,
            PhotoUrl=blob.Uri.ToString(), ThumbnailUrl=blob.Uri.ToString() };
        GuestBookEntryDataSource ds=new GuestBookEntryDataSource();
        ds.AddGuestBookEntry(entry);
        System.Diagnostics.Trace.TraceInformation("Added entry {0}-{1} in table
        storage for guest '{2}'", entry.PartitionKey, entry.RowKey, entry.
        GuestName);
        //queue a message to process the image
        var queue=queueStorage.GetQueueReference("guestthumbs");
        var message = new CloudQueueMessage (String. Format ( " {0}, {1}, {2}",
        uniqueBlobName, entry.PartitionKey, entry.RowKey));
        queue.AddMessage(message);
        System.Diagnostics.Trace.TraceInformation("Queued message to process blob
        '{0}'", uniqueBlobName);
    }
    ...
```

```
    }
```

同时,需要向 InitializeStorage 函数添加创建用于通信的队列代码,具体代码如下面所示:

```
try {
    //read accout configuration settings
    ...
    //create queue to communicate with worker role
    queueStorage= storageAccount.CreateCloudQueueClient();
    CloudQueue queue= queueStorage.GetQueueReference("guestthumbs");
    queue.CreateIfNotExist();
    }
catch (WebException){
    throw new WebException("Storage services initialization failure. "
            +" Check your storage account configuration settings. If running
            locally,"
            +"ensure that the Development Storage service is running.");
}
```

至此,完成了 GuestBook 应用程序的全部功能,可以在本地环境下进行测试运行。

16.3.3　发布 GuestBook 应用程序

本节内容主要是讲解如何将 GuestBook 应用程序部署到 Windows Azure 门户网站上。下面将具体分步骤说明。

1. 创建 Windows Azure 账户

访问 http://windows.azure.com 网站,并使用 Windows Live ID 账户登录系统。如果是第一次登录 Windows Azure 开发人员门户的话,需要创建和 Windows Live ID 相关联的 Windows Azure 账户。同意相关条款之后,需要输入邀请令牌,当输入邀请令牌之后才可以使用 Windows Azure 的服务。获得邀请令牌,可以访问 http://connect. microsoft.com 注册参与 Windows Azure 平台项目,填写相关申请信息,相关邀请令牌就会发送到自己的 Windows Live 邮箱中。

2. 创建存储服务账户和托管服务组件

GuestBook 应用程序需要 Windows Azure 的计算服务和存储服务,因此需要为应用程序创建一个新的存储服务账户用来存储数据。另外,还要定义托管服务执行应用程序代码。

单击 My Projects 中所有部署应用程序项目名称链接,查看该项目下的服务列表。单击 New Service(新建服务)按钮,在 Windows Azure Summary 页面,单击存储服务账户链接。然后,输入服务标签和服务描述信息并单击 Next Step(下一步)按钮。随后输入存储服务账户名称，该名称必须确保是唯一的，因为 Windows Azure 将会使用这个唯一值产生存储账户服务的端点 URL。单击"检查"按钮检测存储账户名称是否可用。并在存储服务账户相关组中选择第二个选项，允许该服务和其他托管服务或存储服务账户相关联并存储在相同地区。输入连接关系组的标签和选择所在地区。创建存储服务账户即可。当创建成功后，将会获得二进制大对象（Blob）、表和队列的端点 URL，其形式为 http：//＜SAName＞.{blob,queue,table}.core.windows.net/，SAName 为前面输入的存储服务名称。同时，还获得主访问键（Primary Access Key）和次访问键（Secondary Access Key）值。主访问键和次访问键共同提高访问存储的安全服务，其中，次访问键主要用于数据备份。当这两个键值出现异常时，可以通过点击重新生成按钮生成新的键值。

接下来，进行托管服务的创建。单击托管服务链接，输入托管服务标签和描述信息。接着创建托管服务 URL，输入托管服务名称，单击检查是否可用按钮，检测名称是否唯一标识。其格式为 http：//＜servicename＞.cloudapp.net/。同时，在托管服务相关组中允许该服务和其他托管服务或存储服务账户相关联并存储在相同地区。使用在存储服务中创建的相关组信息即可。最后，单击创建生成托管服务。

3. 部署应用程序

托管服务存在两种托管状态，分别为 Staging 和 Production，也可以理解为两个不同的部署平台。简单地说，Production 是正式对外部署托管服务的，而 Staging 允许在将托管服务部署到 Production 之前在 Windows Azure 环境下，对服务进行测试。

在部署之前，需要对 GuestBook 项目进行打包发布。右击后从快捷菜单中选择"发布"项，随后将会打开包所在的文件目录。Visual Studio 将会产生两个包，分别为 GuestBook.cspkg 应用程序包和 ServiceConfiguration.cscfg 服务配置包。

打开 Staging 部署页面，上传应用程序包和服务配置包，并设定部署服务的标签内容。可以输入标签为"V1.0"。单击"部署"按钮即可。

4. 配置应用程序存储服务账户

在测试部署的应用程序之前，需要配置应用程序存储服务账户设置信息。打开 Staging 部署状态下的配置界面，查看配置设置，其配置文件内容如图 16-13 所示。

用第 2 步中产生的 SAName 和主访问键代替配置文件中的 YOUR_ACCOUNT_NAME 和 YOUR_ACCOUNT_KEY 内容，保存修改配置即可。

5. 测试并切换部署状态

单击 Staging 部署状态下的 Run"运行"按钮，随后应用程序将进行初始化并启动服务。一旦启动服务成功后，单击下面的站点 URL 地址进行预览即可进行测试。

如果在 Staging 部署状态下没有任何问题后，可以将 Staging 状态切换至 Production 状态。切换成功后，在浏览器状态下输入 http：//＜servicename＞.cloudapp.net/，就可以浏览该应用程序。

```xml
<?xml version="1.0"?>
<ServiceConfiguration serviceName="GuestBook"
    xmlns="http://schemas.microsoft.com/ServiceHosting/2008/10/ServiceConfiguration">
    <Role name="GuestBook_WebRole">
        <Instances count="1" />
        <ConfigurationSettings>
            <Setting name="DataConnectionString"
                value="DefaultEndpointsProtocol=https;
                    AccountName=[YOUR_ACCOUNT_NAME];
                    AccountKey=[YOUR_ACCOUNT_KEY]" />
            <Setting name="DiagnosticsConnectionString"
                value="DefaultEndpointsProtocol=https;
                    AccountName=[YOUR_ACCOUNT_NAME];
                    AccountKey=[YOUR_ACCOUNT_KEY]" />
        </ConfigurationSettings>
    </Role>
    <Role name="GuestBook_WorkerRole">
        <Instances count="1" />
        <ConfigurationSettings>
            <Setting name="DataConnectionString"
                value="DefaultEndpointsProtocol=https;
                    AccountName=[YOUR_ACCOUNT_NAME];
                    AccountKey=[YOUR_ACCOUNT_KEY]" />
            <Setting name="DiagnosticsConnectionString"
                value="DefaultEndpointsProtocol=https;
                    AccountName=[YOUR_ACCOUNT_NAME];
                    AccountKey=[YOUR_ACCOUNT_KEY]" />
        </ConfigurationSettings>
    </Role>
</ServiceConfiguration>
```

图 16-13　配置文件内容

16.4　小结

微软公司提出了云计算即"软件＋服务"的策略,并推出了自己的云计算平台 Azure 平台。Windows Azure 云计算平台主要包括 Windows Azure、SQL Azure 和 .NET 服务 3 个部分组成。Windows Azure 是整个 Azure 云计算平台的数据中心,Windows Azure 主要通过 Fabric 向应用程序提供计算和数据存储服务。SQL Azure 则为应用程序提供云计算环境下的数据服务,SQL Azure 数据库是建立在 SQL Server 之上的,提供 DBMS 的功能。同时 SQL Azure 还提供了 Huron 数据同步机制,保证不同设备间数据的同步问题。.NET 服务向云计算环境和本地环境下的应用程序提供分布式基础服务,.NET 服务提供了采用令牌访问机制,通过声明变换和身份联盟的方式可以很好地解决令牌访问机制中遇到的问题。.NET 服务中还提供了基于服务总线的服务发布和调用的机制。

通过 Windows Azure 开发和部署实例,详细了解了 Web 角色和 Worker 角色的运行机制,数据存储和使用 Table、Blobs 和队列的过程。同时,Windows Azure 提供了两种部署环境,分别为 Staging 和 Production。

习题

1. Windows Azure 云计算平台的三大组成部分及各部分的主要功能是什么？

2. 简单介绍 Windows Azure 的计算服务。

3. Windows Azure 数据存储服务都支持哪些数据方式？并对每种方式进行简单的说明。

4. 说明 Windows Azure 的数据存储区访问方式，并介绍诸如 Java 等语言采用 REST 访问方式的基本方法。

5. 简单说明 SQL Azure，并介绍 SQL Azure 的同步机制。

6. .NET 服务主要包括哪些服务？并简要说明每项服务。

7. 根据图 16-7，说明访问控制服务是如何通过声明变换和身份联盟进行身份验证的？

8. 简要说明 Web 角色和 Worker 角色的区别。

9. 数据实体模式中必须包括哪些属性？

10. 简要说明在 Windows Azure 下如何部署应用程序。

附录 A 云计算在线检测平台

A.1 平台介绍

MapReduce 的日趋流行带动了普通程序员学习 MapReduce 的潮流,它的学习资料也日趋丰富起来。但是 MapReduce 运行所需的并行环境却成为了入门者学习的最大障碍,主要原因是并行环境的硬件要求高,配置复杂,同时现有的学习资料中鲜有编程实战方面的指导,更多专注在 MapReduce 的理论知识上。综合这些情况,本书作者开发了云计算在线检测平台(http://cloudcomputing.ruc.edu.cn/),为读者提供理论知识测试和利用理论知识进行实战的机会,提供运行程序的并行环境,避免入门者将精力都浪费在环境配置上,同时配合本书的学习实践。

云计算在线检测平台是一个 MapReduce 程序检测平台。此平台基于 Hadoop 集群提供了 MapReduce 并行程序运行的分布式环境,它旨在为 MapReduce 的入门者提供简单具体的编程练习,使其初步掌握 MapReduce 框架的编程思想,并拥有使用 MapReduce 并行化解决实际问题的能力。用户可以根据平台提供的问题背景,开发自己的并行程序,并提交运行,平台会根据运行结果反馈给用户一定的信息,以便进行修改或进一步优化。用户也可以在网站上进行分布式系统理论知识的测试,以提高理论水平。同时,此平台结合分布式系统架构 Hadoop、MySQL 技术和 Tomcat 技术,提供了在线的分布式并行运行环境,为用户运行他所提交的并行程序。根据实际的使用结果和平台功能完整性的需求,平台的结构已经从原来的前台用户接口和后台程序运行两个主体结构,发展成前台用户接口、后台运行程序和平台程序过滤模块,前台用户接口负责同用户的交互,包括保存用户提交的代码、返回程序的检测结果等,后台程序运行负责前台收集的用户代码并检测结果,同时将检测的结果交给前台并维护网站用户的信息、提供整个网站的网络服务,代码过滤模块主要实现了雷同代码的过滤和非 MapReduce 合理框架程序的过滤。

云计算在线检测平台会兼顾实战和理论,能让用户在进行理论测试和了解其缺陷所在的过程中掌握开源分布式系统架构 Hadoop 的相关知识和 MapReduce 的理论知识,能让用户在编程提交和修改再提交的过程中切身体验到如何利用分布式系统 Hadoop、MapReduce 编程,以及 MapReduce 并行程序来解决实际问题。总体来说,此平台能够提高用户的理论水平和实战能力,是 MapReduce 入门者不错的入门指导。

A.2 结构和功能

正如第 A.1 节中所介绍的,云计算在线检测平台已发展成由三大部分组成,分别是前台用户接口和后台程序运行及平台程序过滤模块,下面分别对它们进行介绍。

A.2.1 前台用户接口的结构和功能

前台用户接口的功能结构如图 A-1 所示。它主要包括 4 个部分内容：用户完全服务、实例编程练习、分布式系统理论知识测试、帮助功能（指网站的使用帮助、Hadoop 介绍文档，以及网站的中文页面）。下面分别详细介绍这 4 个功能块。

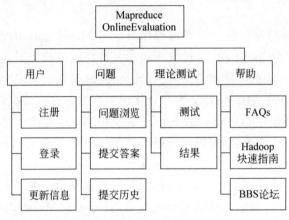

图 A-1　前台界面结构图

（1）用户完全服务主要包括用户注册、登录和更改个人信息等。用户注册是指用户在 Register 页面完成新用户的注册，平台只对注册用户提供代码检测服务。用户注册页面需要提供用户名、注册码（选填）、密码、单位、邮箱等信息，注册成功之后用户就可以使用注册的用户名和密码登录了，同时邮箱会收到一封注册邮件，以防止忘记用户名和密码之后无法登录。在注册时如果用户名已注册、密码重复错误、验证码输入错误等都会导致注册失败。可以在首页的右上角直接使用用户名和密码登录，也可以在 login 页面完成登录操作。登录成功的用户可以选择 login out。更改个人信息是指更改个人密码等信息，如果用户期望做出更改，可以在 update your info 页面完成。

（2）MapReduce 实例编程练习主要包括题目浏览、提交题目、查看提交记录、查看提交源码、查看检测结果。在云计算在线检测的平台上，开发小组设计了很多基于 MapReduce 并行框架能够解决的实际问题。用户可以在 problem 页面详细浏览各个问题的背景，以及输入输出要求和注意事项。然后可以利用自己的 MapReduce 理论知识，针对具体实例问题来编写自己的实例解决代码，并可以在 submit solution 页面提交代码。网站会运行用户提交的代码，然后在网站上反馈相应的结果。用户可以在 My submission 页面中查看自己的提交记录，也可以单击每一条记录中的 source 连接查看自己提交的代码，同时也可以单击 result 栏下面的连接查看检测结果。

（3）分布式系统理论知识测试主要指用户单击首页的 theory test 之后会出现一份限时半小时的试卷，共 20 道选择题。这些选择题都在平台中随机从题库里选出来的，题目是关于分布式系统的理论知识，主要集中在 Hadoop 及其子项目上。用户答题完毕单击提交或在页面上停留的时间超过半小时，所有答案就会提交。平台通过比对之后会将每道题目的正确答案及你的回答一起返回,并计算出此次测试的分数。

(4)帮助功能主要指网站的使用帮助、网站对应的中文页面,以及 Hadoop 的介绍文档和用于讨论的 BBS 版块。网站的使用帮助在首页的 FAQs 页面下,主要是网站在实际使用中要注意的事项。网站对应的中文页面可以单击 Chinese 连接进入。中文页面也提供了与英文页面完全相同的服务。Hadoop 介绍文档指网站上的 Hadoop Quick Start 链接和它所提供的在线文档,主要为用户提供一些 Hadoop 分布式系统的初步认识和安装说明。BBS 板块允许用户在平台上交流 MapReduce 的学习经验,以及对平台上题目的交流,同时还可以留下自己关于平台使用的疑问。

A.2.2 后台程序运行的结构和功能

后台程序运行的功能结构如图 A-2 所示。后台中的主要模块也是 4 个部分:Tomcat 服务器、MySQL 数据库、Hadoop 分布式环境、Shell 文档。下面详细介绍这 4 个功能块。

Tomcat 服务器:Tomcat 服务器担当网站的 Web 服务器角色,保证用户能够从网络上访问到平台,并将开发小组基于 JSP 技术开发的网页呈现在用户的计算机上。

MySQL 数据库:MySQL 数据库里主要是网站的信息,包括用户个人信息、用户提交

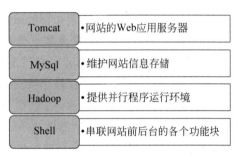

图 A-2 后台结构图

记录、网站题库等。基于 JSP 技术开发的网页通过调用 MySQL 的接口,获取用户请求的信息,并将其呈现在网页上或将网页上提交的信息保存到数据库中。

Hadoop 分布式环境:Hadoop 分布式环境是整个后台的核心所在,因为它是云计算在线检测平台提供特色服务的核心。开发小组首先在多台计算机上安装好 Hadoop 分布式系统,形成一个分布式环境,然后再在集群上配置网站提供服务,这就可以保证为网站提交的代码提供并行程序运行所需的真实分布式环境。Hadoop 集群的主要功能就是运行用户提交的代码,给出结果。

Shell 文档:Shell 文档在检测平台的系统中扮演着人体中血液所扮演的角色。它首先将网页保存下来的用户代码进行预处理,比如检测是否是正确的 Java 程序等,预处理之后的结果再进行预编译,成功之后再将代码提交到 Hadoop 上,接着再收集 Hadoop 的运行结果,然后与标准结果进行比对,最后将比对的结果分类返回给前台网页,呈现在用户面前。综合来说,Shell 文档将前台功能块和后台功能块串联了起来,以便为用户提供连贯的服务。

A.2.3 平台程序过滤功能

这部分主要实现了两个与用户程序直接相关的功能:非 MapReduce 合理框架程序

过滤和雷同代码程序过滤。添加过滤模块的主要出发点是，管理员发现在平台的使用过程中，部分用户直接提交他人代码或者经过一些初级的代码移动、替换等提交他人代码，甚至有部分用户提交的代码所有任务均安排在一个结点的 reduce 函数中完成任务，map 函数的功能就是直接输出获取的输入，这种程序看似运用了 MapReduce 框架，但是并不是合理的 MapReduce 框架程序，因为它未能利用 MapReduce 框架来并行处理问题，甚至由于 map 函数这个无用过程的存在增加了处理的负担。这两种现象都是不应该出现的，但是由于之前平台是自动运行，只匹配结果是否正确，导致这些不合理代码会被接受。为了避免这些现象，管理员升级了平台，增加了代码过滤模块。下面简要介绍这两个功能实现细节：

1. 非 MapReduce 合理框架程序过滤功能

MapReduce 框架通过 Map 和 Reduce 两个函数，实现了集群对海量数据的并行处理。其中 map 函数起到数据预处理和分流的功能，Reduce 函数再根据不同的 key 获取不同的 Map 函数输出流，进行深度数据处理，可见 Map 函数和 Reduce 函数二者功能缺一不可。但是在平台使用中，部分用户只是简单地将所有数据的处理任务都放在一个结点的 Reduce 函数中，Map 函数仅输出接受的输入。这种处理方法是不合理的。

通过观察和分析这些程序，管理员发现，用户要想将所有的任务放在一台结点的 Reduce 函数中处理，那么他就需要将 Map 输出的 key 选为一个固定值。所以从这一点出发，在平台的非 MapReduce 合理框架程序过滤中，管理员首先定位 Map 函数的输出位置，在定位输出位置中 key 的位置，如果程序辨别此 key 值为某个固定值，那么说明用户并未将输入数据分流，是不合理的 MapReduce 框架程序，从而不执行此程序，输出为 MapReduce Error。

2. 雷同代码的过滤

抄袭在平常的工作中非常常见，特别是计算机领域。从发现有雷同代码出现之后，管理员就开始研读对应的雷同代码检测文献，学习相关方法，并将之运用到平台中。现在平台的雷同代码过滤主要采取以下步骤：

（1）过滤无效字符，替换变量为同一字符；

（2）按照固定窗口大小，滑动获取固定大小的连续字符串；

（3）计算每个字符串的 Hash 函数值；

（4）按照固定窗口大小，滑动获取固定大小的连续 Hash 函数值；

（5）获取每个连续函数值串中的最小函数值，结合其位置参数作为代码的指纹，某一位置上的函数值只能出现一次；

（6）计算此代码指纹与代码指纹库中每个指纹的相似度，如果超过某一阈值则判为雷同代码；

（7）界面显示雷同代码，并自动发送邮件给用户和系统管理员。

尽管由于代码抄袭和代码学习之间的界限并不明确，可能会将代码错判为雷同代码,雷同代码的过滤在平台中发挥了巨大作用,模块刚加入之处就判出了两例雷同代码。

代码过滤模块的加入,并不是为了增加用户使用的难度,而是为了规范用户的代码,优化平台的使用。系统管理员会根据实际的使用情况,不断更新扩展此模块功能,使得平台功能更加完善,用户使用更加方便。

A.3　检测流程

经过前面两节的介绍,读者对整个平台已经有一个直观整体的认识,那么这个平台是如何运行的呢? 它的运行流程是什么? 本节将详细介绍云计算在线检测平台检测用户代码的流程。

总体来说,平台对用户代码的检测流程主要包括代码保存、代码预处理、代码运行、代码结果分析返回、结果显示 5 个阶段,下面将分别介绍。

(1) 代码保存阶段:用户在网页上粘贴自己的代码,单击 submit 提交之后,网站会把用户的代码保存在服务器上一个唯一的文件中,并在后台数据库中保存这一次的提交信息和代码路径。

(2) 代码预处理阶段:用户在提交代码之后,网站在进行代码保存的同时还会调用 Shell 文档来进行代码的预处理。Shell 文档被调用运行之后就会开始用户代码的预处理。首先 Shell 文档会按照调用的路径参数从本地找到用户代码,然后检测用户代码,比如程序是否是可运行的 Java 代码、是否符合 MapReduce 框架等。如果预处理成功就会将代码提交给 Hadoop 分布式环境运行,如果预处理失败就会直接返回并将错误原因呈现到网页界面上。

(3) 代码运行阶段:代码预处理成功之后会被提交到 Hadoop 分布式环境上,Hadoop 调用事先已经保存在 HDFS(Hadoop 分布式文件系统)上的输入数据来运行代码。在平台的处理过程中,代码在 Hadoop 上的运行和在线下自己提交代码到 Hadoop 上的运行相同。代码运行结束之后,Shell 文档会将结果信息重定向到代码文件中同样唯一的结果信息文件中,以交给下一步处理。

(4) 结果分析返回阶段:结果分析返回阶段主要是分析 Hadoop 运行的结果信息,对结果分类,生成结果文件,然后将相关的信息写入数据库,供平台显示代码运行结果时调用。Shell 在分析结果时,首先查看有没有输出结果,如果有输出结果就和标准输出进行对比,正确就返回结果 Accepted,错误就返回结果 Wrong Answer。如果没有结果,再将输出信息同一些结果关键词进行匹配,然后返回匹配成功的那一类错误信息。

(5) 结果显示:用户在 My Submission 界面单击 result 一栏的结果链接之后,页面会调用数据库接口,搜索此次提交记录在数据库中对应的记录。找到之后,页面直接获取结果信息文件的路径,然后将其内容显示在页面上,如果代码有误,用户就可以知道代码的错误所在,再进行调整之后重新提交。

结合上面的介绍,网站处理的流程图如图 A-3 所示。

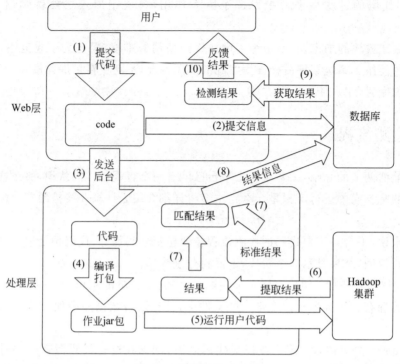

图 A-3　网站处理流程图

A.4　使用介绍

前面介绍了云计算在线检测平台的理论内容,本节将从功能使用、题目介绍、返回结果说明、使用注意事项4个方面详细介绍平台的使用方法。

A.4.1　功能使用

本书第 A.2 节介绍了平台中前台用户接口和后台程序运行的结果和功能块。而与用户直接相关的就是前台功能的使用。下面用3个使用实例来说明如何使用前台功能。

1. 如何注册用户,如何修改信息

注册功能的使用流程如下:

(1) 在首页单击 Register 链接,进入注册界面;

(2) 填写个人信息,包括用户名、注册码(选填)、密码、邮箱、单位、国家、验证码等;

(3) 根据提示进行调整,比如如果提示用户名已存在,就需要换一个用户名,如果提示密码重复错误,就需要重新输入密码等;

(4) 注册成功,如果注册完之后可以进入注册成功界面,就表示注册成功了,界面上显示的是自己除密码外的所有注册信息,同时用户所注册的邮箱会收到一封包含用户名

和密码的注册邮件,以防止忘记用户名或密码。

使用修改信息功能的流程如下:

(1) 登录之后在首页单击 Update your info 链接,进入信息修改页面;

(2) 填写要修改的个人信息;

(3) 单击提交之后就会进入修改成功界面,界面显示修改的信息。

2. 如何提交自己的代码并查看结果

(1) 登录之后单击具体题目下的 Submit 按钮,进入代码提交页面,或者单击 Submit Solution 链接直接进入提交页面,再或者在首页的 Problem 一栏下输入 problem ID 直接进入 Problem,然后单击提交进入代码提交页面;

(2) 在代码提交页面的空白处粘贴自己的代码,单击提交;

(3) 提交之后页面自动跳入仅包含此次提交信息的页面,在这个页面中用户能够查看自己提交的代码,同时页面还能够在代码运行结束之后自动更新 Result 一栏的状态,并显示运行结果(此处采用了 AJAX 技术,由于存在技术兼容问题,所以只有 Firefox 支持),更新之后用户可以点击查看运行结果;

(4) 用户想查看结果和自己的代码,也可以单击 My Submission 链接,进入自己的提交记录页面,单击特定记录后的 Source 就可以查看提交的代码了,单击 Result 一栏的结果可以查看具体的结果信息。

3. 如何进行理论测试

(1) 登录后单击 Theory Test 链接进入理论测试界面;

(2) 根据具体的题目选择正确答案,然后提交(理论测试每份试卷限时 30min,如果在页面上停留的时间超过 30min,平台也会自己提交页面现有答案);

(3) 提交之后页面自动跳入结果页面,显示每道题目的回答是否正确。

A.4.2　返回结果介绍

在平台上提交代码之后在提交历史中的 result 一栏就可以看到结果。那么都有什么结果? 都代表什么意思? 针对具体的错误用户应该如何应对? 下面将进行详细介绍。

(1) Accepted:表示用户提交的代码已经被接受,而用户代码被接受的前提是代码能够正确运行,并且在以平台的测试数据作为输入数据执行的输出结果和平台标准的输出结果完全相同。但是需要提醒的是,由于 MapReduce 编程框架的原因,平台上的这些题目完全可以在 MapReduce 结构中的 Map 或 Reduce 阶段独立完成,但是这种做法没有完全发挥 MapReduce 并行运行的效率,不是最优的办法。所以如果用户的代码被 Accepted 了,用户还需要审视自己的代码,检查它是否最大程度利用了并行运行来提高效率。

(2) Compile Error:表示用户代码编译错误,出现这种情况说明在用户的代码存在语法问题,在进行普通的 Java 程序编译时出错了。用户可以单击 result 栏的错误结果链接去查看具体的语法错误位置，并进行修改。用户也可以在本地进行普通的 Java 编译，待通过之后再提交到平台上。

（3）MapReduce Error：表示代码在 Hadoop 上运行时出现错误并没有输出结果。这种情况出现的可能性比较多，主要包括常见的 Java 程序逻辑错误、MapReduce 逻辑错误等。Java 程序逻辑错误又主要包括数组越界、未初始化等，MapReduce 逻辑错误则主要包括输入输出类型不匹配等。在遇到 MapReduce Error 时相对比较麻烦，需要用户仔细核对自己的代码，找出逻辑错误的地方进行修改，然后再尝试提交。

（4）Wrong Answer：表示代码能够在 Hadoop 上正常运行并有输出结果，只是用户的输出结果和标准结果并不匹配。出现这种情况时，用户首先要检查自己代码的输出格式是否正确，比如顺序是否和实例输出相同。然后再检查结果是否完整，是不是漏掉了某些结果等，最后检查是不是程序逻辑错误导致的结果错误。

（5）Runtime Error：表示代码执行的时间太长，也就是说用户代码在 Hadoop 上执行的时间超出了正常的执行时间。出现这种情况的原因主要是用户程序存在死循环或平台同时提交的程序太多，使运行效率降低了。用户只需要查看是否存在死循环代码并在平台空闲的时间提交就可以了。

（6）Memory Exceed：表示程序运行时内存溢出，即用户代码中过多使用了内存或无限申请内存的代码（这主要针对主函数中的代码，如果在 MapReduce 中出现类似的代码会返回 MapReduce Error）。出现这种情况，就需要用户在自己的代码中仔细查找是否有过多使用内存或无限开内存的代码。

（7）Evil Code：表示提交的程序中存在恶意代码，也就是说用户代码中存在系统调用代码或意图更改平台服务器配置的代码等。这就需要用户清除代码中根本用不到的代码和一些恶意代码了。

（8）Sim Code：表示提交程序的指纹和网站代码指纹库中的某一个指纹相似度超过了网站定义的阈值，也就是说此代码有抄袭的嫌疑。发生这种错误之后网站会向用户和网站管理员自动发送相关邮件，并附上用户代码和雷同代码，如果判错用户可同管理员联系。

以上介绍了平台运行用户提交的代码之后所返回的各种结果及其出现的原因和应对策略。错误的根本原因是代码问题，所以用户遇到问题需要耐心审视自己代码，修改其中不正确的代码和逻辑，删除无用代码。

A.4.3　使用注意事项

本小节主要向读者介绍平台使用的一些注意事项，这部分内容也可以参考平台 FAQs 中的内容。

（1）Java 程序主类的名字必须为 MyMapre（否则编译错误）。存在这个限制的原因是需要统一所有提交的代码，然后由 Shell 文档再将其提交到 Hadoop 上运行，所以不能为每个用户的代码写专门的 Shell 文档。

（2）在配置 MapReduce 程序的输入输出时必须使用下面两个语句（原因和限制 1

相同）：

```
旧 API
FileInputFormat.setInputPaths(conf, new Path(args[0]));?
FileOutputFormat.setOutputPath(conf, new Path(args[1]));?
新 API
FileInputFormat.addInputPath(job, new Path(otherArgs[0]));
FileOutputFormat.setOutputPath(job, new Path(otherArgs[1]));
```

（3）MapReduce 程序必须处于一个 Java 源文件内，它不支持引用其他文件的类。也就是说必须把 Map、Reduce、Combine 等类写到一个文件内。

（4）平台对同时运行的 MapReduce 程序数量有限制。因为系统资源有限，但 Hadoop 平台及 MapReduce 程序在处理少量数据时的表现并不是很好（即使运行少量数据，wordcount 程序也需要花费二十多秒的时间），所以需要用户耐心等待提交程序的检测结果，而且不要同时提交多个程序，以免占用过多的平台资源。

A.5 小结

本附录主要介绍了云计算在线检测平台。平台以 Hadoop 集群作为并行程序的运行环境，为 MapReduce 的入门者提供了兼顾实战和理论的训练，使其初步掌握 MapReduce 框架和 Hadoop 系统的理论知识，同时具有使用 MapReduce 并行化解决实际问题的能力。

在第 A.2 节中介绍了平台的各个组成部分及其功能。平台经过升级之后主要包括前台用户接口、后台程序运行和代码过滤模块。前台主要包括用户完全服务、实例编程练习、分布式系统理论知识测试、帮助功能。前台主要完成与用户的交互和用户服务的功能。后台主要包括 Tomcat 服务器、MySQL 数据库、Hadoop 分布式环境、Shell 文档，它为前台功能提供支持。代码过滤模块主要包括非 MapReduce 合理程序过滤和雷同代码过滤，这一模块规范了用户的程序和使用规范。接着又介绍了用户代码的检测流程，主要是用户提交之后网页保存用户代码、启动 Shell 调用用户提交代码进行代码预处理、预处理成功后代码会提交到 Hadoop 上运行，然后分析返回用户程序执行的结果、最后将用户的结果信息显示在前台界面上。第 A.4 节对网站的使用进行了介绍，主要是一些功能使用的举例，比如注册更新信息、提交代码、理论测试等。同时本节还介绍了用户代码运行之后返回的各个结果所表示的意思，以及原因和如何应对。

云计算在线检测平台能够帮助用户补充 MapReduce 编程框架和 Hadoop 分布式系统的理论知识，并且在实践中掌握利用 MapReduce 框架解决实际问题的能力，是 MapReduce 入门者不错的选择。

技术名词索引

参 考 文 献

[1] CHIEN A,CALDER B,ELBERT S,et al. Entropia:Architecture and Performance of an Enterprise Desktop Grid System[J]. Journal of Parallel and Distributed Computing,2003,63(5):597-610.

[2] IYENGAR A K,SQUILLANTE M S,ZHANG L. Analysis and characterization of large-scale Web server access patterns and performance[J]. World Wide Web. Jan,1999,2(1-2):85-100.

[3] ROWSTRON A, DRUSCHEL P. Pastry: Scalable, decentralized object location and routing for large-scale peer-to-peer systems[J]. Middleware,2001.

[4] SILBERSTEIN A,COOPER B F,SRIVASTAVA U,et al. Effcient bulk insertion into a distributed ordered table[C]//The Proceedings of the ACM SIGMOD 2008 ,Beijing.

[5] SU A, CHOFFNES D R, KUZMANOVIC A, et al. Bustamante: Drafting behind Akamai (travelocity-based detouring) [J]. ACM SIGCOMM Computer Communication Review, October, 2006,36(4):435-446.

[6] WEISS A. Computing in the Clouds[J]. netWorker,December,2007,11(4):16-25.

[7] ARRON S. Pluralsight:A Developer's Guide Service Bus in Windows Azure platform AppFabric [EB/OL]. [2009] http://download. microsoft. com/download/F/D/8/.

[8] SILBERSCHATZ A,GALVIN P B ,GAGNE G,et al. Operating System Concepts[M]. 6th ed. 郑扣根,译. 北京:高等教育出版社,2008.

[9] ADYA A,BOLOSKY W J,CASTRO M. Farsite:federated,available,and reliable storage for an incompletely trusted environment[J]. SIGOPS Oper. Syst. Rev. 36,Dec. 2002:1-14.

[10] AMD. AMD I/O Virtualization Technology (IOMMU) Specification [EB/OL]. [2006] http: //www. amd. com/us-en/assets/content_type/white_papers_and_tech_docs/34434. pdf.

[11] ANDERSON,et al. Serverless network file systems[C]//The Proceedings of the 15th ACM Symposium on Operating System Principles,Copper Mountain Resort,Colorado,1995.

[12] ANDREW S, TANENBAUM, MAARTEN V S. Distributed Systems Principles and Paradigms [M]. 2nd ed. 辛春生,陈宗斌,等译. 北京:清华大学出版社,2008.

[13] ANDREW S, Tanenbaum. Distributed Operating System[M]. 陆丽娜,伍卫国,刘隆国,译. 北京: 电子工业出版社, 2008.

[14] ANDREW S, TANENBAUM , MAAREN V S. Distributed Systems Principles and Paradigms [M]. 杨剑峰,常晓波,李敏,译. 北京:清华大学出版社,2004.

[15] APACHE HADOOP. Native Libraries Guide[EB/OL]. [2009] http://hadoop. apache. org/ common/ docs/r0. 21. 0/native_libraries. html.

[16] APACHE HADOOP HIVE. Hadoop Hive[EB/OL]. [2009]. http://hadoop. apache. org/hive.

[17] APACHE SOFTWARE FOUNDATION. Hadoop 0. 20 Documentation[EB/OL]. [2009] http:// hadoop. apache. org/common/docs/r0. 20. 2/.

[18] APACHE SOFTWARE FOUNDATION. Hadoop 0. 20 MapReduce Tutorial[EB/OL]. [2009] http://hadoop. apache. org/common/docs/r0. 20. 0/mapred_tutorial. html.

[19] APACHE SOFTWARE FOUNDATION. Hadoop Avro [EB/OL]. [2009]. http://hadoop. apache. org/avro.

[20] GOOGLE. Google. App Engine[EB/OL]. [2009]. http://code. google. com/appengine.

[21] BARATLOO A,KARAUL M,KEDEM Z,et al. Charlotte:Metacomputing on the web[C]///The Proceedings of the 9th International Conference on Parallel and Distributed Computing Systems,1996.

[22] FOX A,GRIBBLE S D,CHAWATHE Y,et al. Cluster-based scalable network services[C]///The Proceedings of the 16th ACM Symposium on Operating System Principles, Saint-Malo, France,1997.

[23] ARPACI-DUSSEAU C,et al. Generating Realistic Impressions for File-System Benchmarking [C]//The Proceedings of the FAST 2009:125-138,2009.

[24] MAGGS B. Global Internet Content Delivery[C]//The Proceedings of the 1st IEEE/ACM International Symposium on Cluster Computing and the Grid. Brisbane,Australia,May,2001.

[25] BAKER J. CORBA Distributed Objects Using Orbix[M]. England:Addison-Wesley,1997.

[26] LISKOV B,GHEMAWAT S,GRUBER R,et al. Replication in the Harp file system[C]//The Proceedings of the 13th Symposium on Operating System Principles,Pacific Grove,CA,1991.

[27] BENTLEY J L, MCILROY M D. Data compression using long common strings [C]//The Proceedings of the Data Compression Conference,1999.

[28] BERNSTEIN P A, GOODMAN N. An algorithm for concurrency control and recovery in replicated distributed databases[J]. ACM Trans. on Database Systems,9(4),December 1984:596 - 615.

[29] BLAKLEY B. CORBA Security[M]. England:Addison-Wesley,2000.

[30] BLOOM B H. Space/time trade-offs in hash coding with allowable errors. CACM [J],1970.

[31] BOSS G,MALLADI P,QUAN D,et al. Cloud Computing [EB/OL]. http://www. ibm. com/ibm/cloud/.

[32] BUDHIRAJA N, MARZULLO K. Tradeoffs in Implementing Primary-Backup Protocols[J]. Technical Report TR:92-1307.

[33] BURROWS M. The Chubby lock service for loosely-coupled distributed systems [C]//The Proceedings of the 7th OSDI,2006.

[34] JIN C, BUYYA R. MapReduce Programming Model for. NET-based Distributed Computing. Technical Report GRIDS-TR- 2008-15[R]. Grid Computing and Distributed Systems Laboratory. Australia: The University of Melbourne,17 October,2008.

[35] OLSTON C, REED B, SRIVASTAVA U, et al. Pig Latin: A not-so-foreign language for data processing[C]//The Proceedings of the SIGMOD 2008.

[36] YEO C S,BUYYA R. Pricing for Utility-driven Resource Management and Allocation in Clusters [J]. International Journal of High Performance Computing Applications,November,2007,21(4): 405-418.

[37] YEO C S, VENUGOPAL S,CHU X,et al. Autonomic Metered Pricing for a Utility Computing Service. Technical Report GRIDS-TR-2008-16 [R]. Grid Computing and Distributed Systems Laboratory,Australia:The University of Melbourne,28 October,2008.

[38] CABRERA,SWIFT. Using distributed disk striping to provide high I/O data rates[C]//The Proceedings of the Computer Systems,1991.

[39] THEKKATH C A,MANN T,LEE E K,et al. Frangipani:A scalable distributed file system[C]// The Proceedings of the 16th ACM Symposium on Operating System Principles, Saint-Malo, France,1997.

[40] CHANG F,DEAN J,GHEMAWAT S,et al. Bigtable:a distributed storage system for structured data[C]//The Proceedings of the 7th Conference on USENIX Symposium on Operating Systems Design and Implementation,Seattle,WA,November,2006.

[41] CHANG F, DEAN J, GHEMAWAT S, et al. Bigtable: A Distributed Storage System for Structured Data[C]//The Proceedings of the OSDI'06:Seventh Symposium on Operating System Design and Implementation,Seattle,WA,2006.

[42] CHANG F, FARKAS K I. Parthasarathy Ranganathan: Energy-Driven Statistical Sampling: Detecting Software Hotspots[C]//The Proceedings of the PACS,2002:110-129.

[43] COMER D. Ubiquitous B-tree[J]. Computing Surveys,1979.

[44] HAMILTON D. Cloud computing seen as next wave for technology investors[EB/OL]. [2008]. http://www. financialpost. com/money/story. html? id=562877.

[45] IRWIN D E,GRIT L E,CHASE J S. Balancing Risk and Reward in a Market-based Task Service [C]//The Proceedings of the 13th International Symposium on High Performance Distributed Computing. Honolulu,HI,June,2004.

[46] DEWITT D J, GRAY J. Parallel database systems:The future of high performance database processing[J]. CACM,1992,36(6),June.

[47] KOSSMANN D. The state of the art in distributed query processing[J]. ACM Computing Surveys,2000,32(4):422-469.

[48] RAYBURN D. CDN pricing:Costs for outsourced video delivery. In Streaming Media West 2008: The Business and Technology of Online Video[C]//The Proceedings of the San Jose,USA,Sept. 2008. http://www. streamingmedia. com/west/presentations/SMWest2008-CDN-Pricing. ppt.

[49] DATANUCLEUS. DataNucleus[EB/OL]. [2009]. http://www. datanucleus. org.

[50] DAVID C. Introducing the Windows Azure Platform[EB/OL]. [2009].

[51] DAVID C. Introducing Windows Azure[EB/OL]. [2009].

[52] DEAN J,CHANG F,et al. Bigtable:A Distributed Storage System for Structured Data (Awarded Best Paper!) [C]//The Proceedings of the 8th OSDI,2006.

[53] DEWITT D,KATZ R,OLKEN F,et al. Implementation techniques for main memory database systems[C]//The Proceedings of the SIGMOD 1984.

[54] DEWITT D J, GRAY J. Parallel database systems:The future of high performance database systems[C]//The Proceedings of the CACM,1992.

[55] COULOURIS G et al. Distributed Systems:Concepts and Design [M]. 3rd ed. England:Addison-Wesley,2001.

[56] TANENBAUM, STEEN V. Distributed Systems:Principles and Paradigms[M]. US:Prentice Hall,2002.

[57] Documentation/DMA-API. txt. [EB/OL]. [2010] http://www. mjmwired . net/kernel/ Documentation/DMA-API. txt.

[58] Documentation/DMA-mapping. txt. [EB/OL]. [2010] http://www. mjmwired. net/kernel/Docu mentation/DMA-mapping. txt.

[59] DOUCEUR J R, BOLOSKY W J. Process-based regulation of low-importance processes[J]. SIGOPS Oper. Syst. Rev. 34,2,Apr. 2000:26-27.

[60] THAIN D, TANNENBAUM T, LIVNY M. Distributed computing in practice:The Condor experience. Concurrency and Computation:Practice and Experience[J],2004.

[61] ELMROTH E, TORDSSON J. A Grid Resource Broker Supporting Advance reservations and Benchmark-based Resource Selection[C]//The Proceedings of the 7th Workshop on State-of-the-art in Scientific Computing. Lyngby, Denmark, June, 2004.

[62] ANDERSON E, TREUHAFT N, CULLER D E, et al. Cluster I/O with River: Making the fast case common [C]//The Proceedings of the Sixth Workshop on Input/Output in Parallel and Distributed Systems(IOPADS'99), Atlanta, Georgia, 1999.

[63] RIEDEL E, FALOUTSOS C, GIBSON G A, et al. Active disks for large-scale data processing. IEEE Computer[J], 2001.

[64] CHANG F, FASER K. Operating System I/O Speculation: How Two Invocations Are Faster Than One[C]//The Proceedings of the USENIX Annual Technical Conference, General Track 2003: 325-338.

[65] FOX A, STEVRN D, et al. Orthogonal Extensions to the WWW User Interface Using Client-Side Technologies[C]//The Proceedings of the ACM Symposium on User Interface Software and Technology 83-84, 1997.

[66] SCHMUCK F, HASKIN R. GPFS: A shared-disk file system for large computing clusters[C]// The Proceedings of the First USENIX Conference on File and Storage Technologies, Monterey, California, 2002.

[67] DECANDIA G, et al. Dynamo: Amazon's highly available key-value store[C]//The Proceedings of the SOSP, 2007.

[68] GARTNER. Seven Cloud-Computing Security Risks. [EB/QL]. [2008] http://www.inf oworld. com/d/security-central/gartner-seven-cloud-computing-security-risks-853.

[69] GARTNER. Gartner 预计 2008 年全世界 IT 费用持续增长将超过 34 亿 [EB/OL]. http://www. gartner.com/technology/home.jsp/.

[70] GEELAN J, et al. 二十一位专家定义云计算[EB/OL]. [2008-07-21] http://server.51c to.com/ Trend-8 1909.htm.

[71] COULOURIS G, DOLLIMORE J, KINDBERG T. Distributed Systems Concepts and Design [M]. 4th ed. 金蓓弘, 曹冬磊, 等译. 北京: 机械工业出版社, 2008.

[72] GERALD B, ANDREAS V, KEITH D. Java Programming with CORBA: Advanced Techniques for Building Distributed Applications[M]. New York: Wiley, 2002.

[73] GHEMAWAT S, KEITH H, SCALES D J. Field analysis: getting useful and low-cost interprocedural information[C]//The Proceedings of the of PLDI, 2003.

[74] GHEMAWAT S, DEAN J. MapReduce: Simplified Data Processing on Large Clusters[C]//The Proceedings of the OSDI 137-150, 2004.

[75] GIFFORD D. Weighted Voting for Replicated Data[C]//The Proceedings of the Seventh Symp Operating System Principles. ACM, pp: 150-162, 1979.

[76] GRAY J, HELLAND P, O'NEIL P, et al. The dangers of replication and a solution[C]//The Proceedings of the 1996 ACM SIGMOD international Conference on Management of Data, Montreal, Quebec, Canada, June 04-06, 1996.

[77] GUPTA I, CHANDRA T D, GOLDSZMIDT G S. On scalable and efficient distributed failure detectors[C]//The Proceedings of the Twentieth Annual ACM Symposium on Principles of Distributed Computing, Newport, Rhode Island, United States, 2001.

[78] BLELLOCH G E. Scans as primitive parallel operations [J]. IEEE Transactions on

Computers，1989.

[79] ATTIYA H，WELCH J. Distributed Computing[M]. 6th ed. 骆志刚，黄朝晖，黄旭慧，等译. 北京：电子工业出版社，2008.

[80] HENNING M. VINOSKI S. Advanced CORBA Programming with C++[M]. England：Addis on-Wesley，2006.

[81] SCHULZ G. VMworld 2010 Virtual Roads，Clouds and INXS Devil Inside[EB/OL]. [2010] http://gregschulz. sys-con. com/node/1521161.

[82] GARTNER. Gartner Says Worldwide IT Spending to Grow 5. 3 Percent in 2010 [EB/OL]. [2010] http://vmblog. com/archive/2010/04/12/gartner-says-worldwide-it-spending-to-grow-5-3-percent-in-2010. aspx.

[83] High Performance On Demand Solutions[EB/OL]. http://www. ibm. com/developerworks / websphere/zones/hipods/.

[84] Google and I. B. M. Join in 'Cloud Computing' Research[EB/OL]. [2007-08] http:// www. nytimes. com/2007/10/08/technology/08cloud. html? _ r = 2&ex = 1349496000&en = 92627f0f65ea0d75&ei=5090&partner=rssuserland&emc=rss&oref=slogin.

[85] BRANDIC I，VENUGOPAL S，MATTESS M，et al. Towards a Meta-Negotiation Architecture for SLA-Aware Grid Services[R]//Technical Report GRIDS-TR-2008-10[R]. Grid Computing and Distributed Systems Laboratory，The University of Melbourne，Australia，8 August，2008.

[86] BRANDIC I，PLLANA S，BENKNER S. Specification，Planning，and Execution of QoS-aware Grid Workflows within the Amadeus Environment[J]. Concurrency and Computation：Practice and Experience，25 March，2008，20(4)：331-345.

[87] STOICA I，ABDEL-WAHAB H M，et al. Fair On-Line Scheduling of a Dynamic Set of Tasks on a Single Resource. [C]//The Proceedings of the Lett. 64(1)，1997；43-51.

[88] STOICA I，MORRIS R，KARGER D，et al. Chord：A scalable peer-to- peer lookup service for internet applications[C]//The Proceedings of the SIGCOMM，2001.

[89] MOSBERGER D，ERANIAN S. IA-64 Linux Kernel：Design and Implementation[M]. [S. l.]：Prentice Hall PTR，2002.

[90] FOSTER L. What is the Grid? A Three Point Checklist[R]. 2006.

[91] INTEL. Intel Virtualization Technology forDirected I/O Architecture Specification[EB/OL]. [2006] ftp://download. intel. com/technology/computing/vptech/Intel（r）_ VT_for_Direct_IO. pdf.

[92] BROBERG J，BUYYA R，TARI Z. MetaCDN：Harnessing 'Storage Clouds' for High Performance Content Delivery. Technical Report GRIDS-TR-2008-11[R]//Grid Computing and Distributed Systems Laboratory，The University of Melbourne，Australia，15 August，2008.

[93] DEAN J，GHEMAWAT S. MapReduce：Simplified Data Processing on Large Clusters[C]//The Proceedings of the 6th USENIX Symposium on Operating Systems Design and Implementation. San Francisco，USA，December，2004.

[94] DEAN J，GHEMAWAT S. MapReduce：Simplified data processing on large clusters[C]//The Proceedings of the In OSDI，2004.

[95] GRAY J，REUTER A. Transaction Processing：Concepts and Techniques [M]. US：Morgan Kaufmann，1993.

[96] MACCORMICK J，MURPHY N，NAJORK M，et al. Boxwood：Abstractions as the foundation for

storage infrastructure[C]//The Proceedings of the In OSDI,2004.

[97] JALOTE P. Fault Tolerance in Distributed Systems[M]. US:Prentice Hall,1994.

[98] JASON L,GRAEME M,ALISTAIR M. Overview of Microsoft SQL Azure Database[EB/OL]. [2009].

[99] VENNER J. Pro Hadoop[M]. USA:Apress,2009.

[100] JEROME B,RUNPING Y K,ARIEL Q R,et al. Chukwa:A large-scale monitoring system[C]// The Proceedings of the Cloud Computing and Its Applications CCA,Chicago,October 2008.

[101] BENT J,THAIN D,ARPACI-DUSSEAU R C,et al. Explicit control in a batch-aware distributed file system[C]//The Proceedings of the 1st USENIX Symposium on Networked Systems Design and Implementation NSDI,2004.

[102] HOWARD J,KAZAR M,MENEES S,et al. Scale and performance in a distributed file system [J]. ACM Transactions on Computer Systems,1988.

[103] CZAJKOWSKI K,FOSTER I,KESSELMAN C,et al. SNAP:A Protocol for Negotiating Service Level Agreements and Coordinating Resource Management in Distributed Systems[C]//The Proceedings of the 8th Workshop on Job Scheduling Strategies for Parallel Processing. Edinburgh,Scotland,July,2002.

[104] DAUDJEE K, SALEM K. Lazy database replication with snapshot isolation[C]//The Proceedings of the VLDB,2006.

[105] KARGER D, LEHMAN E, LEIGHTON T, et al. Consistent hashing and randomtrees: distributed caching protocols for relieving hot spots on the World Wide Web[C]//The Proceedings of the Twenty-Ninth Annual ACM Symposium on theory of Computing EI Paso, Texas,United States,May,1997.

[106] KEITH B. Pluralsight:A Developer's Guide Access Control in the Windows Azure platform AppFabric[EB/OL]. [2009].

[107] KUBIATOWICZ J, BINDEL D, CHEN Y, et al. OceanStore:an architecture for global-scale persistent storage[J]. SIGARCH Comput. Archit. News 28,5,Dec. 2000:190-201.

[108] BRESLAU L, CAO P, FAN L, et al. Web caching and zipf-like distributions:Evidence and implications[C]//The Proceedings of the INFOCOM,1999.

[109] VALIANT L G. A bridging model for parallel computation[J]. Communications of the ACM,1997.

[110] LAMPORT L. Time, clocks, and the ordering of events in a distributed system[J]. ACM Communications,21(7), 558- 565,1978.

[111] LINDSAY B G,et al. Notes on Distributed Databases[J]. Research Report RJ2571(33471),IBM Research,July 1979.

[112] BARROSO L A,DEAN J,HOLZLE U. Web search for a planet:The Google cluster architecture [J]. IEEE Micro,2003.

[113] AGUILERA M K,MERCHANT A,SHAH M,et al. Sinfonia:A new paradigm for building scalable distributed systems[C]//The Proceedings of the SOSP,2007.

[114] MAZOUNI K, GARBINATO B, GUERRAOUI R. Building Reliable Client-Server Software Using Actively Replicated Objects[J]. Technology of Object Oriented Languages and Systems, 1995:37-53.

[115] MERKLE R. A digital signature based on a conventional encryption function[C]//The

Proceedings of the CRYPTO. Springer-Verlag,1988.

[116] ARMBRUST M,FOX A,GRIFFITH R,et al. Above the Clouds：A Berkeley View of Cloud Computing.［EB/OL］.［2009-02-28］http：//www. eecs. berkeley. edu/Pubs/TechRpts/2009/EECS-2009-28. pdf.

[117] MILLER M. Cloud Computing［M］. 姜进磊,孙瑞志,向勇,史美林,译. 北京：机械工业出版社,2009.

[118] STANLEY M. Technology Trends ［R］. 2008-01-12.

[119] MOSER L,MELLIAR-SMITH P,AGARWAL D,et al. TOTEM：A Fault-Tolerant Multicast Group Communication System［J］. Commun. ACM,Vol. 39,No. 4,1996 ；54-63.

[120] MOSER L,MELLIOR-SMITH P,NARASIMHAN P. Consistent Object Replication in the Eternal System［J］. Theory and Practice of Object Systems,Vol. 4,No. 2,1998；81-92.

[121] NARASIMHAN P,MOSER L,MELLIOR-SMITH P. Using Interceptors to Enhance CORBA ［J］. IEEE Computer,Vol. 32,No. 7,1998；62-68.

[122] NICHOLAS CARR. The End of Corporate Computing［J］. MIT Sloan Management Review,Spring 2005.

[123] OBJECT MANAGEMENT GROUP. Event Service Specification ［R］. US：OMG,1997.

[124] OBJECT MANAGEMENT GROUP. Naming Service Specification ［R］. US：OMG,1997.

[125] OBJECT MANAGEMENT GROUP. The CORBA IDL Specification ［R］. US：OMG,1997.

[126] OBJECT MANAGEMENT GROUP. CORBA Messaging［M］. US：OMG,1997.

[127] OBJECT MANAGEMENT GROUP. CORBA/IIOP 2. 3. 1 Specification ［R］. US：OMG,1998.

[128] OBJECT MANAGEMENT GROUP. Notification Service Specification［R］. US：OMG,1998.

[129] OBJECT MANAGEMENT GROUP. Objects by Value［R］. US：OMG,2000.

[130] OBJECT MANAGEMENT GROUP. Fault Tolerant CORBA［R］. US：OMG,2000.

[131] OBJECT MANAGEMENT GROUP. Index to CORBA services［R］. US：OMG,2000.

[132] ORFALI R,HARKEY D,EDWARDS J. The Essential Distributed Objects Survival Guide［M］. US：Wiley,1996.

[133] BERNSTEIN P A,GOODMAN N. Timestamp-based algorithms for concurrency control in distributed database systems［C］//The Proceedings of the VLDB,1980.

[134] BERNSTEIN P,DANI N,KHESSIB B,et al. Data management issues in supporting large-scale web services［C］//The Proceedings of the IEEE Data Engineering Bulletin,2006,December.

[135] BERNSTEIN P,HADZILACOS V,GOODMAN N. Concurrency Control and Recovery in Database Systems［M］. England：Addison-Wesley,1987.

[136] HELLAND P. Life beyond distributed transactions：an apostate's opinion［C］//The Proceedings of the Conference on Innovative Data Systems Research,2007.

[137] PATTERSON D,GIBSON A G,KATZ R. H. A case for redundant arrays of inexpensive disks （RAID） ［C］//The Proceedings of the 1988 ACM SIGMOD International Conference on Management of Data,Chicago,Illinois,1998.

[138] PIKE R,DORWARD S,GRIESEMER R,et al. Interpreting the data：Parallel analysis with Sawzall［J］. Scientific Programming Joournal,2005.

[139] R. BUYYA,D. ABRAMSON,AND S. VENUGOPAL. The Grid Economy［C］//The Proceedings of the IEEE. March,2005,93(3)：698-714.

[140] RAMASUBRAMANIAN V,SIRER E G. Beehive：O(1)lookup performance for power-law query

distributions in peer-topeer overlays[C]//The Proceedings of the 1st Conference on Symposium on Networked Systems Design and Implementation,San Francisco,CA,March ,2004.

[141] REIHER P,HEIDEMANN J,RATNER D,et al. Resolving file conflicts in the Ficus file system [C]//The Proceedings of the USENIX Summer 1994 Technical Conference on USENIX Summer 1994 Technical Conference,Boston,Massachusetts,June,1994.

[142] ARPACI-DUSSEAU R H,CULLER D E,HELLERSTEIN J M,et al. High-performance sorting on networks of workstations[C]//The Proceedings of the 1997 ACM SIGMOD International Conference on Management of Data,Tucson,Arizona,1997.

[143] RODRIGUES L, FONSECA H, VERISSIMO P. Totally Ordered multicast in Large-Scale Systems. Proc[C]//The Proceedings of the 16th Int. Conf. on Distributed Computing Systems. IEEE:503-510,2006.

[144] ROWSTRON A, DRUSCHEL P. PAST: A large-scale,persistent peer-to-peer storage utility [C]//The Proceedings of the HotOS November,2001.

[145] ROWSTRON A, DRUSCHEL P. Storage management and caching in PAST,a large-scale, persistent peer-to-peerstorage utility[C].//The Proceedings of the Symposium on Operating Systems Principles,October 2001.

[146] HUEBSCH R, HELLERSTEIN J M, LANHAM N,et al. A Querying the internet with pier [C]//The Proceedings of the VLDB,2003.

[147] WEIL S A,BRANDT S A,MILLER E L,et al. CEPH:A scalable,high-performance distributed file system[C]//The Proceedings of the OSDI,2006.

[148] GHEMAWAT S, KEITH H, SCALES D J. Field analysis:getting useful and low-cost interprocedural information[C]//The Proceedings of the PLDI,2000.

[149] GORLATCH S. Systematic efficient parallelization of scan and other list homomorphisms[C]// The Proceedings of the Euro-Par'96. Parallel Processing,Lecture Notes in Computer Science 1124,1996.

[150] VENUGOPAL S, BUYYA R, WINTON L. A Grid Service Broker for Scheduling e-Science Applications on Global Data Grids[J]. Concurrency and Computation:Practice and Experience, May,2006,18(6):685-699.

[151] VENUGOPAL S, CHU X, BUYYA R. A Negotiation Mechanism for Advance Resource Reservation using the Alternate Offers Protocol[C]//The Proceedings of the 16th International Workshop on Quality of Service. 2008.

[152] SAITO Y,FROLUND S,VEITCH A,et al. FAB:building distributed enterprise disk arrays from commodity components[J]. SIGOPS Oper. Syst. Rev. 38,5 Dec. 2004:48-58.

[153] GHEMAWAT S,GOBIOFF H,LEUNG S. The Google file system[C]//The Proceedings of the 19th Symposium on Operating Systems Principles,Lake George,New York,2003.

[154] SATYANARAYANAN M,KISTLER J J,SIEGEL E H. CODA:A Resilient Distributed File System[C]//The Proceedings of the IEEE Workshop on Workstation Operating Systems, Nov,1987.

[155] Similarities and Difference of SQL Azure and SQL Server[EB/OL]. [2009] .

[156] Software Optimization Guide for the AMD64 Processors[EB/OL]. [2005] http://www. amd. com/us-en/assets/content_type/white_papers_and_tech_docs/25112. PDF.

[157] STEVE L. Google 和 IBM 加入云计算研究 [EB/OL]. [2007] http://www. nytimes. com/.

[158] SOLTIS S R,RUWART T M,O'KEEFE M T. The Gobal File System［C］//The Proceedings of the Fifth NASA Goddard Space Flight Center Conference on Mass Storage Systems and Technologies,College Park,Maryland,1996.

[159] STOICA I,MORRIS R,KARGER D,et al. CHORD：A scalable peer-to-peer lookup service for internet applications ［C］//The Proceedings of the 2001 Conference on Applications, Technologies,Architectures,and Protocols For Computer Communications,San Diego,California, United States,2001.

[160] TERRY D B, THEIMER M M, PETERSEN K,et al. Managing update conflicts in Bayou,a weakly connected replicated storage system ［C］//The Proceedings of the Fifteenth ACM Symposium on Operating Systems Principles, Copper Mountain, Colorado, United States, December,1995.

[161] AGRAWAL R. The Claremont Report on Database Research. ［EB/OL］. ［2008-05-29］ http:// db. cs. berkeley. edu/claremont/.

[162] THOMAS R H. A majority consensus approach to concurrency control for multiple copy databases[J]. ACM Transactions on Database Systems 4 (2),1979：180-209.

[163] TOM W. Hadoop：The Definition of Guide[M]. Reading,CA：O'Reilly,2009.

[164] PADMANABHAN V N,SRIPANIDKULCHAI K. The Case for Cooperative Networking［C］// The Proceedings of the 1st International Workshop on Peer-To-Peer Systems,Lecture Notes In Computer Science. Springer-Verlag,London. March,2002,2429：178-190.

[165] VINOSKI S. New Features for CORBA 3. 0. Comms[C]//The Proceedings of the ACM,October 1998,Vol. 41,No. 10. pp. 44-52. ,1998.

[166] VIRTUALIZATION JOURNAL. Twenty-One Experts Define Cloud Computing. ［EB/OL］. ［2009-01-24］. http://virtualization. sys-con. com/node/612375.

[167] WEATHERSPOON H,EATON P,CHUN B,et al. Antiquity：exploiting a secure log for wide-area distributed storage[J]. SIGOPS Oper. Syst. Rev. 41,3,Jun. 2007：371-384.

[168] WELSH M,CULLER D,BREWER E,et al. SEDA：an architecture for well-conditioned,scalable internet services ［C］//The Proceedings of the Eighteenth ACM Symposium on Operating Systems Principles,Banff,Alberta,Canada,October,2001.

[169] GROPP W, LUSK E, SKJELLUM A. Using MPI：Portable Parallel Programming with the Message-Passing Interface[M]. MA：MIT Press,1999.

[170] Wu Jie. 分布式系统设计[M]. 高传善,等译. 北京：机械工业出版社,2001.

[171] CHU X,NADIMINTI K,JIN C S,et al. Aneka：Next-Generation Enterprise Grid Platform for e-Science and e-Business Applications［C］//The Proceedings of the 3th IEEE International Conference on e-Science and Grid Computing. Bangalore,India,December,2007.

[172] PRATT I, FRASER K, HAND S. et al. Xen 3. 0 and the Art of Virtualization［C］//The Proceedings of the 2005 Ottawa Linux Symposium (OLS),2005.

[173] DRAGOVIC B, FRASER K, HAND S T,et al. Xen and the Art of Virtualization［C］//The Proceedings of the 19th ASM Symposium on Operating Systems. Principles (SOSP),2003.

[174] Yahoo! Develop Network. Hadoop MapReduce Sort Record[EB/OL]. ［2009］ http://developer. yahoo. net/blogs/hadoop/2009/05/hadoop_sorts _a_petabyte_in_162. html.

[175] YAML. YAML［EB/OL］. ［2009］. http://www. yaml. org/.

[176] ZENDREW S,TANENBAUM,Tanenbaum. 分布式操作系统[M]. 北京：电子工业出版社,1999.

[177]　邵佩英.分布式数据库系统及其应用[M].北京:科学出版社,2005.

[178]　维基百科.分布式计算 [EB/OL].[2008-09-09] http://zh. wikipedia. org/wiki/分布式计算.

[179]　吴功宜.计算机网络[M].2 版.北京:清华大学出版社.2007.

[180]　杨学良,张占军.分布式多媒体计算机系统教程 [M].北京:电子工业出版社,2002.

[181]　谢希仁.计算机网络[M].5 版.北京:电子工业出版社,2008.

[182]　张军.分布式系统技术内幕[M].北京:首都经济贸易大学出版社,2006.

[183]　郑伟民,等.计算机系统结构[M].2 版.北京:清华大学出版社,2005.

[184]　周静.浅谈分布式系统体系[J].科技情报开发与经济.2006(1):16.

后 记

写这本书,从计划到最后定稿用了将近两年的时间。写完这本书,总觉得还意犹未尽。云计算的发展日新月异,我们不断地看到新的技术和云计算平台涌现。但是,广大云计算爱好者不能等到云计算技术已经完全成熟和定型之后再去学习,因为这样会错失云计算发展的最佳机遇。时不我待,我们需要在云计算这次具有深刻影响力的 IT 变革中抓住机会,迎头赶上,甚至超越国际的一流水平。

从 IT 技术发展的历史来看,在每次 IT 技术革命都会催生出一批新兴 IT 新贵。电子计算机的出现缔造了 IBM 这个蓝色巨人;大规模和超大规模集成计算机的工艺变革,催生了 Intel 处理器芯片制造商;微型计算机和个人计算机的出现,要求 Microsoft 这样的 IT 巨头提供 Windows 操作系统方便普通用户使用计算机;伴随互联网的发展,基于 Web 的海量数据出现,人们需要像 Google 这样的搜索引擎提供商提供快速、准确、高效的信息检索功能。那么,在这次的云计算浪潮中,我们是否做好了充分的思想准备?抓住机遇,努力打造具有核心竞争力的本土跨国大型 IT 企业。我想这应该是我们每个计算机从业者认真思考的问题。

云计算作为分布式处理、并行计算、集群计算和网格计算的发展,受到 IT 业界和高校科研人员的广泛的青睐。诸如 Amazon、Yahoo!、Google、Microsoft 和 IBM 这样的国际 IT 巨头都投入大量的资金和科研人员打造自己的云计算平台,并推出相应的云计算产品。目前,比较成功的云计算产品有 Amazon EC2/S3 和 Google Application Engine 等。国内各大公司也相继提出自己的云计算概念,百度提出一种"框计算"概念,阿里巴巴提出的"商业云"平台,以及中国移动提出的 BigCloud 等云计算概念。从这些 IT 界的动态来看,我们不难发现目前市场上急需云计算相关技能的专业人员。但是,目前国内关于介绍云计算的书籍并不齐全,而且不够深入。基于上述考虑,笔者决定整理云计算相关的资料,试图清晰准确地对分布式技术和云计算进行全面介绍。希望能够通过这本书帮助读者深入了解并掌握云计算的相关概念和技术,授业解惑。

在写这本书的过程中,从收集关于云计算的各种资料到搭建相应平台环境,再到最后整理定稿,既有成功之喜悦,又有隐隐之担忧。喜的是通过细心的整理撰写,终于将云计算相关的技术以书稿形式明确出来;忧的是由于云计算技术还处在最初发展、你方唱罢我登场阶段,书稿中的一些技术难免会出现落伍,或全书知识介绍不够系统全面。即使有这样那样的困难和问题,本书还是出现在读者面前。希望通过这本书,寄托作者的一种期许——早日赶超国外计算机领域先进的技术,真正形成具有自主知识产权的计算机核心技术。

在整个这本书的审稿、出版过程中,得到了清华大学出版社的大力支持,在此表示特别感谢!

本书在写作过程中获得国家社科基金重大项目（编号：12&ZD220）和国家自然科学基金面上项目（编号：4112030）的资助，在此一并表示感谢。

最后，谨以李白的《行路难》勉励广大云计算爱好者和笔者本人，并希望得到各位读者的建议和帮助，共谱中国计算机界的美好明天。

> 金樽清酒斗十千，玉盘珍羞直万钱。
> 停杯投箸不能食，拔剑四顾心茫然！
> 欲渡黄河冰塞川，将登太行雪满山。
> 闲来垂钓碧溪上，忽复乘舟梦日边。
> 行路难！行路难！多歧路，今安在？
> 长风破浪会有时，直挂云帆济沧海！

陆嘉恒
于人民大学一勺池旁